Ernst H. Kohlhage

# Der erfolgreiche
# Ingenieur

Dr.-Ing. Ernst H. Kohlhage

# Der erfolgreiche Ingenieur

Was man nicht auf der Hochschule lernt

4. Auflage

expert Taschenbuch Nr. 72

**Bibliografische Information Der Deutschen Bibliothek**

Die Deutsche Bibliothek verzeichnet diese Publikation
in der Deutschen Nationalbibliografie;
detaillierte bibliografische Daten sind im Internet über
http://dnb.d-nb.de abrufbar.

**Bibliographic Information published by Die Deutsche Bibliothek**

Die Deutsche Bibliothek lists this Publication
in the Deutsche Nationalbibliografie;
detailed bibliographic data are available on the Internet at
http://dnb.d-nb.de .

ISBN 978-3-8169-2984-0

4. Auflage 2010
3., durchgesehene Auflage 2004
2., durchgesehene Auflage 2004
1. Auflage 2003

Bei der Erstellung des Buches wurde mit großer Sorgfalt vorgegangen; trotzdem lassen sich Fehler nie vollständig ausschließen. Verlag und Autor können für fehlerhafte Angaben und deren Folgen weder eine juristische Verantwortung noch irgendeine Haftung übernehmen. Für Verbesserungsvorschläge und Hinweise auf Fehler sind Verlag und Autoren dankbar.

© 2003 by expert verlag, Wankelstr. 13, D-71272 Renningen
Tel.: +49(0)7159-9265-0, Fax +49(0)7159-9265-20
E-Mail: expert@expertverlag.de, Internet: www.expertverlag.de
Printed in Germany

Das Werk einschließlich aller seiner Teile ist urheberrechtlich geschützt. Jede Verwertung außerhalb der engen Grenzen des Urheberrechtsgesetzes ist ohne Zustimmung des Verlags unzulässig und strafbar. Dies gilt insbesondere für Vervielfältigungen, Übersetzungen, Mikroverfilmungen und die Einspeicherung und Verarbeitung in elektronischen Systemen.

## Vorwort

Nach Beendigung einer beruflichen Tätigkeit gehen allmählich Kenntnisse und Erfahrungen verloren, die in einem langen Berufsleben mühselig gewonnen wurden. Die nachfolgende Generation macht neue eigene Erfahrungen – was grundsätzlich gut ist.

Aber auch in unserer schnelllebigen Zeit gibt es eine Menge an Basiserkenntnissen, die immer gelten werden und die an den Fachhochschulen und Universitäten leider kaum gelehrt werden. Sei es, weil sie so selbstverständlich klingen, sei es, weil dort die Praxis im Umsetzen solcher einfachen Wahrheiten fehlt.

Junge Menschen im beruflichen Aufstieg werden durch eine Unmenge von Informationen bedrängt. Es fällt ihnen schwer, das Wichtige vom weniger Wichtigen zu trennen.

Ich habe mich daher nachfolgend beschränkt auf Basiserkenntnisse von allgemeiner und bleibender Gültigkeit und Bedeutung – natürlich nach meiner subjektiven Meinung.

Auch in wirtschaftlich schwierigen Zeiten gibt es einzelne Unternehmen, die extrem erfolgreich sind, meist kaum in den Medien erscheinen, aber geduldig, konsequent und kreativ ihre langfristigen Ziele verfolgen. Sie scheinen den Erfolg gepachtet zu haben.

In diesem Buch finden Sie Kennwerte, Methoden und Beispiele, wie Sie als Fachmann erfolgreich im Unternehmen wirken und wie Sie als guter Unternehmensleiter, der sein Handwerk beherrscht, einen langfristigen Erfolg absichern können.

Die in diesem Buch erläuterten Erkenntnisse können – besonders der Anhang – auch selektiv gelesen werden. Sie gelten sowohl für größere als auch für kleinere Unternehmen und Handwerksbetriebe.

Mein Dank gilt dem Verlag, besonders Herrn Dr. Krais, für die erfreuliche Zusammenarbeit. Herzlich bedanke ich mich auch bei Frau Hadi, Frau McCall sowie Frau Pinther für die freundliche Unterstützung bei der Überarbeitung, Fertigstellung und Formatierung der Druckvorlagen.

Bühl, Juli 2003 Dr. Kohlhage

# Inhalt

# 1 Vorbereitung und Aufstieg im Unternehmen .......... 1

- 1.1 Berufswahl .............................................. 1
- 1.2 Studium ................................................. 3
- 1.3 Stellensuche ............................................ 4
- 1.4 Betriebsingenieur ....................................... 5
- 1.5 Projektleitung ......................................... 10
- 1.6 Gruppenleiter .......................................... 16
- 1.7 Betriebsleiter ......................................... 25

# 2 Geschäftsführung ............................. 57

- 2.1 Grundsätze ............................................. 57
- 2.2 Der turn-around ........................................ 61
- 2.3 Maßnahmen zur Ertragssteigerung ........................ 80

# 3 Das erfolgreiche Unternehmen ................. 100

- 3.1 Grundsätze ............................................ 100
- 3.2 Produktentwicklung .................................... 129
- 3.3 Produktion ............................................ 153
- 3.4 Qualitätssicherung .................................... 176
- 3.5 Vertrieb .............................................. 180
- 3.6 Einkauf ............................................... 194
- 3.7 Personalarbeit ........................................ 199
- 3.8 Betriebswirtschaft .................................... 209

# 4 Einzelfragen der Unternehmensführung .......... 213

- 4.1 Berater ............................................... 213
- 4.2 Betriebsklima ......................................... 218
- 4.3 Beirat – Aufsichtsrat ................................. 221
- 4.4 Prognosen ............................................. 223
- 4.5 Finanzen und Banken ................................... 226
- 4.6 Kauf und Verkauf von Unternehmungen ................... 228
- 4.7 Spin-off/MBO .......................................... 233
- 4.8 Personalberater ....................................... 235

## 5 Anhang ... 237

5.1 Ergebnisbeteiligung ... 237
5.2 Investitions- und Planungsrechnung ... 242
5.3 Verbesserungsvorschläge ... 247
5.4 Projektarbeit ... 252
5.5 Prozess-Steuerung ... 263
5.6 Disposition und Fertigungssteuerung ... 269
5.7 Produktionsverlagerungen ins Ausland ... 274

## Index ... 279

# 1 Vorbereitung und Aufstieg im Unternehmen

## 1.1 Berufswahl

Mit dem Schulabschluss in der Tasche wird die Frage nach dem richtigen Beruf dringend. In diesem Buch wird als geeignetes Studium Technik in irgendeiner Form vorausgesetzt. Schon erhebt sich die Frage: Wie erkennt der Schulabgänger, ob er für ein technisches Studium geeignet ist?

Natürlich stand ich 1953, nach Abschluss des Abiturs, vor dem gleichen Dilemma.

Mein Vater, ein gestandener, selbstständiger Großhandelskaufmann in einer Kleinstadt im Sauerland, war drei Jahre zuvor gestorben, und mein Zwillingsbruder war dabei, das kleine Unternehmen in den Griff zu bekommen.

Schon immer hatten wir beide fleißig mitarbeiten müssen, wobei die ersten Anzeichen dafür sprachen, dass mein Bruder deutlich richtig entschieden hatte, weil ich sachbezogen war und die im kaufmännischen Beruf notwendige Kontaktpflege vernachlässigen würde.

Für meine Lehrer war die Entscheidung ganz klar: Dieser junge Mann musste Sport studieren; war ich doch in vielen Disziplinen der beste Sportler der Schule und hatte auch sonst im lokalen Umfeld viele entsprechende Ehrungen im Turnen und in der Leichtathletik erfahren.

Die Vorstellung schreckte mich jedoch ab, als älterer Lehrer mit der Pfeife zwischen den Lippen die Jungs laufen zu lassen, weil man selber nicht mehr recht dazu in der Lage war. Meine naturwissenschaftlichen Leistungen waren recht akzeptabel, und so entschied ich mich, an der TH Aachen Ingenieurwesen zu studieren, nicht ohne vorher ein graphologisches Gutachten eingeholt zu haben, das offenbar diese Entscheidung bestätigte.

Lehrer, Eltern und vor allem die Berufsberatung gaben mir keinerlei Hilfestellung, und mir scheint auch heute noch die innere Stimme wichtiger, obgleich eine sachliche, persönliche Beratung sicher wertvoll gewesen wäre. Damals traf ich die richtige Entscheidung und habe einen Berufsweg eingeschlagen, der mir innere Befriedigung, Erfolge und Anerkennung schenken sollte.

Wie würde man eine solche Entscheidung mit dem heutigen Erfahrungswissen angehen? Zunächst würde man zusammenstellen, wo neben dem Schulwissen Erfahrungswissen vorhanden ist, das den Berufseinstieg erleichtern könnte. Des Weiteren würde man überlegen, bei welchen Tätigkeiten am meisten

## Vorbereitung und Aufstieg im Unternehmen

Freude aufkommt, was befriedigt und was gerne freiwillig getan wird. Schließlich sollte man seine speziellen Begabungen beachten. Bei welchen Berufen würde das alles nutzen?

Durch mein Aufwachsen in einem Großhandelshaus hatte ich „Soll und Haben" mit der Muttermilch aufgenommen. Viele Dinge in unserem Hause wurden sehr stark aus wirtschaftlicher Perspektive betrachtet – eine Perspektive, die ein Ingenieur im Allgemeinen wenig kennt, deren Kenntnis aber für ihn nützlich wäre. Insofern brachte ich für den Ingenieurberuf aus heutiger Sicht einen zählbaren Zusatznutzen mit.

Damals wusste ich noch nicht, wie außerordentlich breit die Einsatzmöglichkeiten des Ingenieurs sind – vom Gutachter über Einkäufer, Verkäufer, Kostenrechner, Controller bis hin zum Organisationsfachmann, Produktentwickler und Fertigungsspezialisten. Dem angehenden Ingenieur öffnet sich die ganze breite industrielle Berufspalette.

Insofern fällt die erste Entscheidung für den Ingenieurberuf fast leicht, weil man eigentlich nicht viel falsch machen kann; mit einer Ausnahme: man muss logisch-naturwissenschaftlich denken können. Das ist ganz einfach an der Freude zu erkennen, mit der man Mathematik, Physik und Chemie betreibt, und daran, ob man die einschlägigen Gesetze, Abläufe und Zusammenhänge versteht, selbst wenn es am Anfang gelegentlich Barrieren gegeben haben sollte.

Rückblickend war mein Vorteil, dass es mir viel Spaß macht, „eingekleidete" Aufgaben zu lösen, d. h. Sachverhalte, die sich nicht im mathematischen Zusammenhang präsentieren, logisch-mathematisch darzustellen und so aufzuklären.

Wenn man sich für Naturwissenschaft und Technik entscheidet, ist die nächste Frage: Welches spezielle Studium ist zu wählen? Hier gibt es wieder den Maßstab der spezifischen naturwissenschaftlichen Begabung. Je theoretischer man veranlagt ist, desto stärker sollte man in Richtung Elektrotechnik, Physik oder Mathematik gehen; je praktischer man interessiert ist, umso stärker in Richtung praktischer Ingenieurfächer, d. h. vielleicht auch in Richtung einer Fachhochschule. Für den späteren Berufserfolg spielt es eine untergeordnete Rolle, ob jemand die Fachhochschule oder die Universität besucht hat.

Die Leistungen der Klassenkameraden taugen allerdings nicht unbedingt als Maßstab zur Beurteilung der eigenen Begabung. Ein Schüler, der in einem Klassenverband eine große Rolle spielte, erlebt sich auf der Universität, also in einem landesweiten Vergleich, unter Umständen als durchaus mittelmäßig.

Als vielseitig interessierter Mensch hat mir die Philosophie und literarische Klassik viel Freude bereitetet. Daher waren die letzten drei Schuljahre für mich ein Genuss, in denen Bildungsgut vermittelt wurde, dessen Wert erst im Alter deutlich wird. Wer sich für derartiges Bildungsgut nicht sehr interessiert, aber den Ingenieurberuf anstrebt, kann durchaus mit der mittleren Reife die Schule verlassen, eine Lehre absolvieren und die Fachhochschulreife anstreben. Der berufliche Einstieg wäre auf diesem Weg sicher effektiver.

## 1.2 Studium

Auf der Technischen Hochschule steht zunächst das Vorexamen an, in dem überprüft wird, ob die allgemeinen Grundlagen für das fachspezifische Studium vorhanden sind.

Nach meiner, von Professoren verständlicher Weise bekämpften, Auffassung genügt ein gutes Vorexamen, um erfolgreich in der Industrie als Ingenieur zu arbeiten und auch um Karriere zu machen, da diese, wie die Praxis zeigt, kaum von Schul- oder Universitätsnoten abhängt.

Es stellt sich nach Abschluss des Vorexamens, der möglichst zügig angestrebt werden sollte, die Frage nach der zu wählenden Fachrichtung. Hier sollte man Neigungen berücksichtigen und grundsätzliche Überlegungen anstellen, wo vielleicht in Zukunft eine Branchenkonjunktur zu erwarten ist. Wie alle Prognosen sind auch solche Prognosen mit Vorsicht zu genießen; deshalb sollte man in der Hauptsache seiner Neigung folgen oder eine Richtung einschlagen, die viele Wahlmöglichkeiten für die spätere spezielle Tätigkeit offen lässt.

Ganz wichtig ist in dieser Phase, mindestens ein halbes, besser ein ganzes Jahr ins Ausland zu gehen, da heute die Notwendigkeit besteht, zwei Fremdsprachen zu beherrschen, wovon eine immer Englisch sein muss. Besser wäre es natürlich gewesen, schon während der Schulzeit ein Jahr in einem englischsprachigen Land zu verbringen.

Nach Abschluss des Studiums stellt sich bei einigermaßen guten Leistungen die Frage nach der Promotion. Schauen Sie sich die angebotenen Promotionsmöglichkeiten sehr sorgfältig an. Fünf Jahre als wissenschaftliche Hilfskraft einem Professor zu dienen, eventuell mit einem abwegigen Spezialthema, heißt, für einen Titel fünf seiner besten Berufsjahre zu opfern. Mir erscheint dieser Preis zu hoch.

In fünf Jahren können Sie Betriebsleiter sein, waren eventuell im Ausland, kennen die Arbeitsweise der Industrie und haben eine Fülle sozialer Erfahrun-

Vorbereitung und Aufstieg im Unternehmen

gen, über die ein normaler Promovierter meist nicht verfügt. Nicht von ungefähr scheitern viele promovierte Ingenieure beim Aufstieg in eine Spitzenposition an fehlender Sozialkompetenz.

Nur wenn eine Stelle angeboten wird, die Ihnen eine Promotion innerhalb von drei Jahren ermöglicht und bei der Sie nicht gezwungen sind, ein „tiefes Loch" zu bohren, sondern auch praktische, breite Erfahrung als Ingenieur sammeln können, sollten Sie sich für die Promotion und damit für einen Titel entscheiden, den nur die besonders schätzen, die ihn nicht haben.

## 1.3 Stellensuche

Nach welchen Kriterien suchen Sie sich die erste Stelle aus?

Die meisten Jungingenieure freuen sich, wenn sie in einer bekannten Firma, wie DaimlerChrysler, Bayer oder Siemens, eine Position finden. Es gibt viele positive Beispiele dafür, dass man mit einer solchen Entscheidung gut fahren kann. Einen besseren Weg geht man jedoch, wenn man sich für ein Unternehmen mittlerer Größe entscheidet, das stark expandiert, in der Branche einen guten Ruf hat und deutlich Geld verdient.

Während Sie bei den großen Firmen häufig zum schmalbrüstigen Spezialisten ausgebildet werden, sich mit ausufernder Bürokratie herumschlagen müssen und manchmal unter Intrigen zu leiden haben, weil Ihr oberster Chef Schwierigkeiten hat, seinen Riesenbereich zu überblicken, ist das bei mittleren erfolgreichen Firmen meist deutlich anders.

Hier kennt man sich, das Wachstum bietet Aufstiegschancen, und für Bürokratie hat man nicht viel Zeit, aber auch nicht viel Sinn. Außerdem ist das Unternehmen für Sie überschaubar, und die Zusammenhänge lassen sich leichter überblicken.

Schauen Sie auch nicht so sehr auf ein hohes Einstiegsgehalt, sondern darauf, dass man Ihnen eine Tätigkeit anbietet, bei der Sie lernen und Verantwortung übernehmen können.

Wie unsinnig die Großunternehmen ihre Einstellungspolitik betreiben, zeigten zuletzt die Jahre 1992 bis 1995, in denen dort kaum Ingenieure eingestellt wurden – mit dem Ergebnis, dass in den folgenden Jahren die Bewerbungen an den Hochschulen um fast die Hälfte zurück gingen.

Auch damals hätten Ingenieure Stellen finden können. Obgleich das von mir geführte Unternehmen bewusst antizyklisch Hunderte von Ingenieuren einstelle, hat sich keiner beworben mit der Aussage: „Ich will als Ingenieur arbeiten. Stellen Sie mich ein und bestimmen Sie nach drei Monaten das Gehalt. Ich würde auch an der Maschine im Akkord arbeiten. Aber geben Sie mir Gelegenheit, mich zu bewähren." So eine Bewerbung war unter tausenden nicht ein Mal zu finden. Leider werden Initiative, Risikobereitschaft und Tatkraft nicht an der Schule gefordert. Das merkt man deutlich beim Einstellungsverhalten von Bewerbern.

## 1.4 Betriebsingenieur

Als frisch gebackener Ingenieur kommen Sie mit einer Menge Illusionen in den Betrieb, sofern Sie bis dahin nur ein Praktikum absolviert haben. Die „alten Hasen" sind Ihnen in allen fachspezifischen Fragen haushoch überlegen. Die Theorie, die Sie jahrelang gepaukt haben, ist kaum gefragt.

Wie gehen Sie Ihre Aufgabe an? Normalerweise sind Sie in ein Team eingebunden und haben dort eine spezielle Aufgabe zu lösen.

Schauen Sie sich zunächst einmal an, wie solche Aufgaben bisher im neuen Betrieb gelöst wurden. Wer hat das gemacht, welche Hilfsmittel benutzte er? Fragen Sie alle, die etwas damit zu tun hatten – Vorgesetzte, Kollegen –, und fragen Sie vor allem den Praktiker, der ebenfalls eingebunden war. Schauen Sie sich an, wo ähnliche Probleme außerhalb der Firma anhängig sind. Wie wird das Problem dort gelöst? Holen Sie sich Informationen, versuchen Sie, das Umfeld zu verstehen. Schauen Sie sich an, wer Ihnen helfen kann. Jedes Unternehmen ist ein riesiger Wissensspeicher. Zapfen Sie den Speicher an. Holen Sie sich Literatur, besuchen Sie das Internet. Nehmen Sie die Aufgabe in sich auf, und überlegen Sie sich, wie Sie das Thema systematisch angehen. Sind mit dieser Aufgabe eventuell noch andere Aufgaben gleichzeitig zu lösen? Unterhalten Sie sich intensiv mit demjenigen, der die Aufgabe gestellt hat. Wie stellt er sich die Lösung vor?

Es ist aber sehr nützlich, das Problem zunächst einmal alleine mit dem gesunden Menschenverstand und mit dem eigenen Wissen anzugehen, selbst nachzudenken, wie das Problem gelöst werden könnte, bevor alle diese Informationsmöglichkeiten ausgeschöpft sind. Wenn man hier das Ziel zu erkennen glaubt und den Weg deutlich vor sich sieht, dann heißt es unbedingt, sich zu informieren und das vorhandene Wissen des Hauses, der Wissenschaft, der Konkurrenz und der Industrie zu sammeln. Immer wieder vernachlässigt wird die Patentliteratur, die insbesondere für Verfahren und bessere Konstruktionen eine unerschöpfliche Quelle darstellt, die nicht zu nutzen sträflich wäre.

## Vorbereitung und Aufstieg im Unternehmen

Wenn man dieses Wissen gesammelt hat, sollte man zurückkommen auf die ursprüngliche, eigene Vorstellung und fragen: Gibt es Wege, die noch nicht beschritten wurden, weil sie früher noch nicht möglich waren oder weil sie einfach übersehen wurden? Zeigt sich ein kreativer, neuartiger Ansatz?

Man sollte sich dann immer einen Plan machen, der zu einem eindeutig vorher definierten Ziel führt. Am besten ist dieser Plan in Schritte zu unterteilen mit Kosten und Terminvorstellungen.

Im Allgemeinen werden Ihnen zunächst Ziele vorgegeben. Überprüfen Sie diese in der vorher diskutierten Weise, und haben Sie Mut, sie neu zu definieren, möglichst mit vorteilhaften Ergebnissen.

Haben Sie sich ein Bild geschaffen und einen groben Plan erstellt, melden Sie sich bei Ihrem Chef an, um diese unter Umständen geänderten Ziele mit ihm zu besprechen und Ihre Vorstellungen über Aufwand und Termine mit ihm abzustimmen.

Gehen Sie jedoch nicht gleich mit Ihrer Vorstellung zum Chef, sondern diskutieren diese vorher mit als kritisch und kompetent bekannten Kollegen, mit fachlich versierten Freunden und Bekannten. Dies ist wichtig, um Irrtümern vorzubeugen, Sackgassen und Illusionen zu vermeiden.

Dabei drohen – wie überall – auch einige Gefahren, die man zu berücksichtigen hat. Manche Menschen sind unkritisch, besonders aus falsch verstandener Menschenfreundlichkeit. Andere versuchen, an Ihren Ideen teilzuhaben, um diese an Ihnen vorbei zuerst Ihrem Chef als ihr eigenes geistiges Eigentum zu präsentieren. Gerade wenn man neu im Hause ist, kennt man sich mit dem Umfeld nicht genau aus und kann anecken und hereinfallen.

Sie sollten daher Ihrem Chef schon in einem frühen Stadium gewisse Vorabinformationen zukommen lassen, jedoch mit dem Hinweis, dass Sie noch nicht mit den Vorbereitungen am Ende sind und nur die Richtung bestätigt haben wollen.

Bevor Sie Ihren Plan und Ihr Ziel dem Chef unterbreiten, versichern Sie sich der Loyalität von Mitstreitern. Lassen Sie besonders am Anfang andere an Ihrem Erfolg partizipieren. Manche, nicht alle, werden es Ihnen danken.

Sie können sich am Anfang Ihren Chef nicht aussuchen. Manche Chefs präsentieren Ihre Arbeitsergebnisse ungeniert als die ihren. Sehen Sie darüber hinweg, benutzen Sie vielmehr diesen Chef, um Ihre Ziele durchzusetzen, lassen Sie ihm den falschen Ruhm. Es spricht sich in einem Unternehmen schnell her-

## Vorbereitung und Aufstieg im Unternehmen

um, wer etwas kann und von wem die Ideen wirklich stammen. Stehen Sie loyal zu Ihrem Chef, und seien Sie vorsichtig mit öffentlicher Kritik und Beschwerden bei Dritten.

Binden Sie den Chef ein, nutzen Sie seine Stärken, und ignorieren Sie seine Schwächen. Beteiligen Sie sich keinesfalls an Intrigen, an Mobbing und ähnlichen unerfreulichen Aktionen.

Ist Ihr Chef allerdings ein Mensch, der ihnen keinen Spielraum gibt, bei dem Sie sich nicht frei entfalten können und der Ihre Arbeit nicht unterstützt, sondern in jeder Form bremst, versuchen Sie, die Abteilung zu wechseln.

Vorher sollten Sie unter vier Augen ein Gespräch mit Ihrem Chef führen, ihn vorsichtig auf die negativen Dinge hinweisen und Vorschläge machen, wie man etwas ändern kann. Vergessen Sie keinesfalls, dem Chef die Vorteile aufzuzeigen, die er hätte, wenn er Sie richtig unterstützen würde. Fragen Sie, warum er Ihnen Schwierigkeiten macht sich zu entfalten, ob Sie Ziele verfolgen, die er nicht mittragen kann. Versuchen Sie auf jeden Fall, die Lage des Chefs zu verstehen. Vielleicht ergibt sich doch ein Weg, von dem beide Nutzen gewinnen. Helfen Sie ihm, diesen Weg zu erkennen.

Ihre Position im Umfeld ist in dem Ausmaß stark, in dem Sie allen Personen klar machen können, dass Sie persönlich für die Abteilung und jeden Einzelnen nützlich sein werden. Nützen Sie auch das Wissen der anderen in der Abteilung, und reden Sie darüber, wie wertvoll Ihnen die Hilfen eines jeden Einzelnen sind.

Viele junge Leute haben heute Kommunikationsprobleme. Es fehlt der freundliche Gruß, die Hilfsbereitschaft, der Austausch von Ideen, die gegenseitige Offenheit. Es gelten auch in einem Unternehmen die uralten Sprichwörter „Wie man in den Wald hineinruft, so schallt es heraus", oder „Mit dem Hut in der Hand kommt man durch das ganze Land".

Seien Sie vorsichtig in der Weitergabe von vertraulichen Informationen und kritischen Meinungen, die für manche Ohren nicht geeignet sind. Auch guten Freunden sollte man nur Dinge anvertrauen, die sie als mögliche spätere Feinde nicht gegen Sie nutzen können.

In jedem Unternehmen gibt es ein Verbesserungsvorschlagswesen, das meistens in der Kritik steht, weil es umständlich konzipiert ist, einigen Leuten viel Ärger und Arbeit bereitet, viel zu träge reagiert und manchmal den Vorgesetzten schlecht aussehen lässt.

## Vorbereitung und Aufstieg im Unternehmen

Sie sollten sich bemühen, Verbesserungsvorschläge zu machen, allerdings nicht unmittelbar nach Eintritt in die Abteilung. Lernen Sie erst einmal das Umfeld kennen und verstehen, was etwa drei bis vier Monate dauern dürfte; erst dann machen Sie Ihre Vorschläge.

Zu wenig genutzt werden auch Gruppenvorschläge. Wenn Sie eine Idee haben, suchen Sie Verbündete und machen Sie gemeinsam Verbesserungsvorschläge, auch wenn das System in Ihrem Hause das offiziell nicht zulässt. Haben Sie einen Kollegen gefunden, der besonders kreativ ist, jedoch die Bürokratie oder die Umsetzung scheut, tun Sie sich mit ihm zusammen und managen Sie ihn, nehmen Sie ihm die Arbeit ab, die er nicht gerne und gut ausführt, und haben Sie gemeinsam Erfolg.

Wenn kein gutes Verbesserungsvorschlagswesen existiert, machen Sie den Verbesserungsvorschlag, ein solches einzuführen.

Bei Verbesserungsvorschlägen gibt es mehrere Basisprobleme, über die man zunächst nachdenken sollte und die grundsätzlich vorher zu entscheiden sind:

1. Die Vergütung sollte nicht linear dem Wert der erzielten wirtschaftlichen Vorteile entsprechend steigen, sondern sollte degressiv verlaufen, weil auch kleine Verbesserungen zu fördern sind.

2. Die Vergütung sollte erfolgen je nach Hilfestellung, die das Unternehmen für die Verbesserung noch zusätzlich erbringen muss.

Grundsätzlich gilt folgender Zusammenhang:

$$G = a \cdot (V - A)^{\frac{1}{n}}$$

G  Auszuzahlende Vergütung

V  Jährliche Einsparung

A  Realisierungsaufwand für das Unternehmen

a  Umsetzungsgrad der Verbesserung durch den Vorschlagenden

n  Exponent, der den Vergütungsverlauf bestimmt.

Beispiel:

$n = 1{,}5;\quad A = 0{,}33\ V;\quad a_1 = 1;\quad a_2 = 0{,}7;\quad a_3 = 0{,}4$

| V-A | $a_1$ | $a_2$ | $a_3$ |
|---|---|---|---|
| 100 | 21,5 | 15,5 | 8,6 |
| 1.000 | 100 | 70 | 40 |
| 10.000 | 464 | 325 | 186 |
| 100.000 | 2.154 | 1.508 | 866 |
| 1.000.000 | 10.000 | 7.000 | 4.000 |

$a_1 =$ keine Ressourcen des Betriebes notwendig

$a_2 =$ in eigener Abteilung umsetzbar

$a_3 =$ Ressourcen außerhalb des Bereiches müssen herangezogen werden

$\underbrace{\qquad\qquad\qquad}_{G}$

Die obige Rechnung ist nur als Beispiel zu verstehen, das jedes Unternehmen in Form der Parameter entsprechend seinen Zielen abändern kann.

Der Erfolg zu Beginn Ihrer industriellen Tätigkeit ist wesentlich von Ideen, Initiative, Kooperation und vor allem von erzielten Ergebnissen abhängig, d. h. wie man sich in seiner Umgebung darstellt und welchen Nutzen man für das Unternehmen und den einzelnen Mitarbeiter erbringt.

Sofern man gute Arbeit leistet, ist der Vorgesetzte bestrebt, die Person, an der er seine helle Freude hat, zu behalten. Ein eigensüchtiger Chef wird damit Ihre Karriere zu behindern suchen. Manch einer sieht sich dann sofort auf dem Arbeitsmarkt um, erhält dort eine Chance und stellt seinen Chef vor die vollendete Tatsache, dass er gehen wird. Für das Unternehmen entsteht daraus manchmal ein großer Schaden, weil die entstehende Lücke nicht schnell genug geschlossen werden kann. Für den, der wechselt, entsteht jedoch ein im Durchschnitt gleicher Schaden, weil er sein Netzwerk verlässt und viel Wissen aufgibt, das er in der neuen Position nicht nutzen kann. Vielleicht hatte das Unternehmen auch schon einen bestimmten Aufstieg geplant. Für beide Seiten wäre es daher nützlicher gewesen, vorher offen miteinander zu reden.

Ein kluger Mitarbeiter muss etwa nach zwei Jahren beginnen zu überlegen, wie es weitergehen soll.

- Welche Kenntnisse hat er in seiner Position gewonnen?
- Was sollte seine nächste Karrierestufe sein?

Er sollte seinen Chef bitten, einen Positionstausch zu akzeptieren, und versuchen, diesen Positionstausch selbst zu organisieren. Besonders in jungen Jahren ist es sehr wichtig, seinen Erfahrungshorizont zu erweitern und zusätzliches Wissen zu erwerben. In der Anfangsphase in einer neuen Position wachsen Erfahrung und Wissen am schnellsten, um danach nur noch degressiv zuzunehmen. Diese Lernkurve sollte man gerade in den ersten Berufsjahren mindestens zwei, besser drei Mal durchlaufen. Hat man Interesse am Beruf und übertrifft sogar die gesetzten Erwartungen, ist der Aufstieg in der Firmenhierarchie nicht zu stoppen. Man sollte sich jedoch sehr wohl überlegen, ob ein großer Sprung in sehr jungen Jahren das Richtige ist. Meistens besitzen junge Menschen keine Führungserfahrung und müssen in der Regel hier noch sehr viel lernen.

## 1.5 Projektleitung

Eine angemessene Aufgabe wäre jetzt z. B. eine Projektleitung, am besten zunächst eines kleineren Projektes, um zu lernen und Erfahrungen mit überschaubaren Risiken sammeln zu können.

In manchen Unternehmen ist eine Projektarbeit noch nicht üblich, obgleich sie für jedes Unternehmen außerordentlich große Vorteile bringen kann. Der größte Vorteil entsteht aus der offenen Kommunikation, die verschiedene Kräfte einbindet. Außerdem können eventuell externe Fachkräfte das interne Projekt zusätzlich befruchten. Projekte können im Prinzip alle Themen beinhalten, die ein Unternehmen beschäftigt – von der Organisation über Fertigungsprozesse bis zur Produktentwicklung.

Günstig für eine aufstrebende Führungskraft wäre es, selbst ein Projekt zu offerieren, Mitstreiter zu gewinnen und dem Unternehmen mit diesem Projekt sichtbaren Erfolg zu verschaffen.

Sollte in Ihrem Unternehmen kein Projektsystem bestehen, bietet sich z. B. das Verbesserungsvorschlagswesen an, um in diesem Rahmen ein Projekt zu verwirklichen. Eigentlich gehört ein Verbesserungsvorschlagswesen immer eng verknüpft in Organisation und Vergütung mit dem Vorgehen bei Projekten. Auf der Basis der oben gezeigten Formel für die Vergütung von Verbesserungsvorschlägen ist ein Gruppenvorschlag mit Realisierung leicht zu integrieren.

Man muss sich zunächst darüber im Klaren sein, wie ein solches Projekt abläuft. Zweckmäßigerweise unterteilt man es in mehrere Phasen, die z. B. wie folgt aufgebaut sein können (siehe auch Anhang 5.2):

## 1  Initialisierungsphase

Sie umfasst die Suche nach einer groben, einigermaßen realistischen Zielsetzung und das Bestreben, dieses Projekt von der Führung des Unternehmens genehmigt zu bekommen. Hier sollten schon erste Vorstellungen entstehen über Ziele, Kosten, Aufwand und Termin, damit die Führung des Unternehmens gewonnen werden kann.

Liegt die erste Zustimmung für das Projekt vor, ist der nächste Schritt die

## 2  Konzeptphase

Diese Phase wird im Allgemeinen nicht intensiv genug bearbeitet. Sie wäre jedoch besonders wichtig, weil hier die Basis für den Erfolg des Projektes gelegt wird.

Nach Durchlaufen der vorhergehenden Phase steht das Ziel schon im groben Maßstab fest. Zunächst sollte man sich überlegen, wer helfen kann, das Ziel genauer zu beschreiben, und in der Lage ist, den besten Weg dorthin realistisch zu finden.

Hier sollte man herausfinden, ob das Ziel mit den vorhandenen Mitteln und in einer akzeptablen Zeit erreichbar ist und welche Wirtschaftlichkeit erkennbar ist. Ganz besonders sollte man den „schlimmsten Fall" untersuchen.

- Am Ende dieser Konzeptphase, die insbesondere der Informationsgewinnung dienen soll, muss Folgendes deutlich werden:
- Ist das Projekt für das Unternehmen nützlich?
- Wie hoch ist der voraussehbare Nutzen?
- Welche Mittel (Kapital und Personal) werden benötigt?
- In wie viel Schritten (Phasen) soll das Projekt realisiert werden?
- Wie sieht der Terminrahmen aus?
- Wie plane ich im Detail die nächste Phase?
- Was soll das Ergebnis dieser Phase sein?

Am Ende dieser Konzeptphase stehen der Projektantrag mit allen wichtigen Informationen für das Projekt, und eine Detailplanung des nächsten Projektschritts und eine Beschreibung des Projektziels mit der Nutzenabschätzung für das Unternehmen.

## Vorbereitung und Aufstieg im Unternehmen

Nach Ablauf dieses ersten Projektschrittes steht eine Erfolgskontrolle und die Entscheidung, ob das Projekt fortzuführen ist. Selbstverständlich ist nach jedem Projektschritt wichtig, ob das Planziel erreicht wurde. Genauso wichtig ist jedoch, nach jedem Schritt aufgrund der gewonnenen Erfahrung nochmals das Endziel kritisch zu beleuchten und zu prüfen, ob auch das Umfeld stabil bleibt, also die ursprüngliche Zielsetzung noch gilt.

Bei jedem Projekt ist wichtig, dass es mindestens von einem, je nach Größe auch von mehreren Mitarbeitern wenigstens zeitweise hauptberuflich bearbeitet wird und dass der Projektleiter ausreichende Kompetenz besitzt.

Spezialisten für bestimmte Einzelfragen werden von anderen Abteilungen oder von außen, z. B. Zulieferbetriebe, Wissenschaft oder Einzelberater, hinzugezogen.

Der Projektleiter verantwortet das Projekt, koordiniert und bestimmt ganz entscheidend die Qualität der Projektarbeit, die wesentlich vom guten menschlichen Zusammenspiel der Kräfte abhängt. Er muss die Projektteilnehmer über den Fortgang des Projekts informieren und offen über auftretende Barrieren diskutieren.

Erfolgreiche Projektleitung ist eine anspruchsvolle Tätigkeit als Manager mit Basiserfahrung in Führung.

Sehr wichtig ist, die Gemeinsamkeit zu betonen und bei Schwierigkeiten gemeinsam Entscheidungen anzustreben.

Ein Projektleiter muss in der Lage sein, mit schwierigen Charakteren umzugehen und gelegentlich auch harte Entscheidungen zu vertreten, wenn z. B. durch ein Mitglied ein Scheitern des Projekts droht.

Ganz wichtig ist, die einzelnen abgeschlossenen Projektschritte und besonders das ganze Projekt an die Vorgesetzten attraktiv zu verkaufen.

Es hat wenig Zweck, die Entscheidungsebene über Detailprobleme zu informieren und sie gleichsam in das Projekt hineinzuziehen. Die Entscheidungsebene hat genügend eigene Probleme und ist ganz sicher nicht zeitlich in der Lage, im Projekt mitzuarbeiten. Der Projektleiter hat sich in seinem Vortrag besonders auch an der Vorbildung der Entscheidungsträger auszurichten.

Wichtig ist daher vor allem, immer wieder den Nutzen des Projekts in den Vordergrund zu stellen, Kosten und Termine einzuhalten und so ein positives Entscheidungsumfeld aufzubauen.

Verlieren Sie sich im Vortrag nicht in unwesentlichen Details, sondern beschränken Sie sich auf das Wesentliche. Übergehen Sie auch keine Schwierigkeiten, aber betonen Sie Ihre Fähigkeit, mit diesen Schwierigkeiten fertig zu werden. Erläutern Sie den bereits erzielten Fortschritt und erzeugen Sie eine positive Grundstimmung. Dazu gehört auch, den Entscheidungsträger den Erfolg miterleben zu lassen. Zeigen Sie ihm Muster, Modelle, vor allen Dingen etwas, das er „begreifen" kann.

Besonders überzeugend sind an Modellen gewonnene Simulationen, die möglichst praxisnah aufgebaut werden sollten. Sie haben den Vorteil, den Nutzen klinisch rein aufzeigen zu können. Vergessen Sie jedoch niemals, die Annahmen, die diesen Simulationen zugrunde liegen, zu erwähnen und auch zu beachten.

Ein Projekt wird gelegentlich gefährdet durch ein Projektmitglied, das entweder eine Arbeit nicht leistet oder andere Projektmitglieder unsachlich kritisiert oder ständig am Projektziel zweifelt und so destruktiv wirkt. Scheiden Sie dieses Mitglied aus, nachdem Sie ihm Gelegenheit gegeben haben, sich zu ändern. Versuchen Sie, die Projektmitglieder für diesen Schritt zu gewinnen, aber vertreten Sie selbst diesen Schritt deutlich und eindeutig, erklären Sie sich bereit, die Verantwortung zu übernehmen.

Wichtig bei jedem Projekt ist, die persönliche Verantwortlichkeit ganz klar zu machen, damit sich niemand hinter dem anderen verstecken kann.

In jedem Projekt gibt es Phasen, in denen man wie vor einer Wand steht und keinen Weg findet, das Projekt aus der Stagnation zu befreien. Hier gibt es verschiedene Möglichkeiten. Man kann das Projekt kurzzeitig ruhen lassen und untersuchen, wie andere in ähnlichen Fällen vorgegangen sind. Besonders branchenfremde Bereiche, in denen ähnliche Probleme verfolgt werden, sind nützlich. Eine weitere Möglichkeit ist, die physikalischen, chemischen oder mathematischen Grundlagen daraufhin zu überprüfen, ob prinzipiell eine Lösung möglich erscheint. Wenn ja, gibt es fast immer eine praktische Lösung.

Häufig vermittelt auch die Patentliteratur Lösungsideen. Wichtig ist, dass man das Problem von vielen Seiten angeht und die erreichbaren Informationen auch aus Quellen schöpft, die nicht leicht zugänglich sind. Entscheidend ist die laufende Beschäftigung mit dem Problem, ohne zu verkrampfen. Plötzlich, meist wenn man damit nicht rechnet, ist dann die Lösung da.

## Vorbereitung und Aufstieg im Unternehmen

Manchmal dauert es auch sehr lange, den späteren Nutzer von seinem Vorteil zu überzeugen. Man sollte daher nicht zu früh aufgeben, sondern für das Projekt weiterkämpfen, wenn man selbst vom Nutzen überzeugt ist.

Ich kenne Projekte, die über viele Jahre liefen, an denen – gegen viele Widerstände – aus Überzeugung zäh festgehalten wurde und die irgendwann den Durchbruch erzielten. Meistens sind Menschen auch nicht mit Zeichnungen, schriftlichen Ausführungen und Theorie zu überzeugen. Für eine Überzeugung auf breiter Basis benötigen Sie das exemplarische Muster, das eindeutig funktioniert und konkret die versprochenen Vorteile beweist. Dabei ist es nicht so wichtig, dass dieses Muster die volle Lebensdauer bringt; die können Sie später erreichen. Es muss jedoch die versprochene Funktion überzeugend nachweisen.

Besonders schwierig sind Projekte, bei denen Prototypen oder Funktionsmuster nicht möglich sind, wie z. B. organisatorische Veränderungen. Hier ist im Vorfeld eine besonders gründliche Studie notwendig und die Klärung vieler Einzelaspekte. Wenn es sich um ein größeres Vorhaben handelt, sollte man – sofern die Zeit es erlaubt – unbedingt eine Feldstudie in einem begrenzten Teilbereich durchführen. Man sollte sich aber sehr wohl auch darüber im Klaren sein, dass bei jeder neuen Organisationsänderung Schwierigkeiten auftreten werden, da Gewöhnung und Übung fehlen. Ich kenne eine Reihe von Projekten, die erste große Widerstände bei der Einführung erzeugten und später so reibungslos und effektiv liefen, dass jeder eine Rückkehr zu den alten Zuständen vehement abgelehnt hätte.

Um diese Einführungsschwierigkeiten zu begrenzen, ist eine Diskussions- und Informationsphase unverzichtbar. Hier wird zum einen Überzeugungsarbeit geleistet, besonders aber ist es dabei möglich, bessere Lösungen zu finden oder zumindest die vorgesehene Lösung zu optimieren. Man sollte auch beachten, dass es kaum vorstellbar ist, eine Lösung zu finden, die allen Interessenten gerecht wird und ohne Nachteile auskommt.

Schon aus diesem Grunde ist es notwendig, die von der vorgesehenen Änderung Betroffenen so früh wie möglich einzubeziehen. Es fällt dann leichter, ihnen hierbei das Für und Wider zu erläutern und gemeinsam bessere Wege zu suchen. In untergeordneten Fragen sollte man bereit sein, Kompromisse zu schließen. Man sollte deutlich folgende Schritte für Veränderungen herausarbeiten und vermitteln:

## Vorbereitung und Aufstieg im Unternehmen

1. Problem erkennen
2. Problembewusstsein bei den Betroffenen erzeugen
3. Lösungen erarbeiten (möglichst mit den Betroffenen)
4. Lösungen durchsetzen

Die Punkte 1. und 2. sind im Allgemeinen die schwierigsten, weil meist in einer richtig gestellten Frage schon die Lösung steckt und die Betroffenen selbst erkennen müssen, wie wichtig eine Problemlösung ist. Eine offene Kommunikation ist bei Lösung organisatorischer Fragen außerordentlich wichtig, weil von der Überzeugungsarbeit so viel abhängt.

Das Zwischenmenschliche ist eigentlich bei jedem Projekt bedeutsam. Die Atmosphäre zwischen den Beteiligten muss stimmen, man muss sich aufeinander verlassen können und Vertrauen aufbauen. Der Projektleiter ist zunächst eine wichtige Bezugsperson für diese Atmosphäre und damit für den Geist der Gruppe. Am besten läuft die Projektarbeit, wenn alle von der Aufgabe überzeugt sind, sich für das Ziel begeistern und den absoluten Willen zum Erfolg haben.

Der Projektleiter ist besonders gefordert, wenn Schwierigkeiten entstehen. Er muss Mittel und Wege ersinnen, diese Schwierigkeiten auszuräumen. Gleichzeitig ist er Coach, Trouble-shooter und Ratgeber in Fachfragen. Diese wird er nicht immer selbst beantworten können, aber er muss wissen, wo er Kompetenz finden kann, und in der Lage sein, Verbindungen zu den Kompetenzträgern zu knüpfen.

In ein gutes Projektteam gehören daher verschiedene Kompetenzträger und keine Einheitsmannschaft. Auf keinen Fall gehören in das Projektteam Leute, deren Kompetenz bei diesem Projekt nicht gefragt ist.

Wichtig ist vor allem, dass jeder sich auf den anderen verlassen kann und nicht alles gemeinsam gemacht wird. Gewisse Grundinformationen, aus denen jeder den Stand des Projektes ableiten kann, sind jedoch notwendig. Nicht notwendig sind ausufernde Besprechungen, die die Sache nicht vorwärts bringen und an denen „Zuhörer" teilnehmen, die zur Sache nichts beitragen und bestenfalls am Schluss Zusammenfassungen produzieren.

Eine Besprechung muss kein endgültiges Ergebnis bringen, sie sollte aber immer klare Aufgabenverteilungen und eindeutige Zielsetzungen festlegen, was zu tun ist und bis wann etwas zu erledigen ist. Daher muss, abgesehen von Informationsveranstaltungen, eine geschickte und straffe Diskussionsführung stattfinden, die aber auch nicht zu formal abläuft und damit jegliche Spontaneität untergräbt (siehe Anhang 5.4).

## 1.6 Gruppenleiter

Mit der Sektor- oder Gruppenleitung erhalten Sie eine erste eindeutige Führungsaufgabe. Der Erfolg einer solchen Aufgabe hängt sehr davon ab, ob Ihnen der liebe Gott oder das Schicksal Führungseigenschaften in die Wiege gelegt hat. Sollte das nicht der Fall sein, so muss keiner verzweifeln, weil in der Wirtschaft eine Unmenge von interessanten Aufgaben auf Menschen warten, von denen keine Führungseigenschaften verlangt werden.

Einige Beispiele: Systemanalytiker, Patentfachleute, Planer, Controller, Konstrukteur, Prozessentwickler, Programmierer. Vielleicht werden heute diese Positionen noch nicht so bezahlt, wie es eigentlich für Spitzenkräfte notwendig wäre. Aber das wird sich ändern, besonders wenn es der Spitzenkraft gelingt, ihre Arbeit angemessen zu verkaufen, d. h. ihre Leistungen zu dokumentieren und das darzustellen, was sich durch ihr Wirken positiv verändert hat. Diese Darstellungskunst fehlt in Deutschland sehr häufig, besonders bei Technikern. Sie müssen jedoch immer andere überzeugen, dass Sie die ihnen übertragene Verantwortung genutzt haben und etwas verändert, d. h. zum Positiven gewandelt haben.

Wenn Sie also eine Führungsaufgabe übernehmen, machen Sie zunächst eine Bestandsaufnahme, die Sie unbedingt dokumentieren müssen, um später einen Maßstab zu finden, an dem Sie die durch Sie erzielte Verbesserung messen und mit der Sie Ihre Leistung nachweisen können.

Sie sammeln zunächst die entscheidenden Fakten, die Ausgangsdaten, und unterhalten sich mit möglichst vielen Leuten darüber, welche Erfahrungen Sie bisher im Zusammenhang mit Ihrer Aufgabe gemacht haben, was schlecht gelaufen ist, was gut lief und wie es nach deren Ansicht verbessert werden kann.

Nehmen Sie sich Zeit für derartige Gespräche und lernen Sie, Zwischentöne zu hören. Manche werden Ihnen zunächst misstrauisch gegenübertreten und nicht offen ihre Meinung äußern, andere, meist schwierige Leute, werden Ihnen schmeicheln und versuchen, Sie möglicherweise in ihr Ränkespiel einzubeziehen. Da Sie aber mit allen reden, werden Sie bald herausfinden, mit wem Sie es im Einzelfall zu tun haben.

Halten Sie sich besonders am Anfang, aber auch später, aus Interessensgruppen heraus, bleiben Sie neutral, und seien Sie ganz vorsichtig mit negativen

Meinungen. Versuchen Sie, das Gehörte und Gesehene zu verdauen, einzuordnen und mit eigenen kritischen Beobachtungen zu vergleichen.

Wenn nicht ein Notfall oder eine kritische Situation eintritt, wickeln Sie zunächst die Tagesabläufe wie bisher ab, registrieren jedoch sorgfältig, wo nach Ihrer Ansicht Verbesserungen erstrebenswert wären. Ändern Sie jedoch nichts, bis Sie begriffen haben, warum es so läuft und wie das Netzwerk mit anderen Bereichen funktioniert. Das gilt sowohl für Führungspositionen als auch für Spezialisten.

Die Führungsposition wird im Allgemeinen besser bezahlt, weil hier im Idealfall beides, ein guter Fachmann und eine Führungspersönlichkeit verlangt werden, also zwei Qualitäten, die selten gemeinsam auftreten. Man sollte sich klar machen, dass auch im Berufsleben der Markt den Preis bestimmt, ganz besonders in Führungspositionen, weil hier keine gewerkschaftliche Kartellabsprache wirksam wird.

Der Führer und Manager sollte ein Orchester zum Klingen bringen, in dem sich die Einzelnen in ihrer Wirkung gegenseitig verstärken und im Idealfall gemeinsam Ergebnisse erzielen, die ein Einzelner nicht erbringen könnte.

Sie sind auf der untersten Stufe der Führungshierarchie angelangt, die Sie zwei bis drei Jahre ausfüllen sollten – einmal, um zu lernen und zum anderen, um die Früchte Ihrer Arbeit selbst zu ernten.

Sie sind mit Ihrem Sektor im Allgemeinen in einen größeren Verbund eingeordnet. Sie sollten sich daher davon überzeugen, wie die Beziehung zum Verbund funktioniert und welche Abhängigkeiten daraus entstehen. Wofür arbeitet Ihre Gruppe, wer ist der Kunde? Immer gilt: Es ist Ihre Hauptaufgabe, Ihre Kunden zufrieden zu stellen, ganz gleich, ob diese sich im eigenen Unternehmen oder auswärts befinden.

Ihre nächste Aufgabe ist, das eingesetzte Kapital zu verzinsen, d. h. für das Unternehmen Gewinn zu erwirtschaften.

Nur zufriedene Kunden schaffen die Basis, mit der Geld zu verdienen ist. Somit ergibt sich eine eindeutige Rangfolge. Sie sollten jedoch niemals vergessen, dass die Position der Gruppe und Ihre bald gefährdet ist, wenn Sie kein Geld verdienen, das Kapital sich also nicht verzinst. Auch Ihre Mitarbeiter sollten Sie dem Kapital zuordnen, für das Sie Zinsen in Form von Lohn und Gehältern zahlen, und damit ist die Kapitalverzinsung sehr hoch.

## Vorbereitung und Aufstieg im Unternehmen

Sie müssen zunächst zu Ihren Kunden engen Kontakt aufbauen und herausfinden, was die Gruppe aus deren Sicht gut macht und was verbesserungsfähig ist. Prüfen Sie auch, ob Ihnen und Ihrer Gruppe etwas einfällt, an das Ihre Kunden noch gar nicht gedacht haben. Danach machen Sie einen Plan, in welcher Form Sie alle Verbesserungen umsetzen und wann die Kunden diese erwarten können. Jetzt erst schauen Sie sich an, wie es mit den Kosten aussieht, die diese Verbesserungen erfordern, und – was manchmal gar nicht so selten ist – ob sich dabei Einsparungen ergeben.

Als nächsten Schritt sehen Sie sich einmal den Aufwand in Ihrer Gruppe an: Roh- und Hilfsmaterial, Werkzeuge, Mitarbeiter und die benötigten Zeiten. Vergessen Sie auch nicht die Rüstzeiten. Überlegen Sie gemeinsam, ob es gelingt, durch Einsparung und Leistungssteigerung die Mehrkosten des Kundenservice aufzufangen und damit die Kapitalverzinsung zu verbessern.

Versuchen Sie, die Gruppe aus dem alten Trott heraus zu führen, und erzeugen Sie Aufbruchstimmung. Machen Sie sich aber klar: Sie werden nur Erfolg haben, wenn Sie mit gutem Beispiel vorangehen und Ihre Mannschaft überzeugen.

Eine Voraussetzung vernünftiger Zusammenarbeit ist die Disziplin, der sich jeder zu unterwerfen hat. Grundsätzlich darf man darauf nicht verzichten, obgleich es Situationen gibt, in denen Sie „durch die Finger schauen" müssen. Diese Situationen zu erkennen und richtig einzuschätzen, ist ein Teil der Führungskunst, die deswegen auch kaum lehrbar ist.

Als ich in jungen Jahren den Lehrenbausektor eines größeren Werkzeugbaus im Ruhrgebiet übernahm, waren die dortigen Facharbeiter Stars, die auf die Serienproduktion ein wenig hochmütig herabsahen. Sie nahmen sich das Privileg heraus, jeden Morgen nicht um 7.00 Uhr, dem offiziellen Arbeitsbeginn, die Maschinen anzuwerfen, sondern erst um 7.15 Uhr, nach ausgiebiger Diskussion der Vortagsereignisse.

Ich sprach mit dem Meister des Sektors und fragte, ob die Herren ihren Lohn ab 7.15 oder 7.00 Uhr bezögen. Der äußerte zunächst sein Erstaunen über meine Frage und meinte, es seien derart phantastische Spezialisten, dass man ihnen solche Freiräume gestatten müsse. Ich zeigte mich davon nicht beeindruckt, sondern stellte die Forderung, dass alle um 7.00 Uhr beginnen müssten.

Gleichzeitig machte ich ihm klar, dass es seine Aufgabe sei, die Herren Stars um 7.00 Uhr an die Arbeit zu bringen, und er vier Wochen Zeit hätte, dieses Problem zu lösen, ich jedoch gerne bereit sei, seine Aufgabe zu übernehmen.

## Vorbereitung und Aufstieg im Unternehmen

Nach drei Wochen saßen die Stars immer noch um 7.15 Uhr auf den Werkbänken. Ich sagte zu den Stars keinen Ton und erinnerte den Meister an den Vier-Wochen-Termin.

Nach vier Wochen stand ich Punkt 7.00 Uhr in der Werkstatt, und alle Maschinen liefen. Ich ging dann später zu dem Meister, bedankte mich freundlich bei ihm und bewunderte seine Führungsfähigkeit.

Einige Jahre später – ich war damals schon Werksleiter in einem anderen Bereich – starb der Meister. Er hatte in seinem letzten Willen ausdrücklich gewünscht, dass ich am Grab einige Worte sprechen soll.

Bei der Umsetzung von Verbesserungen ist Projektarbeit gefragt. Als Gruppenleiter müssen Sie diese Projektarbeit organisieren. Vergessen Sie dabei nicht, Ihre Kunden und Lieferanten als Projektmitglieder einzusetzen – und besonders auch externe Spezialisten, denn nicht alles Wissen haben Sie in der Gruppe verfügbar.

Machen Sie nie den Fehler, irgend eine Einzelleistung, die ein Gruppenmitglied erbracht hat, für sich zu beanspruchen. Das wirkt demotivierend. Sie haben das nicht nötig, da der Gruppenerfolg zunächst einmal Ihr Erfolg ist. Stellen Sie im Gegenteil die Leistung jedes Einzelnen heraus und erzeugen Sie einen internen „sportlichen Wettbewerb" um gute Ideen und Leistungen.

Gehen Sie gegen Leute vor, die versuchen, den Leistungsgedanken zu untergraben, Missstimmung zu säen und Intrigen anzuzetteln. Dagegen gibt es ein probates Mittel: Stellen Sie Intriganten öffentlich zur Diskussion.

Die Leistung einer Gruppe wird im Allgemeinen vom Kunden gefordert und durch den Wettbewerb bestimmt. Sie können Ihren persönlichen Druck auf die Gruppe auf ein Minimum reduzieren, wenn es Ihnen gelingt, den Wettbewerbs- und Kundendruck direkt auf die Gruppe zu lenken, den Wettbewerber gleichsam zu personifizieren. Damit erreichen Sie, dass Ihre Gruppe nicht so sehr nach innen fixiert ist, sondern ein Feindbild nach außen aufbaut. Nach allen Erfahrungen ist ein solches Feindbild sehr wirksam und erzeugt in der Gruppe „aktive interne Ruhe, Geschlossenheit und Solidarität", d. h. es fördert die Ausrichtung auf die Gruppenziele, die hoffentlich jedes Gruppenmitglied im Detail kennt.

Sehr entscheidend ist die Auswahl von Mitarbeitern. Wenn es Ihnen gelingt, echte Begabungen aufzuspüren, haben Sie schon einen wichtigen Schritt in Richtung auf den Gruppenerfolg getan. Scheuen Sie sich auch nicht, Mitarbei-

## Vorbereitung und Aufstieg im Unternehmen

ter, die trotz Versuchen an verschiedenen Plätzen wenig Leistung bringen oder gegen die allgemeinen Ziele opponieren, abzugeben. Aber tun Sie das geschickt und möglichst geräuschlos, um die guten Mitarbeiter nicht zu verunsichern.

Sprechen Sie unter vier Augen offen mit dem betreffenden Mitarbeiter, bleiben Sie höflich, aber drücken Sie sich deutlich und klar aus. Ich habe immer wieder festgestellt, dass besonders junge Führungskräfte große Schwierigkeiten haben, Mitarbeitern offen negative Dinge zu sagen, und versuchen, in diplomatische Unverbindlichkeiten auszuweichen, in der Hoffnung, dass der betreffende Mitarbeiter „den Braten riecht". Ich kann Ihnen versichern, er wird es nicht tun. Der Mensch hört viel zu gerne das Positive und liebt es, das Negative zu überhören.

Versuchen Sie jedoch auf jeden Fall, zum Schluss des Gespräches immer eine positive Wendung zu finden, z. B. indem Sie sich anbieten, dem Mitarbeiter zu helfen, die für ihn geeignete Position zu finden, und es danach auch tun.

Stellen Sie auch fest, wo Ihre Mitarbeiter in Erfahrung oder Ausbildung Nachholbedarf haben, und organisieren Sie diese Ausbildung. Unterrichten Sie sich vorher sehr sorgfältig über die Ausbildungsmöglichkeiten, wo sie zielgerichtet und effektiv das Beste finden können.

Es gibt nicht viele gute Ausbilder. Eine Form der Ausbildung wird meist gar nicht in Betracht gezogen: die Ausbildung on the Job bei einer befreundeten Abteilung oder Fremdfirma, die das benötigte Wissen besitzt, jedoch nicht in Konkurrenz mit Ihrer Gruppe steht.

Ganz allgemein ist festzustellen, dass die meisten Unternehmen bereitwillig in Maschinen und Anlagen investieren, sich jedoch scheuen, Vorlaufkosten in die eigentlich viel wichtigeren und teureren Menschen zu investieren. Hier sind noch viele Schätze ungehoben. Sie bekommen gleichzeitig ein fast kostenloses Benchmarking, wenn Sie sich entschließen, on the Job extern ausbilden zu lassen.

Die zweite große Möglichkeit, Reserven zu heben, gibt Ihnen die Organisation Ihrer Gruppe, sowohl intern als auch an den Schnittstellen zu den Kunden und Lieferanten. Stellen Sie fest, wo Ihre Gruppe mit Arbeiten beschäftigt ist, die keine Wertschöpfung erzeugen, wo Doppelarbeit auftritt und wo Wartezeiten entstehen.

Die so genannte Gruppenarbeit ist dann besonders effektiv zu organisieren, wenn in der Gruppe nutzbare Wartezeiten auftreten, wenn also z. B. der Werker warten muss, bis die Maschine ohne sein Zutun abgelaufen ist. Das ist zum einen für den Werker langweilig und schadet zum anderen dem Unternehmen.

Am häufigsten ist so etwas in automatisierten Bereichen zu finden, wenn dort die gleiche Anzahl von Bedienern aktiv ist, wie in halbautomatisch arbeitenden Bereichen. Im Allgemeinen ist in einem erstklassig organisierten Bereich eine Leistungssteigerung bis mindestens zu einem Drittel möglich gegenüber einem schlecht organisierten Bereich.

Viele Führungskräfte kommen auf die Idee, einen Handarbeitsplatz mit einem Automaten zu koppeln, um so die Arbeitskraft besser zu nutzen. Generell ist das nicht zu empfehlen, weil die rhythmische Tätigkeit zu sehr von der Beobachtung des automatischen Prozesses ablenkt.

Bereits als Praktikant habe ich hier eine böse Erfahrung gemacht. Weil ich zeigen wollte, wie produktiv man arbeiten kann, fräste ich ein Zahnrad im Einzelteilverfahren und ließ gleichzeitig eine automatische Säge laufen und bohrte von Hand andere Teile vor. Das ging ganz gut, bis der Fräser das Futter zersägte, weil die alte Fräsmaschine keinen Anschlag besaß, und ich im Bohrrhythmus gefangen war. Ich habe mich damals ganz schön geschämt, weiß aber heute, dass man so etwas nur abgesichert machen darf und die Verknüpfung von Automat mit rhythmischer Tätigkeit immer gefährlich ist.

Man muss also nach geeigneten zusammenschaltbaren Maschinen und Tätigkeiten suchen, die in der Regel auch gut zu finden sind. Dazu muss man meistens die Maschinen umstellen, die man klugerweise nicht geometrisch, d. h. in Reih und Glied aufstellt, sondern bedienerfreundlich für optimale Beschickung, Entsorgung und Bedienung.

Früher habe ich auch den Fehler gemacht, solche Maschinenumstellungen ohne die Mitarbeiter zu planen. Das ist ein Kardinalfehler, weil es die Mitarbeiter herabstuft und demotiviert, die, obgleich sie später an der Maschine ihre Arbeitszeit verbringen, nicht um ihre Meinung gefragt werden und denen nicht erläutert wird, warum man bestimmte Aufstellungen plant.

Viele Vorgesetzte scheuen sich, die Mitarbeiter in die technischen Probleme einzubeziehen. Es ist ein großer Fehler, wenn man die praktische Erfahrung der Mitarbeiter zum Wohle des Unternehmens und zum Nutzen des eigenen Erfolges nicht ausschöpft.

So stellte sich bei Kapazitätsengpässen an einer 800 Tonnen Stufenpresse heraus, dass im Durchschnitt nur etwa die Hälfte der maximalen Hubzahl erreicht wurde, was bei den komplexen Produkten zunächst verständlich erschien. Normalerweise vertrete ich jedoch die Faustformel, dass zwei Drittel der Spitzenleistung als Dauerleistung möglich sein müsste.

Also ging ich mit dem Betriebsleiter bei eintretendem Kapazitätsengpass zu dem betreffenden Werker, der in dieser Schicht die Maschine bediente, und äußerte mein Erstaunen, dass die sehr teure, aufwändige Maschine so wenig leistet. Meine Überraschung war groß, als ich hörte, dass er mit seiner Maschine auch nicht zufrieden sei und glaube, mit einigen Änderungen am Werkzeug und an der Zuführung deutliche Verbesserungen erzielen zu können. Er hätte dies schon mehrmals geäußert, doch habe sein Vorgesetzter abgewinkt. Der Vorgesetzte wurde kurze Zeit später auf eine Position ohne Führungsverantwortung versetzt.

Wir stellten sofort ein Team zusammen, das aus diesem Werker, einem Werkzeugschlosser und einem Konstrukteur bestand. Nach sechs Monaten war die gewünschte Leistung übertroffen, und es war keine Rede mehr von einer neuen Stufenpresse, die immerhin 6 Mio. DM gekostet hätte und erst sehr viel später hätte voll ausgelastet werden können. Der Lohn für den Werker war eine Belohnung dieser Projektarbeit im Rahmen des Verbesserungsvorschlagwesens.

Alle Projekte müssen natürlich auf Wirtschaftlichkeit berechnet werden. Aber das vorstehende Beispiel zeigt überzeugend, dass eine Wirtschaftlichkeitsrechnung mit großer Vorsicht zu betrachten ist, weil die getroffenen Annahmen häufig sehr unsicher sind. Es ist daher nicht zielführend, sehr genau zu rechnen, sondern man muss in vielen Fällen abschätzen, ob eine Investition wirtschaftlich ist.

Viele jüngere Ingenieure benutzen zur Wirtschaftlichkeitsrechnung die Vollkostenrechnung aus dem BAB oder ähnliche Daten. Es genügt jedoch, ganz einfache Grundüberlegungen anzustellen:

- Was kostet die Investition?
- Was spart mir die Investition an direkten Kosten ein?
- Welche zusätzlichen Kosten kommen hinzu?

Die Kostendifferenz muss die Zinsen und den Kapitalumsatz amortisieren; je schneller, desto besser.

Auf einen Punkt muss man besonders achten: wie lange die Investition vom Markt her ausgelastet ist und wann das Produkt ausläuft. Es ist auch zu beachten, dass fast jede Maschine im ersten Jahr Zusatzkosten verursacht. Man sollte die Rechnung für die Amortisierung daher um ein Vorschaltjahr verlängern.

Ein Gruppenleiter sollte um eine Investition kämpfen, wenn die Amortisationszeit deutlich unter fünf Jahren liegt.

Die meisten Firmen investieren nur, wenn sich sehr viel kürzeren Investitionszeiten ergeben. Bei solchen Unternehmen sieht man häufig Personalkosten von über 40 Prozent und Kapitalkosten von unter 7 Prozent. Hier fehlt es offensichtlich an unternehmerischem Mut und technischer Intelligenz.

Im Anhang wird eine ausführliche Investitionsrechnung vorgestellt (5.2).

In einem modernen Unternehmen gilt es, die Subsidiarität, die beim Staat so häufig erwähnt, aber meist sträflich vernachlässigt wird, intensiv zu verfolgen. Subsidiarität heißt, dort zu entscheiden, wo sich die Fachkompetenz befindet.

Aus vielerlei Gründen sollte alles das dezentral, also auf niedrigster Ebene, entschieden werden, was möglich ist und dort besser übersehen werden kann. Hier hilft besonders ein klares Regelsystem und ein modernes Produktionsplanungssystem (PPS) mit sinnvollem Entscheidungsspielraum für die Gruppe. Mit modernen Simulationsmethoden ist – natürlich nicht von der Gruppe, die genügend mit der Tagesarbeit befasst ist – im PPS-System ziemlich klar zu erkennen, welchen Entscheidungsspielraum man in der Belegungsfolge der Maschinen gewähren kann. Durch einen solchen eindeutigen Entscheidungsspielraum wird die Kapazität besser ausgenutzt, und die Rüstzeiten werden optimiert bei moderater Erhöhung der Vorräte.

Vor einigen Jahren wurde aus Japan die Forderung nach Losgröße 1 gestellt, und eine Menge von Unternehmen eiferte dem nach. Fast in allen Fällen ist eine solche Losgröße Unsinn, weil die zu investierenden zusätzlichen Bearbeitungskapazitäten den Wert um ein Vielfaches der eingesparten Vorräte übersteigen werden. So etwas kann nur da einigermaßen sinnvoll sein, wo Investitionskapital nichts kostet, also bei Zinsen nahe Null, wie sie in Japan zeitweise üblich waren.

Alle immer wiederkehrenden Vorgänge sind mit den modernen Mitteln automatisierbar. Dabei ist darauf zu achten, dass die Automatisierung nicht zu weit getrieben wird. Wenn ein von Hand ablaufender Prozess automatisiert wird, rechnet sich eine Vollautomatisierung meistens ganz überzeugend. Nimmt man eine Zwischenlösung, eine Halb- oder Zweidrittel-Automatisierung, zeigt sich meistens sofort, dass dies die beste, also die wirtschaftlichste Lösung ist.

Vorbereitung und Aufstieg im Unternehmen

Jeder Gruppenleiter muss auf drei Feldern seine Ziele verfolgen:

- Personalqualität
- Organisation
- Automatisierung

Die Felder hängen voneinander ab und bedingen sich gegenseitig. Sofern es gelingt, eine gut abgestimmte Lösung zu finden, kann man mit erstaunlichen Erfolgen rechnen.

Benchmarking ist ein viel genutzter Begriff. Viele Unternehmen vergleichen sich mit anderen, um den besten Weg zu finden. Benchmarking bietet jedoch nur den Maßstab, wie groß der Rückstand oder der Vorsprung gegenüber den anderen ist.

Viele Gruppen arbeiten ausschließlich für das eigene Unternehmen, und es gibt keinen aussagefähigen Preisvergleich. Versuchen Sie auf jeden Fall, sich solche Preise zu beschaffen, indem Sie beispielsweise durch Freunde und Bekannte gleiche oder ähnliche Leistungen anfragen lassen. Zum einen haben Sie im Notfall Argumente, zum andern sehen Sie Ihre Position zum offenen Markt. Analysieren Sie jedoch die Ihnen vorliegenden Angebote auf Vergleichbarkeit, die Sie meist selbst herstellen müssen. Meistens liefert Ihre Gruppe ihrem internen Kunden noch Zusatznutzen, der im Preisvergleich nicht zum Ausdruck kommt. Dieser „kritische" Preisvergleich hilft Ihnen, sich zu positionieren und Argumente für den Ausbau Ihres Bereiches zu finden.

Im Allgemeinen wird Ihr Produkt in anderen Bereichen entwickelt. Versuchen Sie, die Funktion Ihrer Produkte mit Hilfe des zuständigen Entwicklungsbereichs zu verstehen, und wecken Sie vor allem beim Konstrukteur Verständnis für Ihre Fertigungsbelange. Ein optimales Zusammenspiel von Konstruktion, Versuch und Erkennen der Fertigungsmöglichkeiten gibt Ihrem Bereich einen möglicherweise uneinholbaren Kostenvorsprung.

Besonders hilfreich ist dieses Zusammenspiel – auch bekannt unter dem Begriff „Simultaneous Engineering" – bei der Weiterentwicklung und Neuentwicklung von Produkten. Achten Sie darauf, dass die Mitarbeiter in beiden Bereichen, Entwicklung und Produktion, persönlich miteinander auskommen, also die Chemie stimmt. Wenn es Ihnen gelingt, hier zwei erstklassige Begabungen zusammenzubringen, und die Zusammenarbeit sich optimal entwickelt, entstehen erstaunliche Ergebnisse.

Man muss sich immer darüber im Klaren sein, dass 70 Prozent der Kosten durch die technische Entwicklung festliegen und höchstens 30 Prozent der Kosten durch die Bearbeitung zu beeinflussen sind. Der geniale Entwurf und die richtige Wahl der Fertigungsmöglichkeiten verschaffen Ihnen den entscheidenden Vorsprung gegenüber der Konkurrenz.

## 1.7 Betriebsleiter

Sofern Sie in der Gruppenleitung erfolgreich waren, wird der Aufstieg nicht auf sich warten lassen. Wenn Sie allerdings drei oder vier Jahre erfolgreich Ihr Gebiet geführt haben, und es erreicht Sie kein Ruf in eine Leitungsfunktion, werden Sie bei Ihrem Vorgesetzten vorstellig. Präparieren Sie sich gut für dieses Gespräch (nur unter vier Augen). Hier ist Ihre Ausgangsanalyse von Bedeutung und eine lebendige Darstellung, was Sie in Ihrer Zeit positiv verändert, d. h. verbessert haben. Gute Dienste leisten Ihnen besonders Ihre Ausgangsdaten. Je größer die positiven Veränderungen sind, umso wirkungsvoller können Sie das Gespräch führen. Besonders sollten Sie nachweisen können, dass bereits ein Nachfolger für Sie bereit steht und durch Ihren Wechsel keine Schwierigkeiten für Ihren Vorgesetzten und das Unternehmen zu erwarten sind.

Bei diesem Sprung besteht die Möglichkeit, in eine Auslandstätigkeit zu wechseln, idealerweise zunächst als Assistent eines dortigen Bereichsleiters, der sich verändern oder zur Ruhe setzen will. Diese Auslandstätigkeit ist wichtig, um Ihre Fremdsprachenkenntnisse, aber besonders auch Ihre Persönlichkeit, weiterzuentwickeln.

Hat Ihr Unternehmen Auslandsaktivitäten, ist das gut. Falls nicht, müssen Sie sich um einen Wechsel zu einem anderen Unternehmen bemühen. Spielen Sie nicht Verstecken, sondern sprechen Sie die Dinge offen an. Wenn Ihr Unternehmen keine Auslandsposition zu bieten hat, kann es vielleicht die Kontakte zu einem befreundeten Unternehmen knüpfen, das froh ist, einen solchen Experten wie Sie zu bekommen. Sie können sich damit die Tür zu Ihrem Unternehmen für Ihren späteren Aufstieg offen halten. Vielleicht können Sie nach einer gewissen Zeit sogar den ersten Brückenkopf für Ihr früheres Unternehmen im Ausland aufbauen.

Sollten Sie in ein anderes Unternehmen wechseln müssen, bereiten Sie sich sorgfältig auf das erste Gespräch vor. Besorgen Sie sich alle erreichbaren Unterlagen über das Unternehmen, unterhalten Sie sich mit dessen Kunden und

## Vorbereitung und Aufstieg im Unternehmen

mit dessen Lieferanten und versuchen Sie, die Eigenarten des Unternehmens herauszufinden.

Bei der Vorstellung sagen Sie klar, was Sie in der nächsten Stufe anstreben, und legen Ihre Erfolgsgeschichte auf den Tisch. Die meisten Bewerber vergessen darzustellen, was sie in ihrer vorhergehenden Position positiv verändert und welchen Nutzen sie für ihr bisheriges Unternehmen gebracht haben. Stellen sie überzeugende, bildhafte Beispiele Ihrer Erfolge dar, erzählen Sie einige Vorgehensweisen in Form kleiner Geschichten.

Lassen Sie sich die neue Position genau beschreiben; klären Sie, wem Sie berichten müssen und mit welchen Bereichen wie zusammengearbeitet werden soll. Achten Sie darauf, dass in der anstehenden Position Ihre bisherige Erfahrung, Ihr Wissen und Ihre Kenntnisse nutzbar sind, mindestens in wesentlichen Teilbereichen. Wenn nicht, haben Sie von Anfang an eine schwierige Position, da nicht Ihr Fachwissen, sondern alleine Ihre Führungsfähigkeit gefragt ist. Das ist für eine erste Leitungsfunktion im Allgemeinen zu wenig, da Ihre Führungserfahrung noch begrenzt ist.

Normalerweise sollten Sie Ihr Gehalt um mindestens ein Drittel erhöhen können, da Sie in einem neuen Unternehmen eine Menge persönlicher Risiken eingehen. Erkundigen Sie sich auch vorher, wie solche Positionen bezahlt werden. Manch einer hat eine Position nicht erhalten, weil er zu wenig verlangte.

Ein guter Bekannter bewarb sich vor einigen Jahren um eine Führungsposition in der Entwicklung und wollte ein Jahresgehalt von umgerechnet 40.000 EUR fordern. Ich sagte ihm, dass er bei seiner breiten technischen Erfahrung für diese Position das Doppelte verlangen müsse. Zu seinem großen Erstaunen bekam er dieses Gehalt ohne Diskussion.

Es gibt auch Sonderfälle, bei denen man mit weniger als einem Drittel Gehaltserhöhung zufrieden sein wird, z. B. wenn man besondere Erfolge erwartet und das Unternehmen wegen der schlechten wirtschaftlichen Lage Kosten sparen muss. Auch wenn Sie die Möglichkeit erhalten, spezielle Erfahrungen zu sammeln, die sehr wichtig für Ihren zukünftigen Berufsweg sein werden, ist eine sofortige Gehaltssteigerung nicht von Bedeutung. Verabreden Sie jedoch gleich eine künftige Erhöhung, die sich nach Ihrem persönlichen Erfolg richtet. Legen Sie den Maßstab möglichst im Voraus fest.

Fortschrittliche Firmen – leider viel zu wenige – haben eine Ergebnisbeteiligung. Versuchen Sie, ein niedriges Grundgehalt zu vereinbaren, aber eine hohe Erfolgsbeteiligung, sofern Sie zu erkennen glauben, dass viel zu verbessern ist.

## Vorbereitung und Aufstieg im Unternehmen

Versuchen Sie, in diesem Gespräch die wirtschaftliche Situation des Unternehmens zu erfahren und insbesondere auch Informationen über Ihren künftigen Vorgesetzten zu bekommen – und vor allem darüber, was man speziell von Ihnen erwartet.

Manch einer wechselte das Unternehmen und landete bei einem Konkursfall.

Schauen Sie sich vor allem die Produkte des Unternehmens an.

- Wächst der Markt, der Marktanteil?
- Ist das Produkt gefragt?
- Wie hat sich das Unternehmen auf die Zukunft vorbereitet?
- Welche Innovationen wurden in den letzten Jahren realisiert?

Nun haben Sie die Position und müssen zunächst das Terrain erkunden.

Wie beim Antritt der Sparten- oder Gruppenleitung machen Sie eine sorgfältige Bestandsaufnahme und führen die schon erwähnten Vier-Augen-Gespräche, zunächst mit allen, die Ihnen direkt berichten, aber auch mit den Meinungsführern der zweiten Ebene. Besonders wichtig ist das Gespräch mit dem Betriebsratsvorsitzenden, dem Sie seine Bedeutung für das Unternehmen signalisieren sollten. Sie bieten eine faire Zusammenarbeit an mit der deutlichen Aussage: Nur ein gut laufender Betrieb kann etwas für die Mitarbeiter tun. Bieten Sie Offenheit, Fairness, aber auch Leistungsbewusstsein an. Danach müssen Sie ein ähnliches Gespräch mit dem Betriebsrat führen. Darin dürfen Sie noch keine Maßnahmen ankündigen, sondern nur Kooperation zum Wohle der Mitarbeiter und des Unternehmens.

Sprechen Sie wieder mit den Kunden, den Lieferanten und den Ihnen nicht unterstehenden Servicebereichen. Hier sind wieder Vier-Augen-Gespräche notwendig, um eine möglichst ungeschminkte Darstellung zu erhalten. Vergleichen Sie die einzelnen Aussagen, ob sie sich gegenseitig bestätigen oder widersprechen. Gehen Sie in der ersten Zeit so oft wie möglich in den Betrieb, und unterhalten Sie sich direkt mit den Maschinenbedienern, den Instandhaltern und den Leuten der Qualitätssicherung. Fragen Sie nach allem, was Ihnen wichtig erscheint, und seien Sie umfassend neugierig.

Ändern Sie in den ersten Wochen nichts, wenn nicht Not Sie dazu zwingt, und beobachten Sie besonders sorgfältig die Funktionen, in denen Sie Fachmann sind. Beobachten Sie die anderen Bereiche zunächst aus einer gewissen Distanz und konzentrieren Sie sich auf Ihr Spezialgebiet. Hier müssen Sie

## Vorbereitung und Aufstieg im Unternehmen

dann schon bald einige möglichst spektakuläre Veränderungen erzielen, um Ihr Image als Fachmann aufzubauen.

Ihre Mitarbeiter müssen schnell lernen, dass Sie Fachmann sind und in einigen Bereichen voll mitreden können. Sobald Sie diesen Spezialbereich einigermaßen in Ordnung haben, kümmern Sie sich nur noch am Rande darum, aber lernen Sie schnell die anderen Bereiche im Kern verstehen und die Schwachpunkte dort erkennen. Hier ist der Besuch fremder Unternehmen wichtig, um Maßstäbe aufzubauen.

Schauen Sie sich genau die Hauptprozesse an und lernen Sie die Gründe, warum Ihre Vorgänger die Prozesse so und nicht anders ausgelegt haben. Informieren Sie sich darüber, wo ähnliche oder gleiche Produkte hergestellt werden und mit welchen Prozessen man dort operiert. Versuchen Sie, sich ein Kostenbild über die Konkurrenzprodukte zu verschaffen, und machen Sie sich eine fiktive Wirtschaftlichkeitsrechnung nach dem im Anhang (5.2) beschriebenen Schema.

Ihr erster Schritt muss eine möglichst vollständige Analyse des Betriebes sein. Folgende Informationen sind wichtig:

1. Wie viele Werker arbeiten direkt am Produkt (beschicken die Maschine, beobachten die Maschine oder richten ein)?
2. Wie viele Werker arbeiten in der zweiten Ebene, um der ersten Ebene, die direkt am Produkt arbeitet, Hilfe zu geben (Transport, Bereitstellung, Qualitätssicherung Werkzeugreparatur, Instandhaltung, sonstige Hilfen)?
3. Wie viele Mitarbeiter sind in Organisation, Disposition und Führung beschäftigt, um den Betrieb am Laufen zu erhalten?

Das Verhältnis zwischen 1./(2.+3.) sollte 2 erreichen, selbst wenn eine anspruchsvolle Fertigung vorliegt.

Bei der Analyse ist auch zu beachten, wie viel von den Aktivitäten 1., 2. und 3. nach auswärts vergeben sind. Rechnen Sie die Kosten dieser Vergabe in Köpfe um und schauen Sie sich dann die Relationen noch einmal an.

Basis dieser Relationen sind die direkten Werker (also 1.). Wenn dieser Wert falsch ist, sind alle anderen auch falsch. Schauen Sie sich bei den Produktionsmaschinen zunächst an, wie viel der gesamten Arbeitszeit Produktionszeit ist, wie die Störungen liegen, wie viel Wartezeit (auch bedingt durch fehlende Werkzeuge oder fehlendes Material, Personalmangel) auftritt und wie hoch die Reparaturzeiten sind. Wenn eine Maschine weniger als 75 Prozent der verfügbaren Zeit produziert, müssen Sie sehr genau hinschauen. Die genaue Zahl hängt sehr vom Prozess ab, sie kann aus guten Gründen zwischen 90 und 70 Prozent schwanken. Nur Detailanalysen zeigen die Schwachstellen auf. So darf bei normalen Fertigungsanlagen die Relation Reparaturaufwand zu Anschaffungspreis ca. 3 Prozent ausmachen und bei verschleißträchtigen Anlagen in Härtereien, Gießereien und Schmieden bis zu 7 Prozent. Analysieren Sie jede einzelne Maschine. Damit bekommen Sie ein Leistungsprofil Ihres gesamten Maschinenparks.

Im Allgemeinen lohnt sich eine Eigenfertigung nur, wenn langfristig mehrere Maschinen mehrschichtig ausgelastet sind. Ist das nicht der Fall, sollte man an Auswärtsvergabe denken, nicht jedoch ohne eine detaillierte Wirtschaftlichkeitsrechnung (Anhang 5.2).

Bei der Analyse versuchen Sie auch die Rüstzeiten zu beurteilen. Gibt es ein zu häufiges Rüsten? Sind die Rüstzeiten zu lang? Falls Ihnen eine Maschine als schlecht auffällt, lassen Sie eine Gesamtanalyse einschließlich Rüsten machen. Hier bietet sich ein Projektteam aus Bediener, Werkzeugspezialist, Instandhalter und Zeitnehmer an. Bevor das Team mit der Arbeit beginnt, finden Sie mit ihm ein sinnvolles Ziel. Benutzen Sie die Projektsystematik (Anhang 5.4). Beteiligen Sie das Team an Verbesserungsprämien (Anhang 5.3) Sofern man sich um die Kürzung der Rüstzeiten noch nicht systematisch gekümmert hat, kann man hier allein wahrscheinlich 50 Prozent der Rüstkosten einsparen.

Da Sie als erstes eine offensichtlich schlechte Maschine auswählen werden, können wahrscheinlich größere Erfolge erwartet werden. Benutzen Sie den Erfolg, um Propaganda für weitere Analysen zu machen. Lösen Sie eine Kettenreaktion aus, aber achten Sie darauf, dass ein Mitglied des ersten Teams andere Teams berät oder dort mitarbeitet, um eine gemeinsame Erfahrung zu schaffen.

Machen Sie einen Aktionsplan über zwei Jahre und begeistern Sie Ihre Mitarbeiter durch den in Aussicht stehenden Erfolg und die zu erwartende persönliche Prämie der Teammitglieder. Organisieren Sie Hilfen für die Teams, die auf Schwierigkeiten stoßen. Seien Sie in diesen Fragen selbst immer ansprechbar und hoch interessiert. Wenn man Sie um Hilfe bittet, schieben Sie um Gottes Willen nichts auf die lange Bank, sondern reagieren Sie sofort. Helfen heißt nicht, dass Sie selbst auf die richtige Idee kommen, aber Sie müssen wissen, wo man schnelle Hilfe im Haus oder auch auswärts organisieren kann. Benutzen Sie Ihr persönliches Netzwerk, das hoffentlich funktioniert.

Vorbereitung und Aufstieg im Unternehmen

Ein weiteres wichtiges Thema ist die Instandhaltung. Hier ist zunächst wichtig zu prüfen, ob die Wartung der Maschinen und Anlagen stimmt. Eine gute Wartung reduziert den Instandhaltungsaufwand wesentlich.

Man kann dem Bediener die Wartung übertragen. Nach meiner Erfahrung ist das der zweitbeste Weg, da die Bediener schwierig zu kontrollieren und besondere Eigenarten zu erwarten sind, z. B. Einzelne nicht verlässlich sind. Der Bediener sieht die Wartung auch nicht als seine Hauptaufgabe an und lässt während der Wartungszeit die Maschine stehen. Wenn Sie einen sorgfältig ausgesuchten Spezialisten betrauen, haben Sie vier Vorteile:

1. Er macht es gerne.

2. Er macht es sorgfältig und gut.

3. Er macht es außerhalb der Produktionszeit.

4. Es wird billiger.

In der gleichen Weise sollte man die Reinigungsaufwendungen organisieren. Man könnte eine Firma gründen, z. B. durch einen Meister oder auch einen kundigen Außenstehenden, der Mitgliedern des Betriebes auf einer zweiten Lohnsteuerkarte im eigenen Betrieb den Nebenjob anbietet, die Maschinen zu säubern. Es gibt natürlich auch weitere Lösungen. Man muss nur kreativ sein.

Wie geht man nun die Instandhaltung an? Grundlage jeder Instandhaltung ist das so genannte „Störbuch", das für jede Maschine zu führen ist. In diesem Buch werden alle Ausfälle eingetragen, die von der Vorgabe nicht mehr toleriert werden, also Störungen die länger als fünf Minuten anhalten und kürzere Störungen, die in einer Schicht mehr als dreimal auftreten. In das Buch einzutragen hat der Bediener die von ihm vermutete Ursache, wenn er sie selbst behebt, die Maßnahmen und die Ausfallzeit. Benötigt der Bediener Hilfe, muss diese entweder die Ursache bestätigen oder eine „neue Ursache" finden, die Maßnahme zur Behebung angeben und die Ausfallzeit bestätigen. Zweckmäßigerweise benutzt man einen Vordruck, damit alle geforderten Informationen auch verfügbar sind.

Viele Betriebsleiter möchten das Buch modern gestalten und setzen den Computer ein. Ich bin im Augenblick noch skeptisch, da nicht jeder den Computer gleich gut bedient und bei Schematisierung wichtige Informationen verloren gehen können.

Monatlich sollte das Störbuch ausgewertet werden, mindestens jedoch vierteljährlich. Wichtig ist dabei, ob richtig repariert wurde und keine Wiederholungsfälle aufgetreten sind. Ein Ausfall ist immer ein Hinweis auf irgendeine Schwachstelle Die Reparatur hat diese Schwachstelle zu beseitigen, und zwar möglichst für immer. Dagegen wird meist sträflich verstoßen. Das liegt zum einen am Zeitmangel – die Produktionsmaschine muss schnell wieder anlaufen – und zum anderen an der fehlenden Schadensanalyse. Selbst wenn aus Zeitgründen notdürftig repariert wurde, sollte die darauf sicher folgende weitere Reparatur die Schwachstelle endgültig ausmerzen.

In diesem Zusammenhang stellt sich sofort die Frage nach dem Sinn einer vorbeugenden Instandhaltung. Davon wird viel geredet, weil es ja so gut und vernünftig klingt. Ist sie aber wirtschaftlich?

Es mag Fälle geben, in denen eine vorbeugende Instandhaltung sinnvoll ist, weil die Gefahren und Kosten für Ausfälle sehr hoch werden. Im Normalfall trifft das aber nicht zu. Dort verbietet sich die vorbeugende Instandhaltung, weil es sich um seltene Ereignisse handelt, deren Eintritt nicht vorauszusehen ist, sondern zufällig über weite Bereiche streut. Wenn man also Ausfälle sicher vermeiden will, muss meist viel zu früh das Reparaturteil gewechselt werden.

Was kann man aber tun, um einen Produktionsausfall durch plötzlichen Ausfall der Maschine zu vermeiden?

Hier gibt es eine ganze Reihe von zu koordinierenden Möglichkeiten:

1. Die Wartung muss sorgfältig beobachten, ob irgendwelche sichtbaren Veränderungen an der Anlage auftreten.
2. Das gleiche muss der Bediener machen (z. B. Geräusche, lose Teile, Schwierigkeiten bei der Qualität des Produkts).
3. Die Qualitätskontrolle muss erkennen, wann die Arbeitsqualität der Maschine nachlässt.
4. Die Instandhaltung muss Erhöhungen der Reparaturhäufigkeit feststellen.

Diese Beobachtungen kritisch beleuchtet, sollte dann zu einer geplanten Reparatur führen. Auch das kann man als vorbeugende Instandhaltung bezeichnen, die jedoch relativ kostengünstig ist und den jeweiligen Zustand der Maschine berücksichtigt.

Nach der Wiedervereinigung besuchte ich ein Konkurrenzwerk in den neuen Bundesländern, das zum Verkauf stand. Man produzierte nur einen Typ unseres Produkts auf einer japanischen Sondermaschine. Die Japaner als gute Verkäufer hatten dem DDR-Unternehmen zwei Maschinen verkauft, um genügend Kapazität zu haben, wenn vorbeugend instand gesetzt wurde. Das vergleichbare Produkt im Westen kostete vor der Wende etwa 20 Prozent von dem, was es in der DDR kostete, allerdings nicht allein aus diesem Grunde.

Die nächste Frage ist: Wie organisiert man die Instandhaltung?

So dezentral wie möglich, um die Verfügbarkeit der Anlage so hoch wie möglich zu halten. Am besten ist es sogar, wenn der Bediener kleinere Eingriffe selbst erledigen kann.

So wird man im Allgemeinen drei Reparaturkategorien wählen:

1. Kleinere Reparaturen durch den Bediener
2. Normalreparaturen durch einen betriebsnahen Instandhalter
3. Geplante größere Reparaturen durch eine Zentrale oder von außen

Da eine solche Zentrale nicht immer auszulasten ist, wird man die Zentralinstandsetzung dazu nutzen, bestimmte Maschinen, die nicht am Markt beschafft werden können oder sollen, in Eigenfertigung zu bauen. Näheres dazu in Abschnitt 3.3.

Neben der Wirtschaftlichkeit ist die Qualität der Produkte ein wichtiges Ziel. Insbesondere in den letzten Jahren versucht man, diese durch Bürokratie, aufwändige Qualitätshandbücher und persönliche Bekenntnisse zu erzielen. Die Grundlage der Qualität wird jedoch durch den parametergesteuerten Fertigungsprozess selbst und eine übersichtliche Organisation erreicht, in der es keine Verwechslung und keine Liegezeiten gibt und die nichts dem Zufall überlässt.

In einem modernen Betrieb ist der Bediener einer Maschine natürlich auch für seine erzeugte Qualität verantwortlich. Die Basis für diese Qualität legt jedoch die sorgfältige Prozessanalyse, die durch einen Spezialisten zusammen mit dem Bediener erfolgen muss. Schon bei der Bestellung einer neuen Maschine gilt es, sich sorgfältig zu überlegen, welche Qualität man anstrebt. Diese Qualitätsforderung fließt in Form einer Abnahmevorschrift in die Bestellunterlagen ein. Sie ist so zu fassen, dass die geforderte Produktqualität nur zwei Drittel der möglichen Maschinenqualität benötigt, d. h. die Abmaße des Produkts bei der Abnahme der Maschine dürfen nur zwei Drittel der vorgegebenen Toleranz ausfüllen. Diese Abnahme sollte je nach Schwierigkeit des Prozesses über mindestens 15 Schichten laufen, und man sollte sorgfältig die Parameter der Prozessveränderung analysieren, um die entscheidenden Parameter zu bestimmen.

Diese sind dann Grundlage einer späteren Prozessanalyse, sofern Qualitätsprobleme auftreten.

Häufig ist eine aussagefähige Abnahme nicht möglich, weil am Anfang nicht genügend Rohteile vorhanden sind. Man muss dann eventuell auf ähnliche Teile ausweichen. Das sollte man jedoch bereits bei der Bestellung der Maschine beachten.

Die Prozessabnahme muss die Grenzen des Prozesses eindeutig aufzeigen und sollte die Prozessparameter zutreffend beschreiben. Manchmal wird übersehen, dass der Prozess weitgehend auch durch die Qualität des Rohteils bestimmt wird, sei es durch schwankende Materialqualität oder durch wechselnde Steifigkeiten im Werkstück.

Schwierig wird die Beurteilung eines Prozesses, sofern viele Parameter den Prozess bestimmen, die sich zudem noch in ihrer Auswirkung gegenseitig rückbezüglich beeinflussen. Hier gilt es, durch Stichversuche unter Extrembedingungen die entscheidenden Parameter herauszufinden und so das Wichtige vom Unwichtigen zu trennen. Es gibt natürlich auch statistische Methoden, die aber viel Spezialwissen erfordern und im Allgemeinen für den Normalfall zu aufwändig sind. Wenn man mit den Extrembedingungen nicht weiterkommt, muss man wohl oder übel diese aufwändigen statistischen Methoden einsetzen. Das dürfte jedoch nur in seltenen Fällen notwendig sein.

Wie überprüft man nun die laufende Fertigung?

Zunächst muss man drei Fälle unterscheiden.

1. Im ersten Fall ist die vorliegende „natürliche Prozess-Streuung" (ohne Trend) sehr viel kleiner als die einzuhaltende Toleranz. Hier ist eine Stichprobensteuerung des Prozesses immer dann wirtschaftlich, wenn der natürlichen Prozess-Streuung kein starker Trend (etwa durch großen Werkzeugverschleiß oder Wärmegang der Maschine) überlagert ist.

2. Im zweiten Fall ist die Prozess-Streuung bei kleinem Trend $> 0,7$ der einzuhaltenden Toleranz bzw. der Trend ist bei kleinerer Prozess-Streuung sehr stark. Hier ist das Feld der automatischen Mess-Steuerung, die notwendig wird, um wirtschaftlich und sicher die vorgegebene Toleranz einzuhalten.

3. Im dritten Fall ist die natürliche Prozess-Streuung größer als die einzuhaltende Toleranz. Man muss sich in diesem Fall um die Basisdetails des Prozesses bemühen und die Prozess-Steuerung zu reduzieren versuchen, oder man muss die Vergrößerung der Toleranz fordern.

## Vorbereitung und Aufstieg im Unternehmen

Das Vorgehen bei der Prozess-Steuerung wurde im Einzelnen festgelegt nach sorgfältiger mathematischer Simulation und ist im Detail im Anhang zu studieren (Anhang 5.5).

Tatsache ist, dass häufig bei der Prozess-Steuerung sehr entscheidende Basisfehler gemacht werden. Damit verschenkt man sowohl Genauigkeit als auch Wirtschaftlichkeit.

Bei richtiger Handhabung der Methodik kann man mit der Mess-Steuerung eine Toleranz in der Größenordnung der natürlichen Prozess-Streuung erreichen. Bei Stichproben-Steuerung kommt man im Allgemeinen mit Stichprobengrößen zwischen 1 und 2 und in seltenen Fällen mit 3 aus.

Vor Regelung des Prozesses muss man Folgendes kennen:

- Die natürliche maximale Prozess-Streuung ohne Trend
- Den auftretenden maximalen Trend

Beides in Relation zur angestrebten Toleranz gesetzt, zeigt Ihnen die notwendigen Maßnahmen. Als Trendzahl zur Beschreibung der Trendgröße hat sich die Anzahl der Bearbeitungsvorgänge (Werkstücke) bewährt, die benötigt werden, um die vorgegebene Toleranz allein durch den Trend auszunutzen.

Eine schwierige Frage sind die so genannten Einstellungsstücke, bei denen nach Werkzeugwechsel das Toleranzfeld neu gesucht werden muss. Hier sollte man sich über die Einstellgenauigkeit des Werkzeugs im Klaren sein und beim Bearbeiten des ersten Teils die vorgegebene Toleranz um die Werkzeugeinstelltoleranz erweitern und somit erst in einer zweiten Operation die vorgegebene Toleranz treffen. Durch Vermeidung des Verlustes von Einstellungsstücken kann man den Ausschuss dann merklich senken.

Das gilt für spanabhebende Bearbeitung, wo kontinuierlich nachgestellt werden kann. Schwieriger ist es bei der Umformtechnik, wo das Teil fast ausschließlich durch die festliegende Geometrie des Werkzeuges bestimmt wird.

Häufig begnügt man sich mit Lehren und Schablonen. Sofern man jedoch kürzere Rüstzeiten und engere Toleranzen erzielen will, muss man messen, d. h. quantitativ bestimmen, wie stark man vom Sollwert abweicht. Durch Analyse der Werkzeuggenauigkeit, insbesondere der zufälligen Streuung und des Werkstoffverhaltens (Rückfederung und Verformung), erhält man Daten, wie der Prozess zu steuern ist. Auch sollte man über die Maschineneigenschaften, wie Führungsgenauigkeit und Steifigkeit, gründlich Bescheid wissen.

Die Lösung dieser Fragen stellt hohe Anforderungen an das systematische Denkvermögen und die besonderen Fachkenntnisse – Eigenschaften, die man nur sehr selten kombiniert findet.

Voraussetzung aller dieser Prozessfragen ist neben dem fachlichen Wissen die Vertrautheit mit den wirksamen statistischen Grundregeln. Diese kann man jedoch von den Werkern nicht verlangen, obgleich sie in etwa wissen müssen, um was es bei der Einhaltung der Toleranz geht. Ich warne daher davor, die Werker mit mathematischen Begriffen, die nicht verstanden werden, zu belasten. Besser ist es zu fordern, dass nur zwei Drittel des Toleranzfeldes, mittig zentriert, zugelassen wird und damit etwa ein Sechstel der Toleranz als Sicherheitsbereich gilt. Theoretisch kann man einfach zeigen, dass damit die Forderung der Qualitätssicherung weitgehend erfüllt wird, die Fertigungsstreuung auf 6 s zu begrenzen (s = mittlere quadratische Streuung der Abmaße).

Der Vorteil der genauen Kenntnisse der Prozessdaten ist zum einen, dass die Teile später in der Fertigung der Zeichnung entsprechen, und zum anderen, dass die Kettentoleranzregeln wirklich anwendbar sind, weil zentriert zur Toleranzmitte gefertigt wird.

Bislang zögern Konstruktion und Produktentwicklung häufig, die Kettentoleranzregeln anzuwenden, obgleich fast überall Toleranzen wirken, die von anderen Toleranzen abhängig sind. Man scheut sich davor, da man fürchtet, dass die Toleranzen nicht sicher eingehalten werden und vor allem die Abmaße der Teile nicht mittenzentriert sind.

Es werden so große Reserven bei der Funktionssicherheit oder in der Wirtschaftlichkeit des Prozesses verschenkt.

Die gute Organisation einer Fertigung ist für den Fachmann sofort zu erkennen, weil sie sichtbar wird durch wenige Menschen, die sich im Fertigungsfeld bewegen, durch wenige Rüstoperationen und seltene Maschinen-Stillstände.

Insbesondere erfordert ein effektiver Betrieb durchdachte, also beherrschte Prozesse, die stabil ablaufen. Die Fertigungsmaschine mit ihrem Bediener muss rechtzeitig mit voreingestellten Werkzeugen und Rohteilen versorgt werden, ohne dass der Bediener sich darum kümmern muss. Der Bediener muss selbst rüsten (eventuell unterstützt von einem zusätzlichen Rüstspezialisten) und auch kleinere Störungen selbst beheben können.

Bei größeren Störungen muss Hilfe sofort greifbar sein. Entweder hilft der Bediener bei deren Behebung mit oder er kann auf einen Ersatzarbeitsplatz aus-

Vorbereitung und Aufstieg im Unternehmen

weichen. Der Bediener erhält bei Schwierigkeiten im Prozess, wenn notwendig, sofort technische Hilfe jeder Art vom Vorgesetzten oder von greifbaren Spezialisten.

Eine Zeitvorgabe ist unbedingt notwendig, damit der Bediener sein Ziel vor Augen hat und die Kosten für den Betrieb kalkulierbar bleiben. Diese Zeitvorgabe ist jedoch nur dann sinnvoll, wenn es um Serienfertigung geht.

Zeitvorgaben im Werkzeug- und Vorrichtungsbau, wo Kleinstserien produziert werden, sind zu vermeiden, da hier allenthalben „gemauert" wird, um Sicherheiten bei eventuellen Schwierigkeiten aufzubauen. In diesen Bereichen müssen die Prozessfolgen und -daten jedoch vorgeschrieben und kontrolliert werden. Der Meister als Fachmann wird hier nicht entbehrlich sein. Er benötigt jedoch in größeren Bereichen meist einen Prozessanalytiker, der die einzuhaltenden Prozessdaten entwickelt, und zwar zusammen mit dem betreffenden Bediener. Auch hier müssen rechtzeitig Fertigungsunterlagen, Werkzeuge und Rohmaterial bereitgestellt werden, und möglichst dem Werker ein Vorlauf von Werkstücken angeboten werden, um die Werkstückfolgen rüstoptimal wählen zu können.

Entscheidend für die Bearbeitungskosten sind die Bearbeitungszeiten und die Nutzung der Maschinen. Bei der heutigen kapitalintensiven Fertigung sollte einschichtiger Betrieb nur in Sonderfällen zugelassen werden. Am kostengünstigsten ist der Dreischichtbetrieb, der jedoch an Organisation und Führung höhere Anforderungen stellt.

Wenn man annimmt, dass ein Fertigungsprozess zu 50 Prozent mit Fixkosten behaftet ist, entstehen folgende Kostenrelationen:

| Einschichtig | 100 % | |
|---|---|---|
| Zweischichtig | 75 % | |
| Dreischichtig | 71 % | Kosten/Werkstück |
| Dreischichtig + Sa/So | 68 % | |

Man erkennt aus der Tabelle, dass Samstags-/Sonntagsschichten aus Kostengesichtspunkten nicht besonders vorteilhaft sind, zumal eine Vollauslastung nur in seltenen Fällen garantiert werden kann. Hier spielen in erster Linie die benötigten Kapazitäten die entscheidende Rolle Auch die dritte Schicht ist, wenn man die Zusatzkosten eindeutig erfasst, wahrscheinlich nur zu vertreten wegen der dadurch zu begrenzenden Kapitalkosten.

Es zeigen sich in der Praxis beachtliche Schwankungen in der Schichtwahl. Die beste und gut erprobte Strategie im Hinblick auf die kontinuierliche Auslastung scheint der Zweischicht- oder Dreischichtbetrieb und Abfahren von Spitzenbedarf durch zwei spezielle Samstags- und Sonntagsschichten zu sein.

Die Mitarbeiter für diese Wochenendschicht können noch eine zusätzliche Schicht in der Woche machen und bekommen für drei Tage Arbeit so viel Geld wie der normale Mitarbeiter für fünf Tage. Solche Arbeitsbedingungen sind beliebt bei Studenten, sich Weiterbildenden und bei Leuten, die Häuser bauen. Es herrscht an solchen Kräften kein Mangel.

Sollte jedoch die Durchschnittsauslastung drei Schichten (~ 5000 h) übersteigen, muss umgehend investiert werden.

Damit ist die Kapazität der Maschinen an Samstagen und Sonntagen ausschließlich reserviert für die Abarbeitung von Bedarfsspitzen und die Überbrückung von Zeiträumen, in denen weitere Kapazität aufgebaut wird.

Eine ganz wichtige Überlegung spielt die Terminsteuerung in der Fertigung, die drei Ziele verfolgen muss:

- die pünktliche Bereitstellung von Produkten

- in wirtschaftlich sinnvoller Losgröße zu fertigen

- einen kleinen Lagerbestand zu garantieren

Mit den heutigen Computer-Systemen ist im Prinzip eine optimale Steuerung möglich, sofern man die Parameter, bestehend aus Zulieferung des Rohmaterials, Fertigungsbedingungen und Kundenwünschen, genau analysiert und daraus Steuerungsregeln ableitet.

Dabei wird es Zeiten geben, in denen einzelne Anlagen weniger ausgelastet sind. Es liegt am Geschick der Organisation, diese Zeiten für gezielte Reparaturen und den Ausgleich der persönlichen Zeitkonten zu nutzen.

Eine genaue Analyse und Simulation befindet sich im Anhang 5.6. Daher beschränke ich mich daher im Folgenden auf die Basisüberlegungen.

Vorbereitung und Aufstieg im Unternehmen

Zu beachten sind beispielsweise die Parameter:

1. Bestelllosgröße für die Rohteile        B
2. Fertigungslosgröße                      L
3. Bereitzustellende Fertigungskapazität   K
4. Lieferzeit der Rohteile                 T
5. Durchlaufzeit durch die Fertigung       t
6. Durchschnittlicher Kunden- Wochenbedarf p
7. Maximaler Kunden Wochenbedarf           a p
8. Sicherheitsmenge                        S
9. durchschnittlicher Lagerbestand         M

Im Gegensatz zur Praxis ergibt sich im Idealfall ein gleichmäßiger Bedarf des Kunden. Dann ist die Disposition relativ einfach, sofern man die Bestelllosgröße gleich der Fertigungslosgröße wählt. Genau dann, wenn das letzte Teil von der Maschine geht, muss das bestellte Rohteil-Los eintreffen. In der Praxis hat man die Liefersicherheit der Rohteile durch den Lieferanten zu beachten, d. h. das bestellte Los muss entsprechend der Zuverlässigkeit des Lieferanten früher eintreffen. Aus Sicherheitsgründen wird man fordern, dass die Losgröße in der Vorwoche des Fertigungsbeginns für das Los eintreffen muss.

Damit ergibt sich als durchschnittlicher Lagerbestand:

$M = 0{,}625\,L$

(0,5 L wegen Losgröße, 0,125 aufgrund früheren Eintreffens)

In der üblichen Praxis tritt jedoch, wie in der Annahme, eine Bedarfsschwankung des Kunden auf, die zu berücksichtigen ist. Diese Bedarfsschwankung erhöht den Lagerbestand, weil beim Abarbeiten der Losgröße am Schluss kaum noch Vorräte zur Deckung eines eventuellen Mehrbedarfs vorhanden sind und daher eine so genannte Sicherheitsmenge vorgehalten werden muss, die dann benutzt wird, wenn der Kunde mehr als den Durchschnittsbedarf abnimmt. Kurz nach der Anlieferung der Bestelllosgröße durch den Lieferanten

## Vorbereitung und Aufstieg im Unternehmen

ist mit der Losgröße ein zusätzlicher Sicherheitsbestand vorhanden, der sich danach kontinuierlich abbaut.

Wenn genügend Reservekapazität vorhanden wäre, bräuchte man eigentlich nur am Ende der Lieferperiode des Zulieferers Sicherheiten aufzubauen. Man muss also die Bestelllosgröße früher anfordern, um diese Situation am Ende der Lieferperiode zu berücksichtigen. Die frühere Anlieferung müsste um so eher erfolgen, je größer die zu erwartende Schwankungsbreite des Kunden ist.

Die im Abruf des Kunden auftretenden Schwankungen lassen den Sicherheitsvorrat am Ende einer Zulieferperiode entscheidend von den Abrufen der jüngsten Vergangenheit abhängen. Sollten geringere Abrufe vorgelegen haben als im Durchschnitt zu erwarten, so wäre ein zusätzlicher Sicherheitsbestand nicht notwendig gewesen, da sich automatisch ein Vorrat gebildet hätte. Damit ist der Sicherheitsvorrat nicht ohne weiteres über eine Formel zu bestimmen, sondern am besten über eine Simulation. Aus dieser Simulation leitet sich ab, dass man mit überraschend niedrigen Sicherheitsbeständen auskommt, weil die Losgröße schon als variabler Sicherheitsbestand wirkt.

Aus diesem Grunde sollte man eine Losgröße möglichst nie kleiner als einen Zweiwochenbedarf wählen, da die Simulation zeigt, dass bei kleineren Losgrößen der benötigte Sicherheitsbestand kaum sinken wird.

Wenn man davon ausgeht, dass der Kundenwochenbedarf zwischen zwei und null gleich verteilt streut, die Lieferzeit des Rohteillieferanten vier Wochen und die maximale Fertigungsdurchlaufzeit eine Woche beträgt, müsste man auf Grund der vorher erwähnten Simulation in Abhängigkeit von der Losgröße (Bestelllosgröße = Fertigungslosgröße) folgende Sicherheitsbestände wählen und könnte mit folgenden durchschnittlichen Vorräten rechnen:

| Zahlen in Durchschnitts-Wochenbedarf | | | |
|---|---|---|---|
| Losgröße | Sicherheitsbestand | Vorratsbestand | Jahresumschlag |
| 2 | 3,8 | 5,8 | 9,0 |
| 4 | 3,0 | 6,0 | 8,7 |
| 8 | 2,5 | 7,5 | 7,0 |

Trotz der angenommenen großen Schwankungen im wöchentlichen Kundenbedarf kommt man also mit relativ kleinen Vorräten und überraschend gerin-

Vorbereitung und Aufstieg im Unternehmen

gen Sicherheitsbeständen aus. Jedes Unternehmen, das größere Vorräte hat, dürfte mit großer Wahrscheinlichkeit Verbesserungspotenzial bei den Vorräten haben, ohne seine Lieferfähigkeit zu gefährden. Nach den obigen Zahlen sollte man auch nicht eine Zwei-Wochen-Losgröße anstreben, sondern eher eine Vier-Wochen-Losgröße, da der Gewinn an Liefersicherheit den kleinen Gewinn an Vorratshöhe mehr als ausgleichen dürfte.

Das größte Verbesserungspotenzial liegt in der Fertigungsdurchlaufzeit, weil schwankende Fertigungszeiten und viele Arbeitsgänge durch Wartezeiten hohe Liegezeiten verursachen, die z. B. durch eine konsequente Linienfertigung stark reduziert werden können.

Es reicht jedoch nicht, eine Linienanordnung der Fertigungsmaschinen zu wählen, wenn es nicht gelingt, die Einzelkapazitäten harmonisch aufeinander abzustimmen.

Das Problem wäre dann ein zu hoher Investitionsaufwand mit zum Teil nicht genutzten Kapazitäten.

Grundsätzlich ist es vom Investitionsaufwand sehr günstig, mehrere Produkte auf einer Maschine zu bearbeiten. Damit gelingt es, den im Einzelprodukt stark schwankenden Bedarf „auszumitteln", d. h. die Auslastung zu verstetigen.

Ein Beispiel zeigt dies deutlich. Es werden verschiedene Produkte angenommen mit etwa gleichem Durchschnittsbedarf und gleicher Bedarfsschwankung im Verhältnis 2:1.

Sofern diese Schwankungen nicht über Vorräte ausgeglichen werden, würde man bei einem Produkt etwa 34 Prozent Überkapazität installieren müssen. In der Tabelle wird gezeigt, wie sich notwendige Überkapazität reduziert mit der Anzahl unterschiedlicher Produkte, die über diese eine Maschine laufen.

| n | $K_\varnothing$ | $K_{max}$ % |
|---|---|---|
| 1 | 1,5 | 33,3 |
| 2 | 1,5 | 23,0 |
| 4 | 1,5 | 16,7 |
| 6 | 1,5 | 13,5 |
| 8 | 1,5 | 11,2 |

$n$    Anzahl verschiedener Produkte

$K_\varnothing$    durchschnittlich benötigte Kapazität

$K_{max}$    Überkapazität

Bei acht unterschiedlichen Produkten beträgt die notwendige Überkapazität nur noch 12 Prozent gegenüber einer gleichmäßigen Auslastung.

In Wirklichkeit ist die Ersparnis an Investitionskapital größer, weil jedes Produkt einen Lebenszyklus hat, der sich ebenfalls überlagert.

Diese Überlegungen gelten nicht für eine einzelne Maschine, sondern auch, wenn die Produkte über mehrere gleiche Maschinen geführt werden können.

Diese in Bereitschaft zu haltende Kapazität ist bestimmt worden ohne Berücksichtigung von Sicherheitsbeständen. Man kann berechnen, dass meistens solche Sicherheitsbestände sehr viel wirtschaftlicher sind als Zusatzkapazitäten.

Selbst wenn man Losgrößen von zwei Wochen Durchschnittsbedarf wählt und Maschinen mit mehreren Produkten auslastet, sind diese Überlegungen weitgehend akademisch, da durch die vorher schon angesprochenen Wochen-Schichtregelung immer ausreichende Reservekapazitäten vorhanden sein dürften, um Fertigungsengpässe zu vermeiden.

An dieser Stelle sollte nochmals das Arbeitszeitkonto angesprochen werden, das in Einklang mit der Auslastung der Maschine außerdem kurzzeitig Freistellung des Personals ermöglicht, um Überstunden einzusparen.

Schwierig ist eine reine Sondermaschine, weil man die Bedarfsschwankungen nicht genau vorausschätzen kann. Man sollte daher nur in Notfällen davon Gebrauch machen. Bei Sondermaschinen handelt es sich oftmals um Prototypen, die in manchen Aspekten neue Lösungen bieten. Hier muss beim Einkaufen einer solchen Maschine die Kapazität großzügig bemessen und scharf kontrolliert werden. Häufig entstehen bei „steilen" Anläufen große Kundenprobleme, weil die Prozesse nicht ausreichend beherrscht werden, da bei der Abnahme keine sorgfältige Prozessanalyse erfolgen konnte.

Ähnliche Probleme entstehen, wenn die Bedienungs- und Servicemannschaft zu spät eingestellt und nicht ausreichend geschult wurde. Hier wird in vielen Fällen gesündigt, und die Sünden werden mit enormen zusätzlichen Kosten bezahlt, die meistens in keinem Verhältnis zu den Ausbildungskosten des Personals und den Einfahrkosten der Anlagen stehen.

Diese Aussage führt hin zur Investitionspolitik. Hier wird viel Geld vergeudet, wenn keine systematische, fachlich abgesicherte und sorgfältige Planung stattfindet.

Vorbereitung und Aufstieg im Unternehmen

Steht eine größere Investition an, ist zu überprüfen, welche Maschinen grundsätzlich dafür in Frage kommen.

Im Allgemeinen sind wichtig:

- Hauptzeiten (Schnittzeit),
- Nebenzeiten,
- Rüstzeiten,
- Dauerhaltbarkeit und
- Qualitätsgesichtspunkte.

Haben Sie einen entsprechenden Überblick?

Betrachten Sie auch noch einmal kritisch das zu fertigende Produkt und diskutieren Sie die Fertigungsschwierigkeiten mit der Produktentwicklung. Vielleicht sind hier noch Änderungen möglich, die Genauigkeitsprozesse entschärfen oder ganze Prozesse wegfallen lassen.

Die geplanten Prozesse, die Ihnen nicht bekannt sind, simulieren Sie möglichst unter Werkstattbedingungen und schauen sich Unternehmen an, in denen solche Prozesse im Einsatz sind. Besonders wichtig ist das Know-how von Spezialbetrieben, die eine große Erfahrung haben.

So ist in dem von mir geleiteten Unternehmen das Phosphatieren ein üblicher, von den Kunden geforderter Arbeitsgang. Der Betrieb hatte sich mehrere Anlagen anbieten lassen, die alle um die 0,9 Mio. EUR kosteten. Nach intensiver Rücksprache mit einem Spezialbetrieb, zu dem freundschaftliche Beziehungen bestanden, wurde schließlich eine hochmoderne Anlage für 0,4 Mio. EUR konzipiert, die die geforderte Leistung erbrachte.

Einsparung bei drei benötigten Anlagen: 1,5 Mio. EUR!

Die einzelnen Alternativen müssen einer Wirtschaftlichkeitsrechnung unterzogen werden, bei der vor allem die Annahmen sorgfältig auf Bezug zur Realität überprüft werden müssen (siehe Phosphatierungsanlage).

Bei geringen Kostenunterschieden sollte man immer eine erprobte Maschine wählen, insbesondere wenn keine Ausweichmaschine zur Verfügung steht.

Sehr wichtig sind die Abnahmebedingungen. Man sollte im Herstellungswerk eine kurze Funktionsabnahme durchführen, bei der zu bestätigen ist, dass alle Funktionsforderungen und Qualitätsansprüche erfüllt werden. Am endgültigen

## Vorbereitung und Aufstieg im Unternehmen

Produktionsstandort ist eine Dauerabnahme unter Serienbedingungen durchzuführen. Dabei ist nachzuweisen, dass die Funktionen unter Produktionsbedingungen stabil erfüllt werden können. Minimum sollten 15 Schichten sein, möglichst jedoch 50 Schichten, um Werkzeugverschleiß, Störungen und ersten Maschinenverschleiß zu erkennen und die Stabilität der Qualität zu überwachen. Dabei müssen die entscheidenden Prozessparameter ermittelt werden, um spätere Ausfälle der Maschine sofort richtig beurteilen zu können. Hier wird die Basis für die später durchzuführende Prozessanalyse gelegt.

Meistens ergeben sich Schwierigkeiten, am Anfang genügend Rohteile bereitzustellen. Dann sollte man sich zunächst mit einer zweiten Funktionsabnahme begnügen und die eigentliche Abnahme später vereinbaren. Man müsste dann sofort den vollen Kaufpreis bezahlen, wobei der „Rest" als bankgesichert bezahlt wird und die Banksicherung erst nach der endgültigen Abnahme freigegeben wird.

Ein gut organisiertes Unternehmen besteht zur Einsparung von Ersatzteilen und effektiver Reparatur auf den Einbau von Normteilen. Im Allgemeinen ist das durchsetzbar. Verweigert der Lieferant dieses Entgegenkommen, so ist das eine rein wirtschaftliche Entscheidung, die Sie abzuwägen haben. Es empfiehlt sich dabei manchmal, auf die Normteile zu verzichten.

Im Allgemeinen gibt es bei den Ersatzteilen auch keinen eindeutigen Hinweis, mit welcher Wahrscheinlichkeit das Teil ausfällt. Man befindet sich in dem gleichen Dilemma wie bei der vorbeugenden Instandhaltung. Daher sollte man zunächst anregen, das Servicecenter der Lieferfirma zu aktivieren und, falls dort keine Ersatzteile gehalten werden, die Bildung eines Ersatzteilpools anzustoßen, aus dem man kurzfristig Ersatzteile abrufen kann. Es sollte nicht versäumt werden, die Preise für die Ersatzteile vorher auszuhandeln. Diese Aktion sollte schon Bestandteil des Maschinenangebotes sein, um die unterschiedlichen Maschinen richtig vergleichen zu können. Das ist meist viel wichtiger als extrem auf Normteilen zu bestehen. In die Verhandlungen gehört auch eine Forderung nach Ausbildung des Bedienungspersonals. Falls Sie viele Maschinen kaufen, bestehen Sie auf einer Meistbegünstigungsklausel unter Einschluss aller Nebenleistungen.

Man kann einen größeren Betrieb so organisieren, dass bestimmte Funktionen zentral oder dezentral ablaufen. Nach meiner Erfahrung ist immer die dezentrale Organisation die effektivste. Daher wurde vor einigen Jahren in dem von mir geführten Unternehmen unterhalb der Betriebsleitung eine Sektororganisation eingeführt.

## Vorbereitung und Aufstieg im Unternehmen

Der Sektorleiter verantwortet in seinem schmalen Bereich alle Funktionen wie Planung, Kostenrechnung Organisation, Disposition und Qualität. Das geht allerdings nur, wenn gut durchdachte Ablaufsysteme existieren und eindeutig fixiert ist, wo die Kompetenzen liegen. Die Sektoren umfassen meist einige Schichtgruppen, die von Gruppenleitern geführt werden. Damit hat man eine harmonische Integration der Gruppenorganisation in den Betrieb.

Eine lange Diskussion entstand über die Frage, ob der Schichtgruppenleiter ernannt oder von der Mannschaft gewählt werden soll. Ich vertrat die Wahlversion, während die Betriebsleiter eine Ernennung befürworteten. Wir haben uns dann geeinigt, dass die erste Generation von Gruppenleitern ernannt wird und deren Vertreter gewählt werden, die dann die Chance einer Nachfolge besitzen.

Eine gute Gruppenarbeit erfordert im Allgemeinen eine überzeugende Organisation und gute Infrastruktur. Insbesondere das Zeitwesen muss in Ordnung sein. Die Verantwortung der Gruppe muss klar gegen die übergeordnete Verantwortung abgegrenzt sein. Man sollte ihr auch im Bereich Organisation und Infrastruktur so viel Verantwortung wie möglich übertragen und das verwirklichen, was man politisch Subsidiarität nennt. Alles, was besser von der Gruppe beurteilt und entschieden werden kann, sollte dort entschieden und realisiert werden. Man muss der Gruppe dann jedoch auch die Mittel und Möglichkeiten schaffen, diese Aufgaben zu erfüllen.

In der Fertigung existieren in unserem Unternehmen zwei Regelkreise für den Durchlauf des Materials. Die Rohteile werden nach dem Abrufverhalten der Kunden entsprechend der oben genannten Basisregel nach den vorliegenden Basisparametern disponiert. Die Montage wird aus dem Montagelager versorgt, das je nach Abfluss der Teile automatisch den Fertigungsauftrag auslöst.

Die Fertigungsreihenfolge wird automatisch festgelegt, je nach Reichweite der schon montierten Teile. Es ist so geregelt, dass alle zu fertigenden Teile möglichst in der Vorwoche vor der Montage produziert sind. Damit hat die Gruppe die Möglichkeit, innerhalb einer Woche die Montagereihenfolge so zu wählen, dass der Rüstaufwand minimiert wird.

Donnerstags überprüft jeder Betrieb, ob er diese Grundregel erfüllen kann, und hat damit die Möglichkeit, durch Wochenendarbeit die geforderten Termine einzuhalten.

Grundsätzlich ist es aus Liefergründen immer vorteilhaft, möglichst fertig bearbeitete und keine Rohteile am Lager zu haben, um Kundenforderungen kurzfristig bedienen zu können. Fehlen dann für die Auslastung der Maschine Roh-

Vorbereitung und Aufstieg im Unternehmen

teile, kann für die betreffende Maschine das Arbeitskonto entlastet werden, d. h. der Bediener bekommt Urlaub.

Im Übrigen gelten ähnliche Überlegungen für das nachstehend vorgestellte Handelslager, das bei der Fertigungsdurchlaufzeit = 0 der gleichen Gesetzmäßigkeit unterliegt.

| V \ L | 2,0 | 1,5 | 1,0 | 0,6 | 0,4 | 0,2 |
|---|---|---|---|---|---|---|
| 2 | 2,5 | 1,6 | 1,0 | 0,6 | 0,4 | 0,2 |
| 4 | 2,5 | 1,6 | 1,0 | 0,5 | 0,3 | 0,1 |
| 8 | 2,5 | 1,2 | 0,8 | 0,3 | 0,2 | 0,1 |
| 12 | 2,0 | 1,2 | 0,7 | 0,3 | 0,2 | 0,1 |

Gleichverteilung V:

$$V = \frac{p_{imax} - p_{imin}}{p}$$

$p_i$ = Kundenabruf pro Woche

S = Sicherheitsbestand

L = Losgröße

In der vorstehenden Tabelle ist in Abhängigkeit der Streuweite V und der Losgröße L der benötigte Sicherheitsbestand aufgeführt. Größeneinheit ist immer der durchschnittliche Wochenbedarf. R beschreibt den Divisor maximaler Wochenbedarf abzüglich minimaler Wochenbedarf geteilt durch den Durchschnittsbedarf. Es handelt sich um Simulationsergebnisse, basierend auf Gleichverteilung (siehe Anhang 5.6).

Ein Handelsgeschäft kann seine Vorräte nur reduzieren, wenn es gelingt, die Liefersicherheit des Zulieferers zu vergrößern und die Schwankungen im Kundenabruf zu reduzieren, was in vielen Fällen möglich sein dürfte. Nach allen Erfahrungen entstehen die großen Schwankungen meist aus Dispositionsfehlern der Kunden. Daher sollte man versuchen, die Disposition für den Kunden zu übernehmen und ihm dies als Service zu verkaufen.

Ein großes Problem in jedem Betrieb ist die Bereitstellung von Hilfs- und Betriebsstoffen sowie Werkzeugen. Hier gelten die gleichen Basisparameter wie für die Rohteildisposition. Sie müssen nur etwas anders gehandhabt werden, weil einige statistische Besonderheiten zu beachten sind. Bei gleichmäßig abfließendem Material wie z. B. Schneidplatten, Putzlappen und Schmierölen wird gleichfalls der Durchschnittswochenverbrauch festgestellt und die maximale Schwankungsbreite des Verbrauchs.

Der geschätzte oder festgestellte Mehrverbrauch über dem Durchschnittsverbrauch muss als Sicherheitsbestand geführt werden, der natürlich von der Lie-

## Vorbereitung und Aufstieg im Unternehmen

ferzeit des betreffenden Materials abhängt. Bei geschickten Lieferverträgen kann wöchentlich der Durchschnittsverbrauch angeliefert werden.

Es empfiehlt sich, eine zweite automatische Prüfung einzuschalten, die lediglich überwacht, dass der Sicherheitsbestand nicht größer als die doppelte Zielgröße wird. Dann sollte man die Lieferung so lange unterbrechen, bis der durchschnittliche Sicherheitsbestand wieder erreicht ist. Dabei ist zu beachten, dass grundsätzlich der Sicherheitsbestand schwanken muss, da auch der Verbrauch schwankt.

In manchen Fällen, wo teure und selten genutzte Materialien (z. B. Spezialhartmetallfräser, Ersatzteil) auf Lager gehalten werden müssen, um bei schnellem Bedarf nicht die Lieferzeit überbrücken zu müssen, wird bei Verbrauch eines Teils der Ersatz sofort bestellt. Entscheidend ist hier die Sicherheitsstrategie und die Möglichkeit, auf externe Lager, beispielsweise der Lieferanten, schnell zugreifen zu können.

Die Lösung dieser Dispositions- und Beschaffungsprobleme sollte man vorher sorgfältig durchdenken und im Dispositionssystem verankern, damit nicht unter dem Druck von Notsituationen beim Sachbearbeiter unsinnige Lösungen entstehen, die mit Sicherheit zusätzliches Geld und meist auch erhöhte Vorräte bedeuten.

Wir konnten mit einem solchen Computer-System große direkte und indirekte Einsparungen erzielt, weil sich z. B. durch fehlende Werkzeuge und Ersatzeile verursachte Stillstandszeiten der Maschinen drastisch senken ließen. Probleme treten auf, wenn Ladenhüter entstehen, weil das Material nicht mehr gebraucht wird. Dies fällt jedoch auf, wenn man viertel- oder halbjährlich folgende Auswertung über die Einzelpositionen des ganzen Lagerbestands fährt: Lagermenge geteilt durch den monatlichen Durchschnittsverbrauch im Verhältnis zur Lieferzeit. Wird dieser Faktor größer als 2, so muss die Position im Detail überprüft werden.

Notwendig ist eine klare Entscheidung darüber, was mit den überzähligen Materialien zu tun ist (zurückgeben an Lieferanten, umarbeiten, für andere Zwecke einsetzen oder verschrotten).

Wie schon im vorherigen Kapital ausgeführt, wird der Erfolg Ihres Betriebes im Wesentlichen durch drei Faktoren bestimmt, nämlich

- richtige Personalauswahl,
- zweckmäßige Investitionen,

- gute Organisation,

die hier aus dem Blickwinkel des Betriebsleiters zu behandeln sind.

Wenn man der Personalauswahl die gleiche Aufmerksamkeit schenken würde wie den Investitionen, wäre in vielen Betrieben eine deutlich höhere Leistung zu erzielen. Der größte und häufigste Fehler wird gemacht, wenn man ungeeignete Mitarbeiter beschäftigt. Ist die Überzeugung gefestigt, dass ein Mitarbeiter eine nicht befriedigende Leistung erbringt, muss man handeln und darf sich nicht hinter Ausflüchten verstecken, die bei der sozial überzogenen Grundhaltung der Gesetzgebung leicht zu finden sind.

Zunächst muss man in einem vertraulichen Gespräch ermitteln, ob Einflüsse im Spiel sind, die man ändern kann oder die nur zeitweilig wirken. Es spielen Probleme in der Ehe, mit den Kindern, mit Geld, mit Alkohol oder Liebschaften etc. eine Rolle. Man sollte Hilfe organisieren und anbieten und die Situation danach eine angemessene Zeit beobachten. Falls sich nichts ändert, muss ein erneutes Gespräch gesucht und nach weiteren Gründen geforscht werden. Sofern man mit diesen Gesprächen keinen Erfolg hat, muss ein Arbeitsplatzwechsel ins Auge gefasst werden. Dieser Wechsel soll nicht in Form eines Abschiebens erfolgen, sondern das Bemühen wiedergeben, einen Platz zu finden, der dem Mitarbeiter eine eigene Motivation finden lässt und dem er gewachsen ist.

Ich bin zutiefst davon überzeugt, dass man Menschen nicht nachhaltig motivieren kann, sondern sie sich selbst durch das Interesse für ihre spezielle Aufgabe motivieren müssen. Dazu braucht es manchmal etwas Zeit, ähnlich wie beim Biertrinker, der am Anfang auch nicht den bitteren Geschmack mag. Leicht ist es allerdings, einen Menschen zu demotivieren. Hier gibt es unzählige Möglichkeiten, z. B. überzogene Bürokratie, ungerechte Kritik, schlechtes Vorbild, unsinnige Anordnungen etc.

Wenn der zweite Arbeitsplatz auch nicht stimmt, muss man an Trennung denken und dem Mitarbeiter helfen, einen geeigneten Platz auswärts zu finden. Man sollte in diesem Gespräch, wie auch schon in den vorherigen, deutlich die negativen Erfahrungen mit dem Mitarbeiter aufzeigen und auf keinen Fall etwas beschönigen, aber am Schluss des Gespräches die positive Hilfe anbieten, und zwar nicht nur verbal, sondern tatkräftig.

Manche Betriebsleiter wollen sich von derartigen Problemen befreien und überlassen solche Gespräche der Personalabteilung. Das ist ein großer Fehler, weil dadurch Menschen Einfluss nehmen, die kaum persönlichen Kontakt mit

## Vorbereitung und Aufstieg im Unternehmen

dem Betroffenen haben und außerhalb der Führungshierarchie stehen. Ihr persönliches Ansehen in Ihrem Betrieb hängt davon ab, wie Sie solche Gespräche führen und ob Sie mit Anstand, aber deutlich, Ihren Mitarbeitern negative Dinge zu vermitteln wissen. In dem Augenblick, wo Sie der Personalabteilung solche Gespräche überlassen, wird Ihr Ansehen mit Sicherheit geschädigt, weil die Personalabteilung Sie persönlich bei der Argumentation mit dem Betroffenen nicht schonen wird, der sich natürlich sagt, jetzt „kneift" der Chef, und das auch weitererzählt.

Es kann auch andere Gründe geben, warum einer die Firma wechseln sollte, z. B. wenn sein Ruf in der Firma geschädigt ist oder er gegen die Betriebsordnung verstoßen hat. Es kann in solchen Fällen manchmal komplizierte Verhältnisse geben.

So wurde in meinem Bereich in der Nachtschicht eine Frau beschäftigt, weil ihre familiären und vielleicht auch finanziellen Verhältnisse dies erforderten. Ihr direkter Vorgesetzter hatte in der Vergangenheit ein Verhältnis mit ihrer Tochter, gegen das sie Stellung genommen hatte, worüber er verärgert war. Er setzte der Frau auf subtile Weise zu, ohne dass dies direkt zu beanstanden war. Die Frau war eines Tages so gereizt, dass sie ihm eine Ohrfeige gab. Da ein eiserner Grundsatz im Betrieb lautet „Es wird nicht geschlagen", musste die Frau gehen, obgleich der Vorgesetzte schuldiger war als sie.

Dieser Frau wurde ein entsprechender Arbeitsplatz in einem befreundeten Unternehmen besorgt, und mit ihrem Vorgesetzten wurde in aller Deutlichkeit gesprochen.

Eine weit verbreitete Unsitte ist, einen Verstoß gegen die Betriebsordnung, mangelnde Leistungsbereitschaft und sonstiges Fehlverhalten, auch wenn es ernsterer Art ist, nicht schriftlich abzumahnen. Eine solche Abmahnung ist deswegen heute unerlässlich, weil das Arbeitsrecht diese als unabdingbare Voraussetzung für jede Entscheidungen gegen den Arbeitnehmer betrachtet. Man muss diese Situation dem betreffenden Arbeitnehmer jedoch erläutern. Eine schriftliche Abmahnung sollte also immer mit einem Gespräch verbunden sein.

Eine besonders schwierige Situation ergibt sich, wenn z. B. ein Facharbeiter mit einer Gruppenleitung betraut wurde und er entsprechend dem „Peter-Prinzip" Führungsprobleme bekommt. In vielen Betrieben würde er die Stelle behalten und auf die Dauer hohe Kosten und viel Ärger verursachen. Die negativen Auswirkungen würden ein Vielfaches ausmachen von dem, was er an sei-

## Vorbereitung und Aufstieg im Unternehmen

nem früheren Arbeitsplatz an Schaden hätte anrichten können. Den hat er dort nicht verursacht, weil er ja ein guter Facharbeiter war. Man muss dem Betreffenden dies in mehreren Gesprächen erläutern und ihn von der Führungsaufgabe befreien, vielleicht in einer herausgehobenen Facharbeiter-Position. Solche Rückversetzungen habe ich mehrmals durchgesetzt und bin damit immer gut gefahren.

Es gibt auch das „umgekehrte Peter-Prinzip": Ein Facharbeiter füllt seine Position mittelmäßig aus, besitzt aber Führungsfähigkeiten. Er wird eine solche Führungsposition sicher gut ausfüllen, wenn er in der Lage ist, sich fachlich beraten zu lassen. Wichtig ist hier, dass der Vertreter des Leiters ein exzellenter Fachmann ist und beide gut zusammenarbeiten.

Eine Person mit geringem Fachwissen in eine Führungsposition zu setzen, ist oft besser, als den Superfachmann ohne Führungsfähigkeit auszuwählen. Beides ist ein Experiment, dessen Ausgang nicht voraussehbar ist. Eine häufig praktizierte Lösung ist die kommissarische Ernennung zur Gewinnung von weiteren Informationen, wie der Kandidat sich auf der neuen Position entwickelt.

Eine wichtige Aufgabe für den Betriebsleiter ist die Verbesserung des Ausbildungsstandes seiner Mitarbeiter. Leider gibt es insbesondere für Werker nur in ganz begrenztem Maße gute Ausbildungsangebote. Das benötigte Fachwissen kann man in drei Stufen einteilen:

1. Das Wissen um den Arbeitsplatz
2. Das Prozesswissen
3. Das Wissen über die Betriebsabläufe

zu 1.:

Der Werker muss alles wissen, um den betreffenden Arbeitsplatz voll auszufüllen, die Maschine zu bedienen, die Maschine zu rüsten und kleinere Störungen zu beheben. Außerdem sollte er ein gewisses Hintergrundwissen haben, wie die Prinzipien der Maschine wirken, wo etwas falsch laufen kann. Dieses Fachwissen muss er von einem anderen Maschinenbediener erhalten, mit dem zusammen er eine gewisse Zeit die Maschine bedienen sollte. Er muss die Maschine unbedingt sehr bald selbst bedienen, und der Ausbilder sollte nur eingreifen, wenn etwas falsch läuft oder der Bediener nicht weiterkommt.

Daran anschließend sollte der Ausbilder eine gewisse Zeit offiziell als Pate für den Neuling gelten, den dieser jederzeit um Rat bitten kann.

## Vorbereitung und Aufstieg im Unternehmen

zu 2.:

Das Prozesswissen muss der Bediener durch spezifische Unterrichtung erhalten, die beispielsweise durch den Vorgesetzten in Verbindung mit einem Prozessanalytiker erfolgen sollte. Wichtig ist hier, dass der neue Maschinenbediener erfährt, welche Parameter den Prozess beeinflussen und welche Eingriffsmöglichkeiten er auf den Prozess hat. Auch Neben- und Randeinflüsse müssen behandelt werden. Jedoch sollte man sich hüten, dem Bediener breites theoretisches Wissen zu vermitteln, das für den betreffenden Bearbeitungsfall nicht benötigt wird.

zu 3.:

Das notwendige Wissen über die Betriebsabläufe muss einwandfrei dokumentiert vorliegen, ähnlich wie eine Gebrauchsanweisung, und muss praktisch eingeübt werden. Hier soll wieder der Pate helfen, nachdem jeder Neuanfänger eine spezielle Schulung über Abläufe wie Dateneingabe, Betriebsorganisation und Betriebsordnung erhalten hat. Es empfiehlt sich, nach etwa vier Wochen eine Auffrischungsschulung durchzuführen, in der insbesondere noch offene Fragen behandelt werden können.

Gerade diese Veranstaltung ist wichtig, weil der Neuanfänger mit seinem unbefangenen Blick besonders gut Fehler erkennt und manchmal auch zu berichten weiß, wie der eine oder andere Fall in anderen Unternehmen besser gelöst wurde.

Vielfach besteht die Neigung, nur ausgebildete Facharbeiter für einen Arbeitsplatz einzusetzen. Sofern genügend gute und bewährte Kräfte zur Verfügung stehen, ist dagegen auch nichts zu sagen. Meistens sind speziell ausgebildete Fachkräfte Mangelware und heiß umworben. Hier sollte man sofort seinen Blick ausweiten auf Kräfte fachnaher Berufe und sogar auf Bewerber, die mit dem eigentlichen Fachberuf nichts zu tun haben.

Das sollte man in zwei Schritten tun:

1. Auswahl nach einem Testverfahren, das die notwendige Grundbegabung des Bewerbers auslotet, ohne extrem fachspezifisch zu sein.
2. Anwerbung von vorzugsweise jungen Kräften, die noch ausbildungsfähig und -willig sind, und Festlegung eines speziellen Ausbildungsprogramms, möglichst on the Job.

Nach diesen Regeln wird man häufig überraschende Erfolge erzielen.

Einige Beispiele werden in einem späteren Teil vorgestellt, der sich speziell mit Auffindung von Begabungen, Ausbildung und Eingliederung befasst.

Beispiele von der hohen Bedeutung spezieller Begabung kennt jeder, ohne dass daraus entsprechende Lehren gezogen werden. Die Frage, ob sich derartige Begabungen in entsprechenden Tests erfassen lassen und ob es überhaupt möglich ist, solche Begabungen aufzuspüren, scheint kaum sehr viele zu interessieren.

Diese Frage ist wichtig bei der Auffindung von Begabungen für alle Berufe, auch für die, in denen man üblicherweise eine Lehre macht. Die Berufsausbildung wird allerdings immer stärker akademisiert, und jedes Unternehmen hat es immer schwerer, geeignete Ausbildungswillige für den Betrieb zu finden.

Noch vor 15 Jahren gab es in unserem Unternehmen pro Ausbildungsplatz drei bis fünf Bewerber. Heute findet man mit Mühe noch einen brauchbaren Bewerber, obgleich das Unternehmen in der Region einen erstklassigen Ausbildungsruf hat. Also stellt sich die Frage: Wie findet man trotzdem besondere Begabungen?

In einem späteren Kapitel wird die Ausbildungsfrage noch einmal aus unternehmerischer Sicht angesprochen, wo diese Frage besonders drängend ist.

In der Auffindung von echten Begabungen darf sich der Betriebsleiter nicht auf andere, beispielsweise die Personalabteilung, verlassen, sondern muss selbst aktiv werden und vor allen Dingen immer die Augen offen halten.

Ein junger Mann hatte im Unternehmen eine Lehre als Anlagenelektroniker gemacht. Er wurde nicht in der Werkstatt, sondern als Bediener einer hochautomatisierten, komplizierten Maschine eingesetzt mit dem Ziel, die Ausbringung und Qualität der Produkte dieser Maschine zu verbessern und ihm Praxiserfahrung zu vermitteln.

Der bis dahin unscheinbare Facharbeiter leistete bei der Bedienung und vor allem Optimierung von drei gleichen Sondermaschinen Herausragendes. Er verbesserte die Qualität der Teile auf ein kaum glaubhaftes Niveau und die Ausbringung, d. h. die effektive Produktionszeit, auf mehr als 97 Prozent. Der Geschäftsführer, dem diese Zahlen aufgefallen waren, schlug dem Betriebsleiter vor, diesen Mann außerhalb der normalen Hierarchie mit einem weiteren Mitarbeiter speziell dafür einzusetzen, hochautomatisierte, komplizierte Maschinen zu optimieren. Der Betriebsleiter scheute sich, von dem gewohnten Weg abzuweichen und setzte diesen hochbegabten jungen Mann in die normale Instandhaltung unter einen mittelmäßigen Vorgesetzten. Ergebnis war Frustration und Wechsel des Betriebes. Gott sei Dank bewarb er sich dann für einen Schwesterbetrieb ins Ausland, so dass er wenigstens dem Unternehmen erhalten blieb, jedoch nicht dem ansonsten fähigen, aber konservativen Betriebsleiter.

## Vorbereitung und Aufstieg im Unternehmen

Das Kleben an Althergebrachtem, die Benutzung alter Gleise, tut einem Betrieb niemals gut und verhindert den Aufstieg in die oberste Klasse der Mitbewerber.

Die Mitarbeiter sind in einem Betrieb das wichtigste Kapital. Sie nicht in Routine zu verschleißen, sondern die Arbeit spannend und anspruchsvoll zu machen, ist die ständige und wichtigste Aufgabe des Betriebsleiters. Aktivierung des Verbesserungsvorschlagswesens ist damit eine Hauptaufgabe. Man muss das Blockadedenken der Mitarbeiter durchbrechen, die z. B. eine Vorgabezeit verteidigen und der irrigen Ansicht sind, sie persönlich müssten schneller arbeiten, wenn es nur darum geht, die Maschine besser und schneller arbeiten zu lassen.

Man sollte den Mitarbeitern eines Betriebes klar machen, dass die jährlichen Lohnerhöhungen durch die Verbesserung im Betrieb mittels des Verbesserungsvorschlagswesens verdient werden müssen. Als Verpflichtung aus den jährlichen Lohnerhöhungen sollte jeder einsehen, dass es darum geht, Mittel und Wege zu finden, um diese durch entsprechende Leistungssteigerung zu kompensieren. Das ist im Allgemeinen noch nicht ausreichend, weil der systematisch von den Kunden angeheizte Wettbewerb noch zusätzlich zu Preissenkungen zwingt, sofern es sich um Produkte handelt, die schon eine gewisse Laufdauer aufweisen.

Die Verbesserungsvorschläge führen im Allgemeinen zu Investitionen. Es gibt drei Arten von Investitionen, die entsprechend den Zielen jeweils unterschiedlichen Regeln unterliegen:

- Ersatzinvestitionen
- Neuinvestitionen
- Rationalisierungsinvestitionen

Jede dieser Investitionen erfordert selbstverständlich eine Wirtschaftlichkeitsrechnung, die in Anhang 5.2 erläutert wird. Sie erfolgt – je nach Zielsetzung – jeweils in etwas abgeänderter Form.

Die Ersatzinvestition ergibt sich dann, wenn die Qualität, die Leistung oder der Laufzeitfaktor infolge von Reparaturen nicht mehr befriedigen. Meistens sind alle drei Aspekte betroffen. Entscheidend sind hier wiederum die bei der Rechnung getroffenen Annahmen, die sich in erster Linie auf die Auslastung der Maschinen beziehen dürften. Man muss dabei verschiedene zur Auswahl stehende Maschinen miteinander vergleichen.

## Vorbereitung und Aufstieg im Unternehmen

Im Allgemeinen sollte eine Wirtschaftlichkeit gegeben sein durch Leistungssteigerung und Senkung der Reparaturkosten. Die Qualitätsgesichtspunkte sollten nur das Sahnehäubchen sein. Im Falle von Ersatzinvestitionen sollte man um eine Genehmigung kämpfen, auch bei einer Rückflussdauer des Kapitals von bis zu fünf Jahren, weil die gegenwärtige Maschine in der künftigen Zeit laufend schlechter werden wird. Man sollte alternativ in der Rechnung auch vermerken, was eine geplante, aber noch nicht abgesicherte weitere Leistungssteigerung erbringen könnte. Es liegt an der risikoscheuen und wenig kreativen Haltung des Betriebsleiters, wenn er für „seine" Investition keine Genehmigung erhält.

Bei Neuinvestitionen sind im Allgemeinen Alternativrechnungen unterschiedlichen Automatisierungsgrades erforderlich. Hier ist besonders wichtig, sich den „Markt", d. h. die Auslastung der Maschinen, vom Verkaufsbereich absichern zu lassen. Manchmal verspricht der Verkauf – ohne jede Absicherung – etwas, was er nicht hält, und der Betrieb wird nach der Investition zum Schuldigen erklärt. Am deutlichsten macht dies ein Beispiel.

Der Leiter eines Röhrenwerkes kam auf mich als jungen Betriebsleiter zu und zeigte mir einen Heizungsnippel, den er aus einem speziell gefertigten Rohr hergestellt hatte in Konkurrenz zu gegossenen oder gesenkgeschmiedeten Teilen. Ich kalkulierte dann die Teile, die auf sechs lose verketteten Automaten vom Rohr gefertigt wurden. Seinerzeit kosteten die Teile 0,18 EUR/Stück, ich sagte zu, sie für 0,10 EUR liefern zu können bei einer bestimmten Preisstellung des Rohrs. Ich bekam von meinem Vorgesetzten sofort die Investitionsgenehmigung, die ich aber nicht gleich umsetzte. Ich bat zunächst die Verkaufsdirektion um eine Bestätigung, eine bestimmte jährliche Menge zu einem Preis von 0,12 EUR/Stck. absetzen zu können. Nach einigem Zögern erhielt ich diese Zusage und investierte darauf hin eine Millionen EUR. Als nach etwa einem Jahr die Investition anlief, war der Preis des Nippels am Markt zusammengebrochen, weil ein Konkurrent ein spanlos geformtes Blechteil, das die gleiche Funktion erfüllte, deutlich billiger anbieten konnte. Die anschließende Diskussion musste der Verkauf führen.

Die interessantesten Investitionen sind die Rationalisierungsinvestitionen. Hier handelt es sich meist um wenig erprobte neue Verfahren, die man in den Annahmen entsprechend werten muss. Auch hier bietet sich eine Alternativrechnung mit Wahrscheinlichkeitsaussagen an. In solchen Fällen muss in einer Vorstudie der Maschinenmarkt oder auch das eigene Baukonzept sorgfältig analysiert werden, eventuell durch zwei konkurrierende Konzeptgruppen. Immer lohnt sich auch eine Anfrage bei Konkurrenten – manchmal verdeckt – gegenüber dem eigenen Baukonzept. Sorgfältig muss man untersuchen, ob ähnliche Konzepte schon erprobt wurden, unter welchen Belastungen sie laufen und ob der Anbieter zwar eine gute Idee hatte, sie vielleicht aber nicht sorgfältig genug ausgeführt hat.

Bei solchen neuen Konzepten ergeben sich die größten Chancen, jedoch auch die größten Risiken, die man entsprechend eingrenzen muss. Meistens ist der Erstbenutzer einer neuartigen Anlage der Benachteiligte. Der Zweitbenutzer benötigt nicht mehr den steilen Ast der Lernkurve, sondern etabliert sich auf dem stabilen Teil.

In jedem Fall sollte man neue Prinzipien in Konzeptversuchen testen und die Grenzen ausloten, bevor man das volle Investitionsrisiko übernimmt.

Ganz wichtig ist die Verwertung der Altanlagen. Wird sie berücksichtigt, so stellt sich die Wirtschaftlichkeitsrechnung deutlich anders dar. Auch in der Nutzung dieser Anlagen ist Kreativität gefragt. Grundsätzlich zeigt der gekonnte Kapitaleinsatz den intelligenten Ingenieur, der es fertig bringt, teures Personal durch billiges Kapital zu ersetzen.

Immer wiederkehrende manuelle Vorgänge, ob in Produktion, Verwaltung, oder Entwicklung, können grundsätzlich automatisiert werden. Das Problem ist, eine geschickte Trennung zu finden zwischen dem Automatisierbaren und der manuellen Tätigkeit, die noch nicht wirtschaftlich automatisierbar ist. Es gibt zu denken, wenn Betriebe mehr als 30 Prozent Personalkosten haben und gerade einmal 4 Prozent Kapitalkosten. Hier scheint die technische Intelligenz verbesserungsfähig.

Ein besonders ergiebiges Feld ist die Organisation eines Betriebes unter dem Motto „Arbeitsteilung, Information, Abstimmung und Führung". All das muss funktionieren, ohne die Menschen mit allzu viel Bürokratie zu belästigen.

Es gibt einige Fragen, an denen man messen kann, ob die Organisation in einem Betrieb gut gelöst ist:

- Weiß jeder, was im Augenblick seine Aufgabe ist, und hat er bereits Informationen für die nächste Aufgabe?
- Werden jedem die Hilfsmaterialien für seine Tätigkeit rechtzeitig zur Verfügung gestellt?
- Weiß jeder, an wen er sich bei Problemen wenden muss und wo ihm schnell und fachgerecht geholfen wird?

## Vorbereitung und Aufstieg im Unternehmen

- Sind Maschinen und Werkzeuge der Aufgabe angepasst?
- Weiß jeder, an wen und wann er zu berichten hat?
- Kennt jeder „seinen Kunden", den er zufrieden zu stellen hat?
- Kann jeder sich voll auf seine Aufgabe konzentrieren oder wird er im hohen Maße mit fachfremden bürokratischen Aufgaben belästigt?
- Erhält er ein Feedback über die erbrachte Leistung?

Versuchen Sie, diese Fragen zu beantworten, und diskutieren Sie in Ihrem Betrieb mit den Menschen, was man besser machen könnte – und wie. Reduzieren Sie Ihre Schnittstellen im Betrieb auf ein Minimum, weil meistens dort die Schwierigkeiten entstehen.

Ein Betriebsleiter hat hervorragende Möglichkeiten, über die Gruppenarbeit kleine, weitgehend autarke Betriebssektoren zu schaffen, die sich im Gesamtrahmen selbst steuern können. Gleichzeitig schafft die Aufgabe als Sektorleiter, der mehrere Gruppen verantwortet, eine hervorragende Ausbildung zum späteren Betriebsleiter, weil 80 Prozent dessen, was ein Betriebsleiter wissen muss, auch ein Sektorleiter beherrschen sollte.

Schielen Sie bei Ihren Lösungen auch nicht immer danach, was andere davon halten, sondern folgen Sie Ihrem hoffentlich gut durchdachten und begründeten Konzept. In einem guten Unternehmen wird der Betriebsleiter nicht nach Wohlverhalten gegenüber den Betriebsrichtlinien beurteilt, sondern nach der Leistung des von ihm zu verantworteten Betriebes und nach den darin entstandenen positiven Veränderungen.

Seien Sie konsequent, freundlich, hilfsbereit und niemals arrogant, weil sich hinter Arroganz meist Schwächen verbergen. Achten Sie auf Disziplin, ohne extrem zu werden. Machen Sie auch mal ein Auge zu, jedoch niemals, wenn das Prinzip beschädigt und die Ordnung gefährdet wird.

Ganz wichtig:

**Versprechen Sie niemals etwas, was Sie nicht halten können!**

Setzen Sie sich in jeder Weise für Ihre Mitarbeiter ein. Ein guter Betriebsleiter würde auch von seinen Mitarbeitern gewählt, und jeder ordentliche Betriebsrat kämpft um einen guten Betriebsleiter, weil er sehr genau weiß, wie wichtig dieser für das Wohl der Mannschaft ist.

## Vorbereitung und Aufstieg im Unternehmen

Bei der Betriebsratswahl animieren Sie anerkannte, erstklassige Charaktere unter Ihren Mitarbeitern, sich zur Wahl zu stellen. Indirekt haben Sie eine Menge legale Möglichkeiten, die Zusammensetzung des Betriebsrates zu beeinflussen. Nutzen Sie sie auch! Überlassen Sie die Arbeit mit dem Betriebsrat nicht der Personalabteilung. Es sind Ihre Gesprächspartner, mit denen Sie fair, aber sachgerecht umzugehen haben. Stellen Sie klar, dass 90 Prozent der Ziele eines guten Betriebsrates mit denen eines guten Betriebsleiters übereinstimmen, weil nur ein guter Betrieb in der Lage ist, etwas für seine Mitarbeiter zu erreichen.

Delikate Probleme besprechen Sie mit dem Betriebsratsvorsitzenden unter vier Augen, damit Verschwiegenheit gewahrt bleibt. In einem Gremium wie dem Betriebsrat ist alles öffentlich, und Sie können dort nur Dinge äußern, die Sie auch in einer Betriebsversammlung sagen dürfen. Seien Sie sich dessen stets bewusst. Mit dem Betriebsrat und der Mehrzahl Ihrer Mitarbeiter im Rücken sind Sie ein starker Mensch, der für seinen Betrieb eine Menge bei seinem Vorgesetzten durchsetzen kann.

Falls Sie einen Vorgesetzten haben, der entscheidungsschwach oder nicht recht durchsetzungsfähig ist, versuchen Sie, mit ihm gemeinsam Ihre Ziele in Richtung Unternehmensspitze durchzusetzen. Das gelingt jedoch nur, wenn Ihr Vorgesetzter Ihrer Loyalität absolut sicher ist. Machen Sie ihm auch ganz deutlich, dass Sie nicht seine Position anstreben. Nur gemeinsam sind Sie stark, und Aufstiegs-Chancen gibt es auch anderswo genügend. Nur wenn Ihr Chef wechselt oder aus Altersgründen ausscheidet, sollten Sie sich für seine Position interessieren. Ansonsten wird er Ihnen in aller Regel helfen, anderswo Karriere zu machen.

Als Betriebsleiter können Sie nur einen begrenzten, wenn auch bedeutenden Bereich des Unternehmenserfolgs bestimmen und sind daher in hohem Maße auf die richtige Mitwirkung anderer Verantwortungsträger angewiesen, auf die Sie wenig Einfluss haben. Das macht man sich in jungen Jahren viel zu wenig klar. Ein Vorstand einer Aktiengesellschaft ist meist nur so gut wie seine Kollegen und hängt besonders davon ab, ob der Vorstandsvorsitzende die Aktiengesellschaft richtig führt.

Schon als Werksleiter mit einem eigenständigen Produkt sind Sie daher ungleich selbstständiger als ein fachbezogenes Vorstandsmitglied. Trotzdem hat ein Vorstand oder Geschäftsführer natürlich die Möglichkeit, umfassender Verantwortung zu übernehmen als ein Betriebsleiter.

# 2 Geschäftsführung

## 2.1 Grundsätze

Der Betriebsleiter ist im Allgemeinen eine wichtige Führungsperson, die jedoch einen begrenzten unternehmerischen Spielraum hat. Die wichtigsten unternehmerischen Entscheidungen fallen in der Geschäftsleitung, je nach interner Organisation der Geschäftsleitung mit mehr oder weniger Beteiligung jedes der Geschäftsleitungsmitglieder.

Ein wenig mehr Spielraum als ein Betriebsleiter hat man als Werksleiter, der ein Programm vertritt, das nicht unbedingt Kernprogramm des Unternehmens sein muss, und dem dadurch meist einige Freiheiten eingeräumt sind. Letzten Endes hat man die volle unternehmerische Verantwortung nur als Leiter eines Unternehmens, dem mindestens Entwicklung, Verkauf, Finanzen und Produktion untergeordnet sind.

Das merken Sie als Werks- oder Produktionsleiter oder in einer anderen Geschäftsleitungsposition sehr schnell, weil Sie sich als unternehmerisch denkender Mensch sehr häufiger ärgern müssen über Unterlassungen anderer, Ihnen nicht unterstehender Geschäftsbereiche. Sie beeinflussen Ihren Erfolg negativ, weil dort nicht das getan wird, was Sie als sinnvoll und erfolgsfördernd auch für Ihren speziellen Bereich betrachten, ganz zu schweigen für das Unternehmen.

Wenn Sie sich ständig über die fehlenden strategischen Entscheidungen der Geschäftsleitung, unverständliches Vorgehen anderer Bereiche, mangelnde Koordination zwischen den Unternehmensbereichen und ausufernde Bürokratie geärgert haben und bei Versuchen, hier Einfluss zu nehmen, an Ihre „Kompetenzgrenzen" stoßen, sollten Sie eine Chefposition anstreben. Sind Sie jedoch mit Ihrer bisherigen Position zufrieden und genügt es Ihnen, Ihre Technik zu perfektionieren und den gegebenen Rahmen zu akzeptieren, ist es sehr wahrscheinlich, dass Sie an der richtigen Position angekommen sind und möglichst keine übergreifende Funktion anstreben sollten.

Mein eigenes Beispiel mag das erläutern. Ich war in dem größten Stahlunternehmen Deutschlands mit 32 Jahren Werksleiter geworden. Dieses Werk stellte Flanschen, Fittinge und groß dimensionierte Rohrverbindungsteile her und hatte bereits seit vielen Jahren keine Gewinne mehr gesehen. Als junger Betriebsleiter, auf den die Konzernleitung aufmerksam geworden war, erhielt ich sozusagen als letzten Versuch die Leitung dieses Werkes, das im Prinzip nur wenig Aussichten hatte, gegen den mittelständisch organisierten Wettbewerb

## Geschäftsführung

erfolgreich zu sein. Man hatte z. B. viel zu teuer investiert und war falsch organisiert, weil z. B. ich als technischer Leiter und Werksleiter dem Produktionsvorstand berichtete und der Verkaufsleiter dem Verkaufsvorstand, so dass im Konfliktfall die zuständigen Geschäftsleiter über die jeweiligen Vorstände konferieren mussten, die natürlich von dieser Materie im Detail keine Ahnung hatten, weil sie bedeutungslos für ihren Vorstandsbereich war.

Strategische Entscheidungen wurden daher meistens nicht getroffen und Konflikte zwischen den Bereichen nicht entschieden. Der Verkauf wurde am Umsatz gemessen, die Produktion am Ertrag, und man stritt sich um kleine Probleme, wie z. B. Lieferverzögerungen, die bei 10.000 lebenden Produkten immer wieder vorkamen. Schuld war angeblich durchweg die Produktion, von deren Bedingungen die Verkaufsabteilung nur eine höchst vage Vorstellung hatte, was sich z. B. bei den Termin- und Preisofferten für Kleinserien am deutlichsten zeigte.

Bei den Rationalisierungsbemühungen scheiterte das Werk immer an einem schmalen Bereich von Produkten aus Edelstahl. Es wurden hier etwa 25-30 % Verlust, bezogen auf den Umsatz, gemacht. Nach Aussage unseres Verkaufs machte der Wettbewerb Gewinn. Wir mussten diese Produkte aus Marketinggründen im Programm halten. Da technisch nichts Wesentliches zu verbessern war, kam ich auf die Idee, die zwei mittelständischen Wettbewerber an einen zentralen Ort einzuladen, womit ich meine Kompetenz bei weitem überschritt. Die Firmeninhaber der Wettbewerber kamen höchstpersönlich.

Ich erläuterte ganz offen die Situation in diesem Programmsegment und bot an, die betreffenden Produkte von den Wettbewerbern zu beziehen. Nach einer kurzer Pause brach es dann aus ihnen heraus: Sie waren in der gleichen Situation wie unser Werk. Wir fanden dann eine Lösung, die darauf hinauslief, dass jeder der drei Wettbewerber ein Drittel des Programms an die anderen beiden lieferte. Danach wurde von allen Geld verdient, wobei ich die größten Schwierigkeiten hatte, diese Lösung bei den anderen Geschäftsbereichen im Hause durchzusetzen.

In diesem Konzern – wie im Übrigen in allen großen Unternehmen – gab es eine Unmenge interner Regeln, die in einem unaufhörlichen Strom in die Betriebe flossen und für ein so kleines Werk meist unsinnig waren.

Die Verlustsituation forderte ungewöhnliche Maßnahmen, für die es natürlich keine oder nur hemmende Vorschriften gab. Ich sagte meiner Sekretärin, sie solle die Anweisung aus der Zentrale sorgfältig abheften. Wir würden wahr-

## Geschäftsführung

scheinlich davon unterrichtet, wenn wir gegen diese Anweisungen verstoßen würden. Unsere Leitlinie war aber nicht die Befolgung der Anweisungen, sondern der gesunde Sach- und Menschenverstand.

Nach zwei Jahren war der Betrieb zum ersten Mal nach vielen Jahren in der Gewinnzone. Hätte ich alle Vorschriften befolgt, wäre das Werk endgültig ruiniert worden und meine Karriere dazu.

Solche Geschichten sind wichtig, um zu begreifen, wo die geeignete Position für einen jeden zu finden ist. Für mich war seitdem klar: Nicht die Leitung nur eines Fachgebiets, sondern die Gesamtverantwortung war die notwendige Voraussetzung für einen überzeugenden persönlichen Erfolg.

Weil ich inzwischen die Verhältnisse in einem Großkonzern überblickte und sah, dass ich nur auf dem Ochsenweg eine Chance hatte, in den Vorstand zu kommen, aber wahrscheinlich niemals eine alleinige unternehmerische Verantwortung bekommen würde, entschloss ich mich, dorthin zu gehen, wo man noch am schnellsten die persönliche Verantwortung für das Ganze erhalten kann – in eine Familien-Gesellschaft, die von den Eigentümern geführt wird.

Hier hieß es erst einmal zu lernen, die neuen Rahmenbedingungen zu studieren und mich strategisch auf eine Gesamtverantwortung vorzubereiten.

Mit einer Bewerbung für die Produktionsleitung eines renommierten, aufstrebenden Unternehmens der Feinwerktechnik in Familienbesitz, an dessen Spitze zwei Brüder standen, hatte ich Erfolg und musste gleich lernen, wie unterschiedlich eine Familiengesellschaft im Gegensatz zu einer AG geführt wird.

Der eine, für die Technik zuständige Eigentümer eröffnete mir am Tag meines Eintritts, dass die mir zugesagte Position nicht frei geworden sei, weil man sich doch nicht – wie zunächst vorgesehen – von dem jetzigen Stelleninhaber habe trennen können. Ich solle mich mal im Unternehmen umschauen, ob ich eine adäquate Stelle für mich schaffen könne.

Und so schaute ich mich von der Basis Besuchszimmer aus in dem technisch durchaus hoch stehenden Unternehmen um. Ich schlug den Inhabern vor, eine neue Position als „Trouble-shooter" zu schaffen, um speziell die Rationalisierung voranzutreiben und um mich so kennen zu lernen. Ich wusste damals noch nicht, dass es rund 30 Positionen gab, die dem Unternehmensleiter direkt berichteten und die eigentliche Geschäftsführung wenig zu sagen hatte.

In dieser Situation fiel der technische Geschäftsführer eines von den beiden Inhabern neu erworbenen Unternehmens durch einen Verkehrsunfall aus. Einer der Eigentümer fuhr daraufhin mit mir zum Betrieb am Rande des Schwarzwaldes und stellte mir die Produktpalette sowie die wichtigen Führungspersonen vor.

Danach war ich auf mich allein gestellt, ohne zu wissen, dass dieses Unternehmen seit drei Jahren große Verluste produzierte, schon die zweite Geschäftsführung hatte und ich bereits als vierter oder fünfter Berater dort auftauchte. Ich hatte jedoch inzwischen gelernt, wie man in solchen Situationen Menschen behandelt, und bin 14 Tage nur im Betrieb unterwegs gewesen, um mit fast allen wichtigen Leuten unter vier Augen zu sprechen. Danach habe ich den Eigentümer angerufen und ihm gesagt, wie ernst die Situation sei und dass die gegenwärtige Geschäftsführung wohl unfähig sei.

Als Ergebnis bekam ich de facto die Verantwortung für das Unternehmen mit zwei weiteren Tochtergesellschaften nur kraft Akklamation durch die Eigentümer, offiziell war ich weiter bei dem Mutterunternehmen angestellt.

Nun hatte ich unerwartet die Aufgabe erhalten, die ich eigentlich angestrebt hatte und brauchte keine Rücksicht zu nehmen auf Mitgeschäftsführer, die mir in diplomatischem Geschick und rhetorisch überlegen waren. Ich brauchte auch nicht mit geschicktem Lavieren den Intrigen eines Großkonzerns zu entgehen. Dafür konnte ich mich darauf konzentrieren, das Vertrauen der Eigentümer und meiner neuen Mitarbeiter zu gewinnen und ihnen Halt und Führung zu vermitteln – vor allem aber, ihnen das verlorene Vertrauen in die Erfolgs-Chancen des Unternehmens zurückzugeben.

Der Sprung von der Betriebsleitung in eine breitere Verantwortung ist deswegen besonders schwer, weil man damit plötzlich die Verantwortung erhält für Bereiche, in denen man kein Fachmann ist. Aber gerade in den ersten Jahren ist man willens und fähig zu lernen, und man sollte sich daher bemühen, auch die neuen, unbekannten Bereiche schnell im Wesen und auch in den wichtigsten Details zu erfassen.

In den ersten Wochen hatte ich schon den notwendigen großen Erfolg. Ein breit eingesetztes Material „50CrV4", das ich aus meiner früheren Zeit gut kannte, weil der Stahlkonzern, in dem ich früher tätig war, alle anderen Stahlhersteller damit belieferte, war ein großer Kostenfaktor. Mein vorheriger Arbeitgeber stellte diese Edelstahlqualität unglaublich günstig her, günstiger als unlegierten Stahl; das wusste ich aus den internen Herstellkostenabrechnungen, die mir vorlagen. Ich fragte also den Einkaufsleiter, warum er das Material „50CrV4" nicht von besagtem Stahlkonzern bezöge. Seine Antwort war:

„Schlechte Qualität und zu teuer." Ich rief daraufhin den zuständigen Verkauf des Stahlkonzerns an und erhielt postwendend die Kopien von früheren Angeboten, die mehr als 30 Prozent billiger waren als das Unternehmen bisher diesen Stahl bezog. Diese erste große Einsparung war ein Hoffnungssignal für das ganze Unternehmen. Der Einkaufsleiter verlor allerdings sofort seine Position.

Der zweite Schritt war, den viel zu großen Personalbestand abzubauen. Nachdem ich zuvor alle leitenden Mitarbeiter gefragt hatte, wie viel Leute bei ihnen überzählig seien, erhielt ich meistens den Wunsch nach mehr Personal als Antwort. Darauf erläuterte ich die Situation des Unternehmens und entschied, dass jeder Bereich 15 Prozent Personal abzubauen habe (mit kleineren Ausnahmen). Ferner wurde der Zubringerdienst mit werkseigenen Bussen eingestellt. Damit waren fast 20 Prozent des Personals in kurzer Zeit abgebaut, und das Unternehmen machte nach vier Monaten zum ersten Mal Gewinn.

Gemeinsam mit einigen meiner Mitarbeiter hatte ich es in kurzer Zeit geschafft, diesen „turn-around" zu bewerkstelligen, in einem Unternehmen, dessen Maschinen sicherheitsübereignet waren, dessen Führungsmannschaft anfangs auseinander lief und dessen Produktionsmaschinen über weite Bereiche falsch investiert waren.

Ich hatte jedoch auch einige große Vorteile. Es war eine junge, engagierte Führungstruppe versammelt, in der der Entwicklungschef und der Finanzleiter große Begabungen waren. Ich hatte die alleinige Führung, und die Besitzer ließen mich in Ruhe, da sie mit ihren anderen Unternehmen alle Hände voll zu tun hatten. Hinzu kam, dass die wieder einsetzende Konjunktur mithalf, das Ergebnis weiter zu verbessern.

## 2.2 Der turn-around

Nach diesen einleitenden, biographischen Ausführungen wird der Leser verstehen, dass in dem folgenden Kapitel zu erläutern ist, wie man in einem Unternehmen vorgeht, das in Schwierigkeiten ist, wie man handelt und wie man sich über Kennziffern schnell einen Überblick verschafft. Damit erkennt man, wo und wie man eingreifen muss.

Nach der Rettung des Unternehmens heißt die Aufgabe, für Wachstum und Ertrag die richtigen Voraussetzungen zu schaffen. Grundsätzlich ist es schwierig, ein allgemein gültiges Rezept für die notwendigen Maßnahmen zu finden. Die hier vorgetragenen Rezepte sind mehr als Rahmen zu verstehen, der jeweils

Geschäftsführung

fallbezogen ausgefüllt werden muss, durch sorgfältige Informationen, systematisches Nachdenken, Initiative, Kreativität und konsequentes Handeln.

Jede neue Situation, vor die ich gestellt wurde, hat bei mir zunächst zu einer Planung der Vorgehensweise geführt. Sobald ich jedoch über die spezifische Sachlage näher informiert war, musste ich dann ganz anders als geplant handeln, um zu einem schnellen Erfolg zu kommen.

Trotzdem gelten ähnliche Grundsätze für die Problemlösungen eines Unternehmens in Schwierigkeiten.

Am Beginn jeder Tätigkeit sind drei Dinge wichtig:

1. Persönliche Informationen aus allen Bereichen

2. Erkennen der Leistungsträger und speziellen Begabungen

3. Aufbau von Vertrauen bei den zukünftigen Leistungsträgern und in der Mannschaft

Es ist wichtig, sich immer Zeit für ausführliche Gespräche unter vier Augen zu nehmen, und zwar auf allen Ebenen, vor allem jedoch mit der Führungsebene. Hierbei sollte auf persönliche Probleme eingegangen und auch Meinungen der Gesprächspartner eingeholt werden, was aus ihrer Sicht in dem Unternehmen falsch gelaufen war und was zu ändern sei. Sofern man die jeweiligen Aussagen miteinander vergleicht und kritisch an den eigenen Erfahrungen wertet, wird man schon nach kurzer Zeit ein ausreichend realistisches, wenn auch subjektiv gefärbtes Bild des Unternehmens bekommen. Vorsichtig sollte man in die Gespräche einfließen lassen, was man von der jeweiligen Person erwartet, und fragen, ob der Gesprächspartner es genauso sieht. Besonders wichtig ist das beim Betriebsrat. Hier gilt es deutlich zu machen, wie stark die gemeinsamen Interessen von Unternehmensleitung und Mitarbeitern sind, und sich das möglichst auch bestätigen zu lassen. Man sollte sich bei diesen Gesprächen auf das Grundsätzliche beschränken und vor allen Dingen selbst noch keine konkreten Maßnahmen vorschlagen.

Besonders wichtig ist das Gespräch mit den Kunden. Dabei sollte man nicht nur mit deren Geschäftsleitung sprechen, sondern direkt mit denen, die das Tagesgeschäft mit dem eigenen Unternehmen abwickeln. Man sollte sehr aufmerksam zuhören und möglichst zunächst, wegen eventuell kritischer Anmerkungen, die eigenen Mitarbeiter ausschalten, da sich viele Menschen scheuen, im größeren Kreis offen zu sprechen. Um eine offene Darstellung der tatsächlichen Geschäftsbeziehungen muss man sich ehrlich bemühen.

Das Gleiche gilt für die Zulieferer und die Finanziers. In beiden Fällen existieren oftmals enge persönliche Beziehungen zu bisherigen Mitarbeitern, so dass es schwierig werden kann, eine offene Darstellung der wirklichen Verhältnisse zu erhalten. Hier muss man geschickt und manchmal auf Umwegen vorgehen, um die notwendigen, richtigen Informationen zu erhalten.

Ein Weg ist auch, über Freunde Anfragen und Angebote zu lancieren und so die Reaktionen des eigenen Hauses mit Blick auf den Wettbewerb ungeschminkt zu erhalten.

Für den Anfang ist es wichtig, eine objektive, realistische Sicht der Situation des Unternehmens zu gewinnen. Für mich, als vorher nur technisch tätigen Menschen, war das am schwersten, weil sowohl der Finanzleiter als auch der Wirtschaftsprüfer keine klaren Aussagen machten, zumindest sprachen wir unterschiedliche Sprachen. Ich hätte damals gerne gewusst, in welcher Reihenfolge man welche Kennziffern aus deren Sicht verbessern musste, sozusagen ein Leitpfad für die Reihenfolge der notwendigen Aktionen. Dabei erfuhr ich Unverständnis und Ratlosigkeit.

Wichtig ist jedoch zunächst, das Umfeld bald durch Erfolge zu überzeugen, und die kann man in aller Regel in seinem Fachbereich am schnellsten erzielen.

Zunächst sollte man noch abwarten und Informationen sammeln. Besonders wichtig sind die schon früher erwähnten Einzelgespräche und das Abtauchen in die Probleme, die vorliegen. Hier wäre ein zu schnelles Handeln ein Fehler. Man muss vielmehr erfassen, wie das Unternehmen im Einzelnen läuft, bevor man Maßnahmen einleitet. Die 100 Tage Karenzzeit für Politiker sind auch hier kein schlechter Maßstab für eine neue Leitung. Das wichtigste ist, sich nicht in zu vielen Einzelheiten, die sicher auch ihre Bedeutung haben, zu verlieren, sondern herauszufinden, wo die Prioritäten liegen. Außerdem muss man sich vergewissern, ob man die richtige Führungscrew hat, und ohne zu große Skrupel notwendige personelle Veränderungen schnell herbeiführen. Man muss die Führungscrew auf sich einschwören, erste Ursachen der Schwierigkeiten aufzeigen, Illoyalitäten aber im Wiederholungsfall gnadenlos ahnden.

## Geschäftsführung

Es ist wichtig, wenn man etwas verändern will (und deswegen ist man ja angetreten), die richtigen Schritte in der richtigen Reihenfolge durchzuführen. Es gilt immer:

1. Probleme ausfindig machen
2. Problembewusstsein schaffen
3. Problemlösung suchen
4. Problemlösung verkaufen
5. Problemlösung umsetzen

Von allen fünf Punkten erscheinen mir der erste und der dritte als die schwierigsten. Die Qualität der Problemlösung wird allerdings durch Punkt 5 festgelegt.

Bei jeder Tätigkeit im Unternehmen ist die Gefahr groß, sich im Tagesgeschäft zu verschleißen und darüber die mittel- und langfristigen Ziele zu vernachlässigen. Die meisten Mitarbeiter vertreten außerdem die Meinung, dass ihre Aufgabe mit der ordentlichen Lösung der Tagesfragen erfüllt ist. Nur sehr wenige erkennen, wie wichtig die Beschäftigung mit langfristig wirkenden Maßnahmen für jedes Unternehmen ist, und dass ein anfänglich höherer Aufwand oft erst später den gewünschten Erfolg bringt.

Schon zu Beginn meiner Führungsaufgaben habe ich die mir direkt berichtenden Mitarbeiter gebeten, aufzuschreiben, was in ihrem Verantwortungsbereich verändert werden sollte, um langfristig größeren Erfolg zu erzielen. Das Ergebnis war in aller Regel dürftig. Es scheint sowohl an einer gewissen Betriebsblindheit zu liegen oder auch an der Angst, bekannte, angeblich gut eingespielte Abläufe zu verlassen. Kaum einer stellt sich in aller Konsequenz die Frage: "Müssen die Abläufe bleiben wie bisher, oder kann manches anders und damit viel besser laufen?"

Nach dieser ersten Befragung, meist mit enttäuschendem Ergebnis, habe ich einige Tage später einer Liste vorgestellt, in der alle - nach meiner Meinung - notwendigen Maßnahmen aufgeführt waren und erhielt überraschender Weise durchweg, nach kleineren Korrekturen, Zustimmung.

Allerdings sollte man diese Liste erst dann präsentieren, wenn man entsprechend lange die Aufgabe inne hat und die fraglichen Vorgänge wirklich überblickt. Neueinsteigern ist für eine gewisse Zeit zu empfehlen, zunächst die erkennbaren kurzfristigen Probleme anzugehen, und dafür zu sorgen, dass bei al-

## Geschäftsführung

len Mitarbeitern ein positives Selbstvertrauen und die notwendigen Kompetenzen aufgebaut werden. Erst damit sind langfristig wirkende Problemlösungen möglich.

In meiner ersten Position als Werksleiter hatte ich nach einem Jahr eine Liste von etwa 50 Aufgaben, die im Folgejahr erfüllt werden mussten, damit die Leistung gesteigert, die Kosten gesenkt und so die Produktivität des Werkes um etwa ein Drittel verbessert wurde.

In meinen späteren Aufgaben als Unternehmensleiter verlängerte sich diese Liste auf etwa 2oo Aufgaben, die jedoch im Allgemeinen zwei Jahre intensiver Bearbeitung benötigen, die, nicht zu vergessen, meist neben der Tagesarbeit erledigt werden müssen.

Der Erfolg dieses Vorgehens zeigte sich eindeutig an der durchschnittlichen jährlichen Steigerung der Produktivität. In den ersten fünf Jahren meiner 33-jährigen Verantwortung für das Unternehmen erreichten wir einen durchschnittlichen jährlichen Produktivitätsanstieg von über 20 %.

Später, als die wichtigsten Rationalisierungsreserven gehoben waren, setzten wir dann für jede Aufgabe einen Projektplan an, in dem der Projektverantwortliche, die Projektziele und der Projektaufwand festgeschrieben wurden.

Mit dieser Methode, die im Anhang 5.4 eingehend beschrieben ist, wurde immer noch eine jährliche Produktivitätssteigerung von 6 bis 10 % erreicht. Sie hat zusätzlich den Vorteil, die Aufgabe von der ständigen Initiative und der direkten Kontrolle der obersten Führung zu lösen.

Bei größeren, sehr aussichtsreichen Projekten empfiehlt es sich immer den Projektleiter, zumindest in der Anlaufphase, hauptamtlich mit der Aufgabe zu betrauen. Eine nur grobe Kostenrechnung ( siehe auch Anhang 5.2 ) wird zeigen, wie wichtig das Rationalisierungsprojekt für das Unternehmen sein wird.

Sofern Sie eine Geschäftsführungsaufgabe haben, werden Sie häufig feststellen, dass unter Umständen die Hauptpriorität der durchzuführenden Änderung im Bereich Ihres Mitgeschäftsführers liegt oder diesen zumindest stark tangiert. Dann spielt die persönliche Chemie mit Ihrem Kollegen die entscheidende Rolle. Ihr ganzes diplomatisches Geschick ist gefordert, diesen Kollegen zur richtigen Mitarbeit zu bewegen.

Geschäftsführung

## 2.2.1 Die Zahlenbasis

Entscheidend für die notwendigen Maßnahmen ist natürlich in erster Linie die finanzielle Situation des Unternehmens. Ich unterhielt mich seinerzeit nach Übernahme des Unternehmens mit dem Finanzleiter und dem Wirtschaftsprüfer und versuchte krampfhaft, als Ingenieur Informationen zu bekommen, was aus deren Sicht zur Verbesserung der Situation tragbar sei. Die Ratschläge waren zunächst widersprüchlich, zumindest verwirrend und in der Diktion für mich als Ingenieur unverständlich.

Ich hätte damals die Einsicht von heute benötigt, dass in den Aktiva steht, wo das Geld im Unternehmen angelegt ist, und in den Passiva, woher das Geld stammt.

| **Aktiva** | **Passiva** | |
|---|---|---|
| Maschinen, Anlagen, Grundstücke, Gebäude | Eigenkapital/Rücklagen good will | Beide Beträge – die der Aktiva und die der |
| Vorräte | Rückstellungen | Passiva – müssen über- |
| Außenstände | Fremdkapital | einstimmen; |
| Finanzanlagen | Schulden an Lieferanten | sie heißen Bilanz-summe. |
| Bilanz-Summe | Bilanz-Summe | |

Was ich damals gebraucht hätte, wären Vergleichswerte zu ähnlichen Unternehmen. Keiner der Fachleute hatte solche Werte parat und konnte mir Maßstäbe vermitteln. Ich werde daher mit allem Vorbehalt diese Wertrelationen für ein Bearbeitungsunternehmen diskutieren.

Um so etwas einigermaßen abstrakt tun zu können, benötigt man Bezugswerte. Für mich sind diese Bezugswerte der Umsatz, der Materialanteil am Umsatz (der Zukauf) und der Rohertrag, also Umsatz minus Materialanteil.

In einem gut geführten Unternehmen der Serienproduktion ist es schwierig, die Bilanzsumme unter 50 Prozent des Jahresumsatzes zu senken. Dies könnte jedoch möglich sein, sofern die Kunden innerhalb von vier bis acht Wochen bezahlen und Vorräte und Anlagevermögen sich im Rahmen halten. Im Normalfall wird die Bilanzsumme bei 60 Prozent des Jahresumsatzes liegen. Nachfolgend wird der Jahresumsatz immer als Maßstab benutzt, wenn nichts anderes festgelegt wurde.

Die Außenstände bewegen sich im Allgemeinen zwischen 12 und 15 %, während die Vorräte zwischen 6 und 12 % liegen sollten. Das Anlagevermögen müsste zwischen 25 und 35 % liegen, je nach Kapitalintensität der Produktion und Abschreibungspraxis.

Ein gut verdienendes Unternehmen wird alles abschreiben, was steuerlich möglich ist, und liegt damit oftmals im Anlagevermögen unter 20 Prozent. Wichtig ist zu prüfen, ob Anlagen oder Maschinen, wegen Bilanzkosmetik geleast sind. Mit den Zahlen und Relationen muss man sich im Einzelnen eingehend befassen. Folgende Überlegungen sind dabei besonders wichtig:

## 1 Anlagevermögen

Hier sind oftmals Anlagen, Grundstücke und Gebäude erfasst, die mit dem eigentlichen Betriebszweck kaum etwas zu tun haben und vielleicht nur auf Vorrat gehalten werden. Wenn das Anlagevermögen groß ist, weist das oftmals auch darauf hin, dass das Unternehmen ein- oder mehrmals verkauft und von dem neuen Eigentümer hoch bewertet wurde, um das Eigenkapital günstig aussehen zu lassen oder auch nur, um zukünftige Abschreibungsmöglichkeiten zu gewinnen. Häufig findet man in einer solchen Bilanz den Posten „good will", d. h. einen Betrag, der für die Anlagenwerte über den Verkehrswert hinaus gezahlt wurde, dem also kein echtes, verwertbares Eigenkapital gegenübersteht. Als kritischer Beurteiler ziehen Sie diesen „good will" am besten direkt vom Eigenkapital ab, um die wahre Kapitalstruktur abschätzen zu können.

In den meisten Unternehmen sollte das Anlagevermögen deutlich den Rohertrag pro Jahr unterschreiten. Ist dies nicht der Fall, lohnt es sich, näher hinzuschauen und nach den Ursachen zu forschen.

Dabei wird man dann auf Ursachen stoßen, wie sie nachstehend aufgelistet und im Einzelnen näher zu untersuchen sind:

1. Die Anlagen und Maschinen werden nicht genügend ausgelastet.

2. Es wurde fehlinvestiert. Die Maschinen und Anlagen haben eine hohe Ausfallrate oder sind zu teuer eingekauft worden.

3. Es wurden zu teure und nicht voll genutzte Gebäude erstellt.

4. Das Unternehmen nutzt zu teuren Grund und Boden.

5. Es sind Gebäude und Grundstücke vorhanden, die mit dem eigentlichen Zweck des Unternehmens nichts zu tun haben.

6. Die Maschinen haben teuere Zusatzeinrichtungen, die nicht genutzt werden.

7. Die Bewertungen aller Anlagen sind unrealistisch hoch.

Geschäftsführung

Wenn man auf derartige Dinge stößt, muss die Bilanz bereinigt werden. Das sollte man vor allem dem raten, der eine Unternehmensleitung neu übernimmt. Er sollte sich von den Belastungen aus der Vergangenheit (Altlasten) sofort und gründlich befreien. Dies ist manchmal ein bitterer Schritt, der jedoch auf jeden Fall getan werden muss und bei Übernahmen von allen klugen Leuten virtuos gehandhabt wird.

Auch bei den Vorräten sollte man sorgfältig hinschauen. Hier bestimmen die Höhe der Vorräte vor allem die so genannten Ladenhüter. Es ist sehr einfach, diese zu ermitteln. Sie brauchen nur den Bestand aller Einzelposten mit dem letzten Halbjahresabgang dieser Posten zu vergleichen. Alles, was sich nicht in einem Jahr umschlägt, ist ein Ladenhüter und muss rigoros abgewertet werden.

Ein Hauptgrund, warum Vorräte zu hoch sind, resultiert aus nicht vorhandenen Dispositionsregeln. Damit kann der Disponent willkürlich Sicherheitsmengen anlegen, so dass er selbst nie in Kritik gerät, für Lieferengpässe verantwortlich zu sein. Das kostet das Unternehmen jedoch eine Menge Kapital in Form von Vorräten und Gebäuden zur Lagerung der Vorräte.

Nach überschlägiger Rechnung ist der Einkaufswert von Rohmaterial um etwa 25 Prozent zu erhöhen, um die auftretenden Handlings- und Lagerkosten mit abzudecken.

Viele Unternehmen binden in ihren Vorräten mehr Kapital als im Anlagevermögen.

Entscheidend für die Lagermenge ist besonders die Durchlaufzeit des Materials durch den Betrieb, insbesondere wegen der damit verbundenen Liegezeiten. Wenn ein Produkt zwölf Arbeitsgänge aufweist und in Fertigungslosen aufgelegt wird, wächst der Fertigungsdurchlauf leicht auf einen Monat an.

Wenn die Losgröße L in der Maßgröße durchschnittlicher Wochenbedarf und die Durchlaufzeit in Wochen t bekannt sind, dann kann der durchschnittliche Lagerbestand in Wochen wie folgt abgeschätzt werden:

(Einheit: Durchschnittswochenbedarf)

$$\frac{L}{2} + t + S = M$$

M  durchschnittlicher Lagerbestand
L  Losgröße (Fertigungs-= Bestelllosgröße)
S  Sicherheitsbestand

t  Betriebsdurchlaufzeit

Ist der Sicherheitsbestand größer als ein Zwei-Wochen-Umsatz, sind mit ziemlicher Wahrscheinlichkeit Verbesserungen möglich.

Als Beispiel sollten folgende Zahlen gelten:

L  Losgröße vier Wochen

t  Durchlaufzeit zwei Wochen } M = 2 + 2 + 2 = 6 Wochen

S  Sicherheitsbestand zwei Wochen

Sofern der Rohertrag 50 Prozent des Umsatzes beträgt, entstehen so Vorräte, die weniger als 6 Prozent des Jahresumsatzes ausmachen.

$$\frac{0,5 \cdot 6}{52} \approx 0,06 \text{ Jahresumsatz} \rightarrow \frac{52}{6} = 8,7 \text{ Jahresumschlagszahl}$$

Die relativ hohen Werte für die Grundparameter (Losgröße, Durchlaufzeit) und der daraus errechnete durchschnittliche Lagerbestand zeigen, dass ein gutes Unternehmen mit sehr niedrigen Vorräten arbeiten kann.

Im Beispiel wurde angenommen, dass die Vorräte zum Rohmaterialpreis mit Faktor 0,5 bezogen auf den Umsatz bewertet sind, was der Wirklichkeit nicht ganz entspricht. Trotzdem gibt dieses Vorgehen eine gute erste Näherung. Wie man die Dispositionen, Vorräte und Durchlaufzeiten im Einzelnen behandelt, wird später genau dargestellt (siehe auch Anhang 5.6).

Ein leidiges Thema sind Außenstände, d. h. die offen stehenden Rechnungen bei Kunden. In Deutschland ist die Zahlungsmoral meist relativ gut, so dass ein Wert an Außenstände von weniger als 12 Prozent erreichbar erscheint. In Frankreich oder – noch negativer – in Italien warten Sie normalerweise drei bis sechs Monate auf Ihr Geld. Je nach Kassenlage müssen Sie dann eine geschickte Finanzierung suchen, die möglichst der Kunde zu bezahlen hat.

Ich habe in der Vergangenheit die Lieferkredite bei Kunden aus Risikogründen nie größer werden lassen als den möglichen Verlust eines Jahresgewinns auf die gelieferten Teile. Außenstände von über 15 Prozent bezogen auf den Umsatz müssen nach meiner Überzeugung reduziert werden, auch wenn es schwieriger Verhandlungen bedarf.

Im Allgemeinen ist der Verkauf verantwortlich für das Eintreiben von Zahlungsrückständen. In kritischen Fällen lohnt es sich jedoch, die Finanzabteilung einzuschalten, die mit der betreffenden Abteilung des Kunden direkt

Geschäftsführung

sprechen sollte. So agieren Fachleute mit Fachleuten, und es ergeben sich leichter Verständigungsmöglichkeiten.

Kurzfristige Finanzanlagen, also „Cash-Positionen", sind bis zu einer gewissen Größe immer notwendig, um in Notfällen Liquidität verfügbar zu haben und nicht sofort auf das Wohlwollen von Banken angewiesen zu sein, sofern keine „freien Linien" ausgehandelt werden konnten. Über die Höhe muss das Unternehmen je nach Situation entscheiden. Nach meiner Meinung sollte der Betrag etwa ein Drittel der Lieferantenschulden nicht unterschreiten.

Die Passiva beschreiben die Herkunft des Kapitals, d. h. wie das Unternehmen die in den Aktiva beschriebenen Vermögensteile finanziert.

Wichtig ist zunächst das Eigenkapital. Nach meiner Ansicht sollte das Eigenkapital in der Größenordnung des Fremdkapitals liegen, einfach um deutlich zu machen, dass nicht die Bank Eigentümer des Unternehmens ist. Eigenkapital benötigt man nicht so sehr für den laufenden Betrieb, sondern um das Unternehmen gegenüber den Gefahren des Geschäftslebens abzusichern.

Ich vertrete eine konservative Haltung. Nach meiner Meinung sollte das Eigenkapital möglichst 40 Prozent der Bilanzsumme abdecken. Laut Statistik der Deutschen Bundesbank, die jedes Jahr die deutschen Unternehmen analysiert, haben weniger als 25 Prozent aller Firmen in Deutschland diese Eigenkapitalgröße, was zeigt, wie kritisch die Situation vieler Unternehmen eingeschätzt werden muss. Offensichtlich wird bei vielen Unternehmen Wachstum vor Ertrag gestellt, aber es ist nicht genügend Geld vorhanden, um das Wachstum zu finanzieren.

Ein Unternehmen hat zu bestimmten Zeitpunkten feste Zahlungsverpflichtungen oder abschätzbare Risiken, die in Form von Rückstellungen in die Passiva eingehen. Unternehmen, die hier keine angemessenen Beträge ausweisen, müssen besonders kritisch betrachtet werden. Die Angemessenheit ist schwierig abzuschätzen. Je nach Programm und darin enthaltenem Risiko sollten die Rückstellungen ein bis zwei Drittel des Eigenkapitals erreichen, wobei ein Unternehmen des Anlagenbaus mit langen Durchlaufzeiten und hohen Gewährleistungsrisiken auf zwei Drittel kommen sollte. Ich pflege mir diesen Posten bei der Beurteilung der Qualität einer Bilanz besonders eingehend anzusehen.

Fremdkapital wird in der Höhe durch das Eigenkapital bestimmt und ist ansonsten danach zu beurteilen, wie teuer sich das Unternehmen finanziert. Hier ist aber auch auf die Risiken zu achten, z. B. wenn man billiges ausländisches Kapital wählt, das ein hohes Währungsrisiko hat. Wichtig ist, ob man sich kurzfristig preiswert oder langfristig etwas teurer verschulden will.

Die entscheidende Frage ist, ob man nicht in Liquiditätsengpässe kommen wird, da ein Unternehmen in solchen Fällen besonders gefährdet ist. Meist macht ein Unternehmen nicht wegen der schlechten Gewinnsituation, sondern aus Liquiditätsgründen Konkurs.

Eine weitere Finanzierungsquelle von Unternehmen sind die Lieferantenschulden, die in Relation zu den jährlichen Lieferantenumsätzen beurteilt werden müssen. Unternehmen, die ein angemessenes Skonto einräumen, sollten sofort bezahlt werden, der Rest nach einer angemessenen Frist, weil man auf gute Beziehung zum Lieferanten angewiesen ist.

Französische oder italienische Verhältnisse erscheinen mir nicht normal. Bei Lieferungen mit Gewährleistungsproblemen, z. B. besonders bei Investitionen, sollte man die Zahlung bis zur Klärung der Beanstandung stoppen. Auch wenn Lieferungen mit großen Verspätungen erfolgen, sollte man, sofern keine Strafzahlungen vereinbart sind, sich mit der Zahlung Zeit lassen, allerdings klar auf die Gründe hinweisen.

## 2  Gewinn- und Verlustrechnung

Die Bilanz zeigt die finanzielle Situation des Unternehmens im Hinblick auf das Kapital: wo es eingesetzt wird (Aktiva) und wer es bereitgestellt hat (Passiva). Am wichtigsten jedoch sind die Gewinne, die in einem Unternehmen entstehen. Diese zeigt die Gewinn- und Verlustrechnung, die im Rahmen des Jahresabschlusses für die vergangene Jahresperiode erstellt wird.

Entscheidend sind die Posten:

- Zugekauftes Material
- Personalkosten
- Kapitalaufwand
- Sonstige Kosten
- Gewinn vor Steuern

Anders als bei einem Handelsunternehmen ist es Aufgabe eines Produktionsunternehmens, Rohmaterial zu veredeln und die so entstandenen Produkte zu verkaufen. Die Betriebsleistung, d. h. der Umsatz plus die Bestandsverände-

Geschäftsführung

rungen, spiegelt die Größe des Unternehmens wider. Der Gewinn vor Steuern zeigt den Erfolg des Unternehmens.

Wenn der Anteil des zugekauften Materials am Umsatz niedrig ist, ist die Fertigungstiefe hoch. Heute versuchen viele Unternehmen, die Fertigungstiefe klein zu halten, und glauben, dadurch sehr erfolgreich zu werden. Ich bin anderer Ansicht. Jedes Unternehmen hat seine eigene optimale Fertigungstiefe, und letzten Endes bestimmt der erzielbare Gewinn in Relation zu dem eingesetzten Kapital die optimale Fertigungstiefe. Dabei ist entscheidend, ob die Fertigungsanlagen nachhaltig mehrschichtig ausgelastet werden können und ob eine wirtschaftliche Fertigungstechnik beherrscht wird.

In dem von mir geführten Unternehmen wurde die Verarbeitungstiefe kontinuierlich vergrößert, weil die potenziellen Zulieferer höhere Herstellkosten aufwiesen als das eigene Unternehmen.

Ein extremes Beispiel waren mit hoher Präzision umgeformte Stahlblechteile. Der Lieferant benötigte damals dafür 30 Mitarbeiter. In einer langen Diskussion mit ihm stellte ich heraus, dass das gleiche Programm auch mit weniger Mitarbeitern zu schaffen sei. Dieser bezeichnete unser geplantes Vorgehen als unmöglich. Dennoch wurden diese Stahlblechteile mit nur fünf Mitarbeitern selbst gefertigt. Ähnliche Erfahrungen mussten wir später noch häufiger machen.

Ich stoße auch immer wieder auf Unternehmen, die glauben, Werkzeuge oder Sondermaschinen billiger von außen kaufen zu können, und daher die betreffenden eigenen Bereiche stilllegen. Bei kritischer Untersuchung stellt sich dann meist heraus, dass es sich um schlecht geführte Unternehmensbereiche handelt, die den technologischen und organisatorischen Anschluss verloren hatten und deswegen zu schließen waren.

Neben einer möglichen kostengünstigen Produktion geben solche Unternehmen möglicherweise Innovationsfähigkeit und vor allem Flexibilität auf. Sie legen entscheidende Faktoren für die erfolgreiche Zukunft des Unternehmens in die Hände von Fremdfirmen, die unter Umständen das fremde Unternehmens-Know-how frei auf dem Markt anbieten können.

Selbstverständlich muss man das Programm in Sondermaschinen und Werkzeugen straffen und nur das selbst machen, was nicht kostengünstig und serienmäßig am Markt angeboten wird. Das besondere Know-how des Unternehmens sollte man jedoch im Hause hüten und dadurch eine Menge Vorteile wahrnehmen. Wenn dann auch noch die Kosten günstig sind, kann man keine

## Geschäftsführung

bessere Entscheidung fällen, als ausgewogen Sondermaschinen- und Werkzeugbau weiterzuentwickeln.

Das Unternehmen sollte immer wieder typische, eigengefertigte Werkzeuge und Sondermaschinen auswärts anfragen und gelegentlich bestellen, um sich im Wettbewerb mit anderen zu messen. Die von mir geführten Unternehmen waren fast immer mit den eigengefertigten Werkzeugen und Spezialmaschinen im Durchschnitt um 25 Prozent preiswerter und funktionssicherer.

Entscheidend für die Leistungsfähigkeit eines solchen Bereichs ist vor allem die Führungsperson. Sie alleine bestimmt wesentlich die Leistung der ganzen Mannschaft.

So hatte ich in meiner ersten Position als Werksleiter einen phantastischen Elektromeister, der mit ganzen vier Elektrikern das Werk von 600 Leuten betreute und außerdem automatische Sondermaschinen elektrisch ausrüstete und damit einen großen Wettbewerbsvorteil für das Werk erzielte.

Manchmal muss man auch nur mit Eigenfertigung drohen, um die Zukaufspreise purzeln zu lassen. Diese Drohung darf nicht beiläufig erfolgen; man muss vielmehr deutlich machen, dass man die Fähigkeit zur wirtschaftlichen Eigenfertigung besitzt, sie aber nicht unter allen Umständen ausüben wird. Meistens musste man jedoch konkrete erste Schritte einleiten, um den Zulieferer in Bewegung zu bringen.

Besonders kritisch wird die Zuliefersituation, wenn der Hauptwettbewerber ein Basismaterial monopolisiert und es zu einem überhöhten Preis verkauft. Hier muss man alles daran setzen, um ein Substitutprodukt zu finden. Das Seltsame ist, dass dies meist auch gelingt.

Im Normalfall liegt der Zukaufanteil zwischen 40 und 50 % der Betriebsleistung. Geht er über 60 Prozent, nähert man sich im Typus einem Handelsunternehmen und sollte genau prüfen, ob man nicht etwas grundsätzlich falsch macht. Zukaufanteil und Personalkostenanteil sollten langfristig 80 Prozent der Betriebsleistung nicht überschreiten, möglichst jedoch nur bei 75 Prozent liegen.

Der Kapitalaufwand (Zinsen + Abschreibung) liegt üblicherweise bei 5 bis 8 % und ergibt mit dem sonstigen Betriebsaufwand, der im Allgemeinen 8 Prozent nicht überschreiten sollte, die sonstigen Kosten, die möglichst unter 15 Prozent liegen sollten, wenn ein befriedigender Gewinn erwartet wird.

Geschäftsführung

Die Gewinnhöhe zeigt am deutlichsten die Unternehmensleistung. Hier sieht das durchschnittliche deutsche Unternehmen sehr schlecht aus. Der Gewinn vor Steuern liegt laut Bundesbankbericht bei mehr als 50 Prozent der Unternehmen unter 3 Prozent der Betriebsleistung, nur weniger als 10 Prozent aller Unternehmen erreichen zweistellige Umsatzrenditen von über 10 Prozent.

Den Unternehmenserfolg sollte man am objektivsten beurteilen nach der Verzinsung des betriebsnotwendigen Kapitals, das man als Bilanzsumme minus nicht betriebsgebundene Finanzanlagen und flüssige Mittel definieren kann. Dieses betriebsnotwendige Kapital sollte man in Relation sehen zu dem Gewinn vor Zinsen und vor Steuern (EBIT).

Nimmt man den Durchschnitt aller produzierenden Unternehmen laut Bundesbank, so würde EBIT ~ 4,5 Prozent betragen und das betriebsnotwendige Kapital ~ 66 Prozent (alles bezogen auf den Jahresumsatz). Damit würde sich das betriebsnotwendige Kapital im Durchschnitt mit etwa 7 Prozent verzinsen. (Bundesbankbericht September 2001 – für das Jahr 1998)

Es stellt sich natürlich die Frage: Was wäre zu erreichen, und wie sind im Einzelfall die oben diskutierten Relationen zu bewerten? Man muss dabei zurückkommen auf die Haupteinflussfaktoren eines Unternehmens bei gegebenem Markt und Lieferprogramm. Es sind:

- Richtige Personalauswahl
- Organisation
- Automatisierung

Als Messlatte würde man ein Grenzunternehmen betrachten, das sich gerade recht oder schlecht am Markt hält und die berühmte „schwarze Null" schreibt. Gegenüber einem solchen Unternehmen kann ein erstklassiges Unternehmen bei jedem der drei Faktoren 25 Prozent besser sein. Unter dieser Annahme multipliziert sich die Leistung des Unternehmens mit jedem der Faktoren, so dass das optimale Unternehmen etwa doppelt so produktiv sein dürfte wie ein Grenzunternehmen.

⇨    $1{,}25^3 \approx 2$

Das Ergebnis drückt sich in der Gewinn- und Verlustrechnung aus, die in Gegenüberstellung wie folgt aussehen könnte:

|  | Grenzunternehmen | Spitzenunternehmen |
|---|---|---|
| Betriebsleistung | 100 | 100 |
| Zukaufkosten | 45 | 42 |
| Personalkosten | 38 | 23 |
| sonstige Kosten | 17 | 15 |
| Gewinn vor Steuern | 0 | 20 |

In der Praxis würde ein Spitzenunternehmen den gezeigten Gewinn erreichen, ohne die Kostenblöcke in der vorgesehenen Weise vollständig reduzieren zu müssen, da bei besseren Produkten wahrscheinlich auch höhere Preise am Markt zu erzielen sind.

Die meisten Unternehmen konkurrieren nicht mit Grenzunternehmen, haben aber im Weltmaßstab mit Konkurrenten zu tun, die zum Teil erhebliche Kostenvorteile genießen, beispielsweise in der Tarifstruktur, Sozialgesetzgebung, bei den Umweltauflagen und in der Währungsrelation. Damit ist anzunehmen, dass die Unterschiede zwischen den Unternehmen nicht ganz so extrem werden. Trotzdem lässt sich aus dieser Spanne eine Art Richtreihe für die Unternehmensqualität aufstellen:

Rendite + Zins (EBIT) in Prozent in Relation zur(m)

|   | Betriebsleistung | betriebsnotwendigen Kapital |
|---|---|---|
| A | > 20 | > 35 |
| B | > 12 | > 20 |
| C | > 7 | > 12 |
| D | > 4 | > 7 |
| E | > 2 | > 3 |
| F | < 2 | < 2 |

Die Stufung der Rendite ist logarithmisch gewählt, weil es schwierig ist, höhere Renditeklassen zu erreichen.

Geschäftsführung

Nach dieser Tabelle könnte man das Ergebnis von Unternehmen jeglicher Art bewerten, wobei als beste Wahl die Bewertung der Verzinsung des betriebsnotwendigen Kapitals gelten kann. Diese Bewertung müsste man in inflationierenden Ländern noch mit dem dortigen Basiszins in Relation zu stabilen Ländern gewichten.

Man erkennt, dass nach dieser Bewertung die besten deutschen Aktiengesellschaften in Klasse C liegen und der Durchschnitt der deutschen Unternehmen die Klasse D besetzt – gegenüber den besten internationalen Gesellschaften, die in den Klassen A und B liegen; keine überzeugende Leistung der deutschen Unternehmen. Im Übrigen erreichen die besten kleinen Familienunternehmen auch schon einmal die Klasse B.

Was muss ein Unternehmensleiter tun, um in den Klassen aufzusteigen?

Die Überlegung fängt bei der Leitung an. Der Chef des Unternehmens sollte sich fragen: Bin ich die richtige Person am richtigen Platz und tief davon überzeugt, die Aufgabe, dieses Unternehmen zu führen, erfolgreich zu erfüllen? Nur wenn diese Überzeugung sehr fest verankert ist, besteht eine erste Grundvoraussetzung für den künftigen Erfolg; allerdings – und das muss mit aller Deutlichkeit gesagt werden – is dies nur eine von mehreren Voraussetzungen.

Als nächsten Schritt sollte der Chef eine Analyse seiner Stärken und Schwächen durchführen. Diese Analyse dient dem Ziel, das zukünftige Führungsteam zu definieren. Wie sollte sich dieses Team zusammensetzen, und welche Eigenschaften müssen die Team-Mitglieder haben, damit sie sich optimal ergänzen und eventuelle Schwächen des Chefs kompensieren?

Wenn es einem Chef gelingt, ein stimmiges Führungsteam zusammenzustellen, ist es, sofern die Chemie dieses Teams stimmt, jedem Einzelkämpfer hoch überlegen.

In einer solchen, optimal zusammengesetzten Geschäftsleitung muss untereinander offen diskutiert werden können. Es haben alle Intrigen, Verbrüderungen und Ausdrücke der Eitelkeit zu unterbleiben. Das Vorbild des Chefs wird jedoch entscheidend sein. Er muss die Persönlichkeit verkörpern, die auf die Dauer in allen Ebenen des Unternehmens anerkannt ist und dem nachgeeifert wird. Er sollte auf einem Gebiet ein Fachmann sein, ein Mensch mit Übersicht und wohlwollender Förderer von weltoffenen Menschen im Unternehmen. Er muss überzeugend auftreten können, aber den Mitgliedern

## Geschäftsführung

seines Führungsteams Spielraum geben, damit auch sie überzeugend auftreten können und so nach innen und außen Ansehen gewinnen.

Die wichtigste Aufgabe des Chefs ist es, Prioritäten für das Unternehmen zu setzen. Er muss unermüdlich darauf hinarbeiten, die erkannten Notwendigkeiten konsequent und zäh zu verfolgen. Er muss sich aber auch durch neue Fakten zur Richtungskorrektur umstimmen lassen. Es wäre sicher falsch, häufiger die Richtungen zu wechseln, da jedes Unternehmen in besonderem Maße Kontinuität benötigt.

Der Chef muss sichtbar bereit sein, Risiken zu tragen, Verantwortung zu übernehmen und die entsprechenden Mitarbeiter klug zu informieren. Klug bedeutet selektiv – nicht jeder Mitarbeiter benötigt die gleichen Informationen. Er sollte jedoch das wissen, was er zu verantworten hat, und auch über die wichtigsten grundsätzlichen Unternehmensentwicklungen Bescheid wissen.

Niemals darf ein Chef bewusst die Unwahrheit sagen oder Dinge versprechen, die nicht zu halten sind. Außerdem muss der Chef seine Last allein tragen und darf nicht versuchen, sie auf andere abzuschieben. Das gilt insbesondere für die Last der Verantwortung. Er sollte sich nicht ausschließlich nach der Meinung mehrerer richten, sondern seinen Weg gehen und seine Mitarbeiter durch kluge Argumente überzeugen. Auch ein starker Chef wird es sich sehr genau überlegen, gegen die Meinung der Mehrheit seiner Kollegen in der Geschäftsleitung zu entscheiden. Immerhin braucht er bei der Durchführung einer solchen Entscheidung die Mitwirkung der übrigen Mitglieder der Geschäftsleitung. Er muss, genau wie bei allen das Unternehmen betreffenden Maßnahmen, zunächst Problembewusstsein erzeugen.

Am Anfang der Übernahme einer Geschäftsführung steht, wie bei allen neuen Aufgaben, eine Analyse der Unternehmenssituation. Hier ist Benchmarking sehr wichtig, um den Stand des Unternehmens gegenüber den Wettbewerbern

- wirtschaftlich,
- marktbezogen,
- technisch-organisatorisch (nach innen),
- produktspezifisch,

zu definieren.

Geschäftsführung

Zunächst einmal ist festzustellen, in welcher Gewinnklasse sich das Unternehmen befindet (siehe Tabelle auf Seite 75) im Hinblick auf das betriebsnotwendige Kapital. Eine ungeschminkte Analyse der Bilanz ist vorzunehmen. Dabei ist es wichtig zu hinterfragen, warum bestimmte Posten in der Bilanz anormal sind, und eine erste Kritik zu wagen, die sicher nur sehr grob sein kann und sich manchmal aus der Geschichte des Unternehmens ableitet.

Etwas weiter reicht eine Analyse mittels Kennwerten, deren Spannweite man in der betreffenden Branche kennen sollte.

Folgende Kennwerte sagen eine Menge aus:

1. Betriebsleistung/Kopf und Jahr ~ 100-300 TEUR/Kopf

2. Rohertrag/Kopf und Jahr ~ 75-150 TEUR/Kopf

3. Anlagevermögen/Kopf ~ 25-100 TEUR/Kopf

Mit diesen Kennwerten lässt sich beurteilen, wie produktiv und kapitalintensiv das Unternehmen arbeitet. Falls z. B. der Rohertrag/Kopf (Produktivität) und das Anlagevermögen/Kopf relativ klein sind, sind sicher größere Rationalisierungsreserven zu heben.

Es existiert eine große Spannweite für den jeweiligen Richtwert. Je nach Kapitalintensität verändern sich die Kennwerte erheblich. Wenn der Rohertrag/Kopf hoch liegt, darf auch der Rohertrag/Anlagevermögen hoch liegen.

Aus den Kennwerten sind abzuschätzen:

- Die Höhe der Personalproduktivität

- Die Höhe der Kapitalproduktivität

- Die Verarbeitungstiefe

Ein besonders wichtiger Basiswert für Kennwerte ist der Gewinn vor Steuern und Zinsen, um den Steuer- und Kapitalisierungseinfluss auf den Gewinn zu eliminieren (EBIT).

Geschäftsführung

Wichtige Kennwerte lauten:

| | Spanne |
|---|---|
| EBIT/Betriebsleistung | 0 – < 0,20 |
| EBIT/Personalkosten | 0 – < 1,00 |
| EBIT/Personalzahl | 0 < 50.000 EUR |
| EBIT/Anlagevermögen | 0 – 1,0 |
| EBIT/Eigenkapital | 0 – 1,0 |
| EBIT/betriebsnotwendiges Kapital | 0 > 0,40 |

Laut Angabe der Deutschen Bundesbank erzielt ein Drittel der deutschen Unternehmen keine Gewinne. Es handelt sich um eine sehr schiefe Verteilung. Die Masse der Unternehmen liegt im unteren Drittel, während in der oberen Hälfte weniger als ein Viertel der Unternehmen liegt.

Ein Unternehmen sollte immer versuchen, mindestens an der Grenze zwischen dem vorderen und zweiten Drittel zu liegen.

Produktivität und Kapitalnutzung kann man aus den folgenden Kennwerten ableiten, die damit eine erste grobe Einstufung ermöglichen:

| | Spanne |
|---|---|
| Gebäude + Grundstück/Anlagevermögen | 0,30 - 0,08 |
| Betriebsleistung/Betriebsfläche | 2 - 5 EUR/m$^2$ |
| Vorräte/Betriebsleistung | 0,05 - 0,25 |
| Außenstände/Betriebsleistung | 0,10 - 0,25 |
| Investitionen/jährlichen Wachstum des Rohertrags | 0,80 - 1,50 |
| Jährliche Investitionen/Rohertrag | 0,05 - 0,25 |
| Lieferantenkredite/jährlichen Zukauf | 0,10 - 0,25 |
| Rohertrag/Personalkosten | 1,40 - 3,00 |
| Zinsaufwand/Fremdkapital | 0,03 - 0,10 |
| Eigenkapital/Fremdkapital | 0,35 - 1,50 |
| EBIT/Personalkosten | 0,10 - 1,00 |

Geschäftsführung

Meist existiert eine schiefe Verteilung, und man sollte sich mindestens an der Grenze zwischen dem schlechtesten und dem mittleren Drittel bewegen. Mit diesen Kennwerten gelingt es, etwas besser die Situation des Unternehmens zu erkennen und das Unternehmen als gut, mittelmäßig oder schlecht zu bewerten.

## 2.3 Maßnahmen zur Ertragssteigerung

Nach der sorgfältigen Analyse der Zahlen gilt es, erste Maßnahmen zu ergreifen, um das Unternehmen auf eine gesündere Basis zu stellen.

Man wird zunächst anhand weniger Kennwerte, unter Beachtung der Istwerte, eine grobe Planung machen.

Ausgangswert ist immer die Betriebsleistung. Hier ist zu überlegen, wie man diese im folgenden Jahr unter Berücksichtigung der durchschnittlich zu erwartenden Preisveränderungen steigern kann.

Als zweiter Posten ist die Höhe des Zukaufs in der Relation zur Betriebsleistung zu betrachten und damit die Verarbeitungstiefe zu bestimmen. Hier muss man sich genau den Zustand der Zuliefermärkte ansehen und berücksichtigen, dass schnelle Preissenkungen auf breiter Ebene nur selten zu erzielen sind, weil alte Lieferanten zäh ihren Preis verteidigen werden und die Umstellung auf neue Lieferanten bzw. auf Eigenfertigung viel Zeit braucht. Eine echte Kostensenkung um 5 Prozent im Zulieferbereich wäre schon ein bemerkenswerter Erfolg.

Als nächstes muss man die Personalkosten betrachten, insbesondere auch die Höhe pro Kopf. Nach allen Erfahrungen ist es viel schwieriger, Personalkosten pro Kopf zu senken als die Personalzahl zu verringern. Auch hier sind realistische Zahlen anzustreben. Mit Zukauf- und Personalkosten hat man die bei weitem größten Kostenblöcke im Blick, die insgesamt fast 80 Prozent der Betriebsleistung pro Jahr ausmachen.

Die sonstigen Kosten sollten nicht mehr als 15 Prozent ausmachen. Es ist daher zunächst zu prüfen, ob diese Zahl erreicht oder unterschritten wird. Falls nicht, muss analysiert werden, ob die Kapitalkosten oder die sonstigen Kosten gesenkt werden können.

Sofern in früheren Jahren falsch investiert wurde, werden einmalige Sonderkosten auftreten, die auch bei Personalreduzierung auftreten werden.

Grundsätzlich sollte sich jeder neue Chef intensiv bemühen, die „Altlasten" zu definieren und im ersten Jahr zu eliminieren. Kluge Chefs übertreiben hier im Allgemeinen ein wenig, um im Folgejahr möglichst zu glänzen.

Weitere wichtige Kennwerte, die bereinigt werden können, sind die Vorräte/Betriebsleistung. Hier zeigt die vorher schon erwähnte Tabelle Vorräte pro Vorratsposten/Jahresumsatz sehr schnell, welche Qualität die Vorräte haben. Auch wird man die Vorräte, die mehr als einen Jahrbedarf abdecken, konsequent abwerten zu Lasten des laufenden Ergebnisses und abschätzen, was in kurzer Zeit erreichbar ist, um in Zukunft die Bestände zu reduzieren, ohne die Lieferfähigkeit zu verschlechtern.

Ein weiterer wichtiger Punkt ist die Untersuchung des Anlagevermögens, das meist Posten enthält, die für das Unternehmen nicht zu nutzen sind. In gleicher Richtung zielt der Kennwert Betriebsleistung/Gebäudefläche des Unternehmens. Hier muss man überlegen, ob mittelfristig, z. B. wegen des zu erwartenden Wachstums, die überschüssigen Flächen bald zu nutzen sein werden oder ob Teilbereiche zum Verkauf gestellt werden sollten.

Wenn dieser grobe Überblick vorliegt und geklärt ist, ob das Unternehmen in der nächsten Zeit eine ausreichende Liquidität erreicht, wird man mit den Leitern der entsprechenden Bereiche überlegen, was in den nächsten zwei Jahren in welcher Reihenfolge zu tun ist, um das Unternehmen und insbesondere das Ergebnis entscheidend zu verbessern. Man wird es selbstverständlich zunächst den Leitern überlassen, entsprechende Vorschläge zu machen, jedoch nicht, bevor ihnen in aller Deutlichkeit die Finanz- und Markt-Situation des Unternehmens deutlich gemacht wurde.

Bei dieser ersten Aufgabenstellung zeigt sich meist recht deutlich, mit welchen Führungskräften man es zu tun hat, ob jemand seinen Bereich hinhaltend verteidigt, kreativ und intuitiv ist oder ob er meint, in der Vergangenheit alles gut genug gemacht zu haben.

Wichtig ist es, nach der ersten Festlegung der Maßnahmen – besser noch vorher – mit dem Betriebsratsvorsitzenden und damit abgestimmt mit dem Betriebsrat zu sprechen.

Die Maßnahmen sollten sich alleine nach der jeweiligen Situation des Unternehmens richten und nicht nach der evtuellen Vorliebe und der speziellen Erfahrung des Chefs.

## Geschäftsführung

Bei der Übernahme der Verantwortung für ein Unternehmen sind im Allgemeinen drei Stufen zu beachten:

1. Sicherung des kurzfristigen Überlebens

2. Nachhaltige Verbesserung des Ertrags

3. Absicherung des langfristigen Erfolges bei Wachstum und Ertrag

Vielleicht wird dies verdeutlicht, wenn ich einige Beispiele nenne für Situationen, die ich bei der Übernahme von neuen Verantwortungen antraf und die zeigen, wie verschieden meist die Hauptprobleme sind.

Insbesondere bei den ersten Berufsaufgaben fehlten mir jede Vergleichsmöglichkeiten, so dass ich keine realistische Zielvorstellung entwickeln konnte.

Bei der Übernahme eines zentralen Werkzeugbaus eines breit diversifizierten Stahlkonzerns stellte sich sehr bald heraus, wo das größte Problem in diesem Servicebereich lag, nämlich in der Lieferzuverlässigkeit. Obgleich eine Fülle von Aufträgen vorlag, gab es keine systematische Auftragsverfolgung. Bedient wurde, wer am lautesten reklamierte. Viele „Kunden" waren durch Dekret von oben verpflichtet, von dem zentralen Werkzeugbau zu kaufen, und äußerst dankbar, wenn dieser nicht liefern konnte. Man ging dann mit überzeugender Begründung auf die zuverlässigere externe Quelle über.

Ich machte also zuerst einmal eine Analyse, wie viele der Rückstände überhaupt noch echte Aufträge waren, und stellte zu meinem Erstaunen fest, dass es gar nicht so viele waren, weil die Kunden sich schon längst extern bedient hatten. Innerhalb von einigen Monaten war die Situation bereinigt und das Problem erledigt.

Als Nächstes wurde eine Kundenanalyse gemacht, auf der richtigen Ebene Kontakt geschaffen und die Kunden werkzeugtechnisch beraten. Alle Werkzeuge, die serienmäßig am Markt verfügbar waren, wurden aus dem Programm gestrichen. Die Kunden wurden sogar darauf hingewiesen, wo sie solche Serienwerkzeuge preiswerter als unsere Spezialwerkzeuge beziehen konnten.

Eine ABC-Analyse wurde erstellt, die sofort das bestehende Dilemma zeigte, dass nämlich mit 20 Prozent der Typen 80 Prozent des Umsatzes erzielt wurde. Auf diese 20 Prozent der Typen konzentrierten wir uns sofort und erzielten binnen kurzer Zeit fast sensationelle Ergebnisse.

Ein Programmteil waren beispielsweise Ziehstopfen, die damals noch aus verchromtem Stahl waren. Diese Stopfen wurden über 1/10 mm aufgechromt und dann auf Maß geschliffen, also die elektrolytisch aufwändig aufgetragene Chromschicht mit einem teuren Verfahren teilweise wieder entfernt. Eine Analyse des Verchromungsprozesses mit einer Reihe von entsprechenden Versuchen zeigte die Möglichkeit, mit 5-10 µm Chromauflage ohne Schleifen die benötigte Toleranz der Ziehstopfen zu erreichen und gleichzeitig die Standzeit der Stopfen deutlich zu erhöhen.

Bei 12 Prozent chromlegierten Werkzeugstahl gab es über 100 Varianten von verschiedenen Herstellern, die natürlich die fehlenden systematischen Untersuchungen ausgenutzt hatten, um ihren Stahl an den Mann zu bringen. Zum Schluss waren noch drei Sorten übrig geblieben.

Als Normstahl für geringwertige Anwendung wurde C60 eingesetzt – ein Stahl, der bei der Härtung außerordentliche Querschnittsabhängigkeit zeigt. Die Qualität 50CrV6 als „Lufthärter" wies viel homogenere Eigenschaften als C60 auf und war im Werksverrechnungspreis günstiger – ein weiterer großer Leistungs- und Kostenvorteil.

Im gleichen Konzern übernahm ich dann später die Leitung eines Werkes, in dem Flansche und Rohrverbindungsteile hergestellt wurden. Trotzdem das Werk mit den modernsten damals verfügbaren Anlagen ausgerüstet war, steckte es – gegenüber der mittelständischen Konkurrenz – tief in den roten Zahlen.

Nach kurzer Zeit stellte sich heraus, dass folgende Hauptursachen für die Misere verantwortlich waren:

1. Viel zu hohe und nicht beherrschte Automatisierung

2. Nicht richtig abgestimmte Prozessketten

3. Ungenügende Ausnutzung des Rohmaterials

4. Falsche Preispolitik, insbesondere bei Kleinserien

Innerhalb von zwei Jahren gelangte das Werk in die Gewinnzone, und zwar mit folgenden Maßnahmen:

zu 1. Die Automatisierung wurde abgebaut und die Leistung der Maschinen um 50 bis 200 % gesteigert.

zu 2. Die leistungsfähigen Hämmer und Pressen wurde mit automatischen Hochleistungsöfen ausgerüstet, die sofort die Nutzung auf das Doppelte steigen ließen. Da die Genehmigung für solche Öfen bei der Situation des Werkes

Geschäftsführung

niemals oder viel zu spät erteilt worden wäre, wurden die Öfen „schwarz" gebaut.

zu 3. Der Schmiedeabfall beim Flansch, der so genannte Butzen, wurde nicht minimiert, sondern gezielt als Rohling für einen kleineren Flansch ausgelegt. Die Materialausbringung stieg um 30 Prozent.

zu 4. Die Kleinserien wurden bisher viel zu billig verkauft. Durch Nachweis der wirklichen Kosten und Marktarbeit wurden erhebliche, wenn auch immer noch nicht ausreichende Preissteigerungen erreicht.

Bei dieser Aufgabe habe ich zum ersten Mal gelernt, wie wichtig es ist, eine klare Ausgangsanalyse zu machen, die später deutlich den Umfang der Verbesserungen im Detail belegte.

Eine weitere Lehre, die ich damals erhielt, war die Erfahrung, dass man nicht einen fertigen Plan bei Übernahme einer neuen Aufgabe haben sollte, sondern dass dieser Plan in den ersten Monaten mit wachsenden Kenntnissen des Umfeldes allmählich entstehen muss.

Die besten Fachleute muss man in die entscheidenden Positionen bringen und die Betriebsbereiche in überschaubaren Einheiten ordnen. Im Notfall sollte man vorübergehend selbst die Führung übernehmen. Man muss sich um seine Mannschaft kümmern.

Ganz wichtig sind wieder die Einzelgespräche mit einer zunächst frustrierten Mannschaft, ihre Kritik und besonders ihre Vorstellung davon, wie es besser gehen könnte. Niemals sollte man zu Anfang große Meetings einberufen, weil man noch nicht den Durchblick hat, das dort Mitgeteilte zu bewerten. In solchen Meetings ist es meist üblich, für die Galerie zu reden und sich selbst unangreifbar zu machen. Suchen Sie vorzugsweise das Einzelgespräch am Anfang und machen Sie sich vor Ort ein Bild. Wenn Sie dann einzelne Vorschläge als zielführend erkannt haben, werden Sie treue Vasallen bekommen, wenn diese merken, dass ihre Wünsche und Vorstellungen in Erfüllung gehen. Vergessen Sie nicht, sich bei dem Betreffenden zu bedanken, und stellen Sie ihn angemessen heraus – allerdings nach Absprache, wegen des Betriebsfriedens (Neid).

In der Produktion für Rohrverbindungsteile hatte ich den größten Ärger mit der Verkaufsabteilung, aus deren Richtung keine konstruktiven Beiträge kamen. Vor allem kannte man dort, nach meiner Meinung, den Markt und die Konkurrenz zu wenig. Obgleich das nicht in meiner Kompetenz lag, habe ich intensiv nach Informationen geforscht und den Kontakt gesucht – nach meiner heutigen Vorstellung noch zu wenig.

Ab diesem Zeitpunkt waren für mich zwei Dinge absolut klar:

1. Meine Zukunft ist nicht in einem Großunternehmen zu finden.
2. Mein Streben geht hin zu einer Gesamtverantwortung, wo die Bereiche nicht gegeneinander arbeiten, sondern koordiniert, und sich gegenseitig unterstützend wirken können und vor allem von mir verantwortet werden.

Grundsätzlich bin ich natürlich nicht gegen das Großunternehmen, weil bestimmte Produkte nur dort entstehen können. Wogegen ich strikt bin, ist das zu stark zentralisierte Großunternehmen, wo Entscheidungen viel zu weit oben gefällt werden und damit häufig von nicht sachkundigen Menschen, die sich meistens für Vorschläge der Personen entscheiden, die einen Sachverhalt für sie am verständlichsten vortragen können.

Die moderne Tendenz, ein Großunternehmen zu führen, geht weg von der Zentralisierung, obgleich im Großunternehmen natürlich sehr schnell Grenzen erreicht werden, die in der Struktur des Unternehmens liegen. Man versucht dann, durch eine Matrixorganisation die Schwierigkeiten zu umgehen. Hier treten aber weitere, nicht minder schwierige Probleme auf: Die schwierige Kommunikation in einem Großunternehmen führt sehr häufig dazu, dass die Spitzenposition einem Finanzmann zufällt, der meist das Ergebnis des Unternehmens dem Aufsichtsrat vorträgt, der letzten Endes für die Ernennung des Vorstandsvorsitzenden zuständig ist. Ganz sicher ist dieser nahezu immer ein hervorragender Redner, der überzeugend zu formulieren versteht. „Macher" dagegen haben eher Chancen in Notsituationen – sozusagen die letzte Chance.

Mit viel Glück bekam ich in einem sehr persönlich geführten Unternehmen die Chance, die Gesamtverantwortung für ein Unternehmen zu erhalten, das sich tief in den Verlusten befand, verschärft durch die erste kleinere Rezession im Nachkriegsdeutschland im Jahre 1967. Produziert wurden dort Aggregate für Automobilgetriebe.

Geschäftsführung

Die Hauptprobleme waren:

- Erstmaliger Anlauf einer Großserie (Alleinlieferant)
- Falsche Investitionen
- Fehlendes Simultaneous Engineering im Vorfeld
- Wenig Fachkenntnis auf allen Ebenen
- Mangelnde Zusammenarbeit

Die erste Analyse zeigte sehr schnell, dass es in der Administration und in den Hilfsbetrieben viel zu viele Mitarbeiter gab, obwohl alle Führungskräfte der Ansicht waren, es fehlte ihnen an Mitarbeitern. Die Aufgabe war für mich schwierig, weil ich wenig Kenntnisse der Bereiche außerhalb der Produktion hatte. Die Buchhaltung war jedoch schon sehr gut, so dass man wusste, wo die eigentlichen Kostenblöcke lagen.

Aus meinem vorherigen Betrieb hatte ich in etwa Relationen zur Verfügung, und so entließ ich (wie schon berichtet) zunächst etwa 20 Prozent der Mitarbeiter. Der nächste Schritt war, die Fertigungstoleranzen soweit zu vergrößern, dass die Produktfunktionen noch gewährleistet waren und auf deren Einhaltung streng geachtet wurde. Ferner flossen meine bisherigen Erfahrungen und solche, die organisierbar waren, in die Fertigung ein, so dass die Fertigung stabilisiert werden konnte.

Führungskräfte, die schon gekündigt hatten oder sich mit dem Gedanken beschäftigten, versuchte ich für das Unternehmen zurückzugewinnen und erzeugte überall Aufbruchstimmung. Auch den Dauerstreit mit dem Betriebsrat beendete ich sofort und zeigte ihm seine Bedeutung und Verantwortung für das Unternehmen.

Nach einem halben Jahr war das Schwierigste geschafft, weil die notwendigen Aktionen durch die schlechte Wirtschaftslage unterstützt wurden. Als dann das Wirtschaftswachstum plötzlich wieder einsetzte, war das Wesentliche zur Erhaltung des Unternehmens geschehen, und man konnte voll an diesem Aufschwung partizipieren. Wir erzielten in den ersten fünf Jahren einen Produktivitätsschub von 22 Prozent pro Jahr und waren schon sehr bald in einer erstaunlich gesunden finanziellen Verfassung.

Das Entscheidende damals war, sich auf das Wesentliche zu konzentrieren anstatt Fehler der Vergangenheit zu bejammern. Ich folgte damals meist dem gesunden Menschenverstand und meiner noch begrenzten Erfahrung, obgleich ein systematischeres Vorgehen sicher noch schnelleren Erfolg gebracht hätte.

Bei der Übernahme der Leitung eines Unternehmens gilt es also in erster Linie, die Situation zu erkennen und entsprechende Maßnahmen zu ergreifen, um das Unternehmen kurzfristig abzusichern, durch schnelle erste Erfolge eine Aufbruchstimmung zu erzeugen und die Akzeptanz der eigenen Position zu erreichen. Hier ist das Timing sehr wichtig. Man kann zu forsch, aber auch zu langsam handeln. Man sollte jedoch auf jeden Fall zunächst ohne große Aktionen die Einzelgespräche sorgfältig führen und dann entsprechend gut begründet handeln.

Es gibt natürlich auch Situationen, in denen sofortiges Handeln geboten ist, etwa bei massiven Gewährleistungsfällen oder dramatischen Lieferengpässen. Aber auch hier ist eine, wenn auch kurze, Phase der Überlegung angebracht.

So war ich einmal in Urlaub, als plötzlich bei unseren Kunden ein Streik ausgerufen wurde und alle Lieferungen stoppten. Der noch junge Produktionsleiter schickte sofort die ganze Produktionsmannschaft in Urlaub, anstatt die Produktion zunächst weiterlaufen zu lassen, um das vorhandene Rohmaterial sowie die Montageteile in fertige Produkte zu verwandeln und erst danach die Produktionsmitarbeiter gezielt – je nach Liefersituation – in Urlaub zu schicken. Außerdem hätte man viel besser gezielte Instandhaltungsprogramme und anstehende Verbesserungen vorbereiten können. Übereiltes Handeln ist manchmal genau so falsch wie verspätetes Handeln und kostet eigentlich immer unnötig Geld.

## 2.3.1 Die Planung der Zukunft

Sofern der kurzfristige Bestand des Unternehmens gesichert ist, stellt sich die Aufgabe, das Unternehmen langfristig auf eine gesunde Basis zu stellen, d. h. nachhaltig abzusichern, um dann auf dieser Basis für ein angemessenes Wachstum zu sorgen.

Grundsätzlich ist es am einfachsten, die bestehende Produktpalette zu optimieren, die Marktanteile auszuweiten und vor allem mit dem Markt zu wachsen.

Riskanter ist es, neue Märkte zu erobern, die erfahrungsgemäß umso schwieriger zu erschließen sind, je weiter sie von dem gegenwärtig bedienten Markt entfernt liegen, oder ganz neue Produkte zu kreieren.

Im Folgenden wird bei der Beschreibung des Vorgehens ausgegangen von einem Unternehmen, das die erste Hürde der kurzfristigen Bestandssicherung

## Geschäftsführung

überwunden hat und sich nun anschickt, sich nachhaltig abzusichern und für ein erstes Wachstum mit der bestehenden Produktpalette Sorge zu tragen.

Ausgehend von einer integrierten Planung des Gesamtunternehmen wird für die verschiedenen Funktionsbereiche dargelegt, wie vom Grundsatz her die Weichen zu stellen sind, welche Fehler begangen werden können und wie man das Unternehmen erfolgreich macht. Zunächst ist die Frage zu stellen:

Benötigt ein Unternehmen eine Planung?

Im Laufe meines Wirkens habe ich immer wieder erfolgreiche Unternehmer getroffen, die eine längerfristige Planung ablehnten mit dem verständlichen Hinweis, das sei doch alles Unsinn, da jede Prognose eine Fehlertoleranz aufweise, die eine vernünftige Planung fragwürdig mache. Der Besitzer des von mir geleiteten Unternehmens war ein Vertreter dieser Richtung. Selbstverständlich habe ich mich dadurch nicht von meiner eigenen Überzeugung abbringen lassen.

Wesentliche Gründe für eine jährlich roulierende mittelfristige Planung über einen Zeitraum von fünf Jahren sind:

- Loslösung von den Konjunkturschwankungen
- Notwendige, kritische Beurteilung
  - des Marktes,
  - der Wettbewerber,
  - der technisch-wirtschaftlichen Situation,
  - des Verbesserungspotentials,
  - der Ressourcen (Menschen, Kapital).
- Einschwörung des Führungsteams auf gemeinsame Ziele

Die Planung muss berücksichtigen, wie die definierten Ziele voneinander abhängen und dass sie nicht als absolut sicher gelten können. Die Planung muss also flexibel gehandhabt werden und Abweichungen berücksichtigen, mit denen das Unternehmen zu rechnen hat.

Wichtig bei der Planung sind externe Daten über Wettbewerber, Branchenmitglieder und ähnlich strukturierte Unternehmen. Aktiengesellschaften und manchmal auch GmbHs veröffentlichen entsprechende Zahlen. Häufig ergeben sich auch Daten aus internen Branchenvergleichen, die die Verbände (VDMA oder VDA) anbieten. Schließlich haben gute Unternehmensberater solche Zahlen vorrätig. Zum Thema „Unternehmensberater" ist allerdings an anderer Stelle noch etwas zu sagen – und zwar nicht nur Positives.

## Geschäftsführung

Wichtig bei der Planung sind neben wenigen absoluten Zahlen die mit Sachkenntnis zu beurteilenden relativen Zahlen in Form von Kennwerten, die vor allem eine Qualitätsbeurteilung zulassen.

Im Laufe von 30 Jahren habe ich immer wieder in Fünf-Jahres-Rhythmen die Planungszuverlässigkeit überprüft und mir damit die Illusion genommen, selbst kurzfristig über ein Jahr genau planen zu können.

In schwierigen Jahren fällt die Planung meist pessimistischer aus als in Boom-Jahren, wo man glaubt, das Wachstum müsse so weitergehen. Aus der folgenden Tabelle ist das zu erkennen, und auch die Fehlertoleranz jeder Planung wird sehr deutlich.

| Jahres-umsatz IST | *Jahr* | 1. Planjahr | *Jahr* | 2. Planjahr | *Jahr* | 3. Planjahr | *Jahr* | 4. Planjahr | *Jahr* | 5. Planjahr | *Jahr* |
|---|---|---|---|---|---|---|---|---|---|---|---|
| 100 | *1* | 115 | *2* | 130 | *3* | 150 | *4* | 175 | *5* | 200 | *6* |
| 134 | *2* | 160 | *3* | 200 | *4* | 230 | *5* | 250 | *6* | 275 | *7* |
| 185 | *3* | 210 | *4* | 250 | *5* | 300 | *6* | 350 | *7* | 420 | *8* |
| 224 | *4* | 250 | *5* | 270 | *6* | 320 | *7* | 380 | *8* | 420 | *9* |
| 254 | *5* | 260 | *6* | 300 | *7* | 340 | *8* | 400 | *9* | 470 | *10* |
| 251 | *6* | 320 | *7* | 380 | *8* | 400 | *9* | 560 | *10* | 660 | |
| 380 | *7* | 550 | *8* | 660 | *9* | 800 | *10* | 960 | | 1150 | |
| 567 | *8* | 600 | *9* | 690 | *10* | 800 | | 900 | | 1050 | |
| 596 | *9* | 800 | *10* | 920 | | 1050 | | 1200 | | 1400 | |
| 885 | *10* | 974 | | 1070 | | 1150 | | 1350 | | 1500 | |

Was man von einer Planung jedoch verlangen muss, ist, dass sie im Durchschnitt vorsichtig und realistisch gewählt wird, ausgehend von der Überlegung, dass eine Überschreitung des Plans bis etwa 15 Prozent bei dem vorgesehenen Umsatz sich durch kurzfristige Maßnahmen überbrücken lässt. Diese Flexibilität muss sich ein Unternehmen auf alle Fälle bewahren.

Ausgangspunkt der Planung ist die Entwicklung der Betriebsleistung, also eine Aussage darüber, welche Aufträge wann und mit welcher Wahrscheinlichkeit zu erwarten sind. Diese Überlegung gilt im Wesentlichen für die nächsten zwei Jahre.

Für die folgenden Jahre gelten die Überlegungen dem wahrscheinlichen Wachstum der Branche, der Entwicklung des eigenen Marktanteils, d. h. der

Geschäftsführung

Positionierung der eigenen Produkte relativ zu denen des Wettbewerbs, und der Wachstumserfahrung der Vergangenheit.

Neben diesen preisneutralen Überlegungen ist auch zu berücksichtigen, welche Preisveränderungen nach den Erfahrungen der Vergangenheit zu erwarten sind. Zum Schluss errechnet man den zu erwartenden durchschnittlichen jährlichen Umsatz und stellt diese Umsatzentwicklung bei den Führungskräften zur Diskussion.

Nach meinen Erfahrungen geht der Chef am besten nicht nur mit den prognostizierten Umsätzen in die Führungsbesprechung, sondern entwickelt gemeinsam mit diesem Gremium das Planungszahlentableau. Das hat den großen Vorteil, das Führungsteam offen in alle Überlegungen einzuweihen und sie in einer besonderen Form einzubinden. Es gilt, gemeinsam weitere Überlegungen anzustellen, ob die Verarbeitungstiefe verändert werden soll oder ob neue, günstigere Bezugsquellen erschlossen werden können. Welche Ziele im Anteil des Zukaufs an der Betriebsleistung sind vorstellbar?

Aus den beiden Zahlenreihen errechnet sich ein besonders wichtiger Bezugswert über das zugekaufte Material: der Rohertrag – oder auch plastischer ausgedrückt, die Wertschöpfung.

Diese Wertschöpfung wird erzeugt durch die Menschen im Unternehmen, d. h. das Personal. Hier ist die gesamte Führungsmannschaft aufgerufen, sich zu äußern, wie viel Rohertragssteigerung pro Kopf der Mitarbeiter sie für möglich hält. Nach meinen Erfahrungen sollten 5 Prozent Rohertragssteigerung pro Jahr möglich sein, sofern keine Preisveränderungen zu erwarten sind. Wenn das Unternehmen noch in der Nähe eines Grenzbetriebes liegt, müssten jedoch höhere Prozentwerte möglich werden. So wurden in dem von mir geleiteten Unternehmen in den Anfangsjahren 20 Prozent und mehr erreicht. Im Allgemeinen sind 6 bis 7 % sehr gute Werte; sie müssen jedoch bei den Preisveränderungen im Endprodukt, beim Zukauf und mit der geplanten Veränderung der Verarbeitungstiefe berücksichtigt werden.

Sofern eine neue Produktreihe anläuft, müssen Zusatzkosten eingestellt werden, weil die rechtzeitige d. h. vorsorgliche Bereitstellung von entsprechendem Personal außerordentlich wichtig ist. Als Ergebnis steht nach diesen Überlegungen die angemessene Anzahl von Mitarbeitern für jedes Jahr fest. Sie sollten als Durchschnittsjahreswert, aber auch als Jahresendwerte bestimmt werden, die vor allem als genauere Planungsziele dienen. Mit den Werten für das Personal, den Zukauf und die Betriebsleistung liegen die wichtigsten Zahlen für das Unternehmen fest, die im Wesentlichen den Ertrag bestimmen.

## Geschäftsführung

Als nächster Posten wird der Zukaufanteil an der Betriebsleistung abgeschätzt. Ausgehend von dem derzeitigen Anteil ist zu überlegen, ob durch Erschließung neuer Einkaufsquellen Veränderungen zu erwarten sind, die sich ebenfalls mit den Erfahrungen der Vergangenheit vergleichen lassen. An diesem Posten kann man auch in Absprache mit den entsprechenden Bereichen etwas anspruchsvollere Ziele vorgeben, die dann vielleicht noch nicht ganz erreicht werden.

Ergebnis dieser Überlegungen ist die Rohertragsentwicklung über die Planungsperiode. Auch hier wird die durchschnittliche jährliche Steigerung errechnet und mit der Steigerung der jährlichen Betriebsleistung verglichen. Der Rohertrag, bezogen auf die Personalkosten, ist ein wichtiges Kriterium für die Personalproduktivität des Unternehmens.

Man schätzt zunächst ab, wie die Personalkosten pro Kopf sich in Zukunft pro Jahr ändern werden, und sollte als gutes Unternehmen die relativen Personalzahlen so verändern, dass der Rohertrag/Personalkosten sich jährlich verbessert.

Man kann die wahrscheinlichen Personalkosten/Kopf um einen gewissen Prozentsatz erhöhen, um eine gewisse Reserve in der Planung zu haben. Mit diesem korrigierten Wert errechnet man die zu erwartenden Personalkosten in den Planungsjahren.

Diese jährlichen Personalkosten setzt man in Relation zu der jährlichen Betriebsleistung und hat damit den wichtigsten Bereich der Planung fertig. Dieses Vorgehen hat sich bewährt, obgleich man gut begründet natürlich auch höhere oder geringere Anstiege in der Produktivität vorsehen kann. Wenn beispielsweise ein größeres Projekt über mehrere Jahre anläuft, muss man einzuarbeitendes Personal vorhalten; das gilt ebenso für den Fall, dass hohe Umsatzsteigerungen zu erwarten sind. Umgekehrt gibt es höhere Produktivitätssprünge als oben angenommen, wenn aufgrund organisatorischer Änderungen und Investitionen große Leistungssteigerungen erwartet werden können.

Mit den Personal- und Zukaufkosten liegen für das Normalunternehmen über 75 Prozent der Kosten fest.

Als nächster großer Block sind die Kapitalkosten zu betrachten, die vom Zustand der Gebäude, Maschinen und Anlagen sowie vom Wachstum abhängen. Nach allen Erfahrungen sollte kontinuierlich investiert werden, um das Unternehmen technisch immer auf der Höhe der Zeit zu halten Die Kapitalströme sollten dorthin gelenkt werden, wo der größte technische Rückstand vorliegt.

Jede Einzelinvestition sollte einer sorgfältige Investitionsrechnung unterzogen werden Trotzdem benötigt man eine Bewertung der Gesamtinvestitionen aus übergeordneter Sicht. Als brauchbarer Kennwert für die jährliche Investition hat sich die Größe der wahrscheinlichen Steigerung des Rohertrages im Folgejahr plus 4 Prozent des augenblicklichen Jahresrohertrags erwiesen.

Geschäftsführung

Wenn ein Unternehmen sich in diesem Rahmen bewegt, sind von der gesamten Investitionssumme keine großen Fehler zu erwarten, obgleich im Einzelfall technisch falsch investiert werden kann.

Grade bei Investitionen ist die Qualität von Fachleuten, die dabei sehr viel Geld sparen können, besonders entscheidend. Es sollte gleichmäßig investiert werden, damit kein technologischer Rückstand auftritt.

Ein solcher Investitions-Planungswert ist nicht so sehr im ersten Planungsjahr von Bedeutung, wohl aber für die folgenden Jahre, wo die Detailinvestitionen noch nicht festliegen. In unseren Unternehmen hat sich diese Formel als überraschend genau erwiesen – und auch bei einer Reihe anderer Unternehmen. Selbstverständlich kann sich jedes Unternehmen um eine spezifische Formel bemühen, mit der man die Plausibilität der geplanten Investitionen überprüfen kann. Am unsichersten sind die 4 Prozent des durchschnittlichen jährlichen Rohertrags. Diese Zahl beschreibt die Ersatz- und Rationalisierungsinvestitionen, ein Betrag, der je nach Unternehmen stärker schwanken dürfte.

In der folgenden Tabelle wird an einem Beispiel das Vorgehen erläutert:

| Jahr | Rohertrag | Steigerung in % | 4 % vom Rohertrag | Investition |
|------|-----------|-----------------|-------------------|-------------|
| 2000 | 100 | 10 | 4,0 | 14,0 |
| 2001 | 110 | 10 | 4,4 | 15,4 |
| 2002 | 121 | 10 | 4,8 | 16,8 |
| 2003 | 133 | 10 | 5,3 | 18,6 |
| 2004 | 146 | 10 | 5,8 | ~20 |

In den Jahren 2000 bis 2004 würden demnach 85 Mio. EUR Investitionen benötigt. Jährlich ergäben sich also Investitionsraten von 14 Prozent vom Rohertrag. Sofern der Zukaufanteil 45 Prozent der Betriebsleistung betrüge, wären 6,3 Prozent von der Betriebsleistung investiert worden.

Je nach Kapitalausstattung ergeben sich über Zinsen und Abschreibung die gesamten Kapitalkosten. Ein gutes Unternehmen wird selbstverständlich alle steuerlich möglichen Abschreibungen wahrnehmen. Damit würden die Kapitalkosten bei etwa 5 bis 8 % liegen.

Übrig bleiben die sonstigen betrieblichen Kosten, die stark schwanken können. Man muss hier besonders auf die Struktur des Unternehmens achten, d. h., wie hoch dieser Wert in der Vergangenheit lag. Sollten sie jedoch über 10 Prozent der jährlichen Betriebsleistung liegen, ist eine genaue Analyse notwendig. Manchmal werden auch nur Posten, die eigentlich in den Zukauf gehören (z. B. Energie) falsch verbucht.

Geschäftsführung

Mit den oben beschriebenen Zahlen wissen Sie, wie erfolgreich das Unternehmen arbeiten wird, wenn die eingeplanten Werte erreicht werden.

In der folgenden Tabelle ist eine Planungsfolge, wie vorher diskutiert, mit Jahreszahlen und Kennwerten gezeigt:

| Jahr in Mio. EUR | 1 | 2 | 3 | 4 | 5 | 6 | Bemerkungen |
|---|---|---|---|---|---|---|---|
| Betriebsleistung | 100 | 105 | 108 | 115 | 120 | 125 | Menge |
| Betriebsleistung | 100 | 98 | 96 | 94 | 92 | 90 | Preisniveau |
| Betriebsleistung | 100 | 104 | 104 | 108 | 110 | 112,5 | Wert |
| Zukauf | 46 | 47 | 47 | 48 | 48 | 48 | Verarbeitungstiefe |
| Zukauf | 100 | 98 | 97 | 96 | 95 | 94 | Preisziele (Niveau) |
| Zukauf | 46,0 | 48,3 | 49,2 | 52,9 | 54,7 | 56,4 | Wert |
| Rohertrag | 54,0 | 55,7 | 54,8 | 55,1 | 55,3 | 56,1 | Wert |
| Personalzahl | 650 | 650 | 660 | 670 | 680 | 690 | Ziel (Jahresende) |
| Personalzahl | 660 | 650 | 655 | 665 | 675 | 685 | Jahresdurchschnitt |
| Personalkosten/Kopf | 45,0 | 46,5 | 47,5 | 49,0 | 50,5 | 52,0 | in Tsd. EUR |
| Personalkosten | 29,7 | 30,2 | 31,1 | 32,6 | 34,1 | 35,6 | in Tsd. EUR |
| Investitionen | 4,5 | 3,5 | 6,0 | 4,5 | 5,0 | 6,0 | |
| Zukauf/Betriebsleistung | 46,0 | 46,4 | 47,3 | 49,0 | 49,7 | 49,9 | in % |
| Personalk./Betriebsleist. | 29,7 | 29,0 | 29,9 | 30,2 | 31,0 | 31,6 | in % |
| Rohertrag/Personalk. | 1,82 | 1,84 | 1,76 | 1,69 | 1,62 | 1,58 | Wichtig!!! |
| Betriebsleistung/Kopf | 152 | 160 | 159 | 162 | 163 | 164 | Tsd. EUR/Kopf |
| Rohertrag/Kopf | 81,8 | 85,7 | 83,7 | 82,9 | 81,9 | 81,9 | Tsd. EUR/Kopf |
| Investition/Rohertrag | 8,3 | 6,3 | 11,0 | 8,2 | 9,0 | 10,7 | In Prozent |
| Betr.leist./Gebäudefläche | 3,5 | 3,6 | 3,6 | 3,8 | 3,9 | 3,9 | Tsd. EUR/m$^2$ |

Durch Veränderung der Produktzusammensetzung, des Kundenverhaltens und der Veränderung der Konjunktur werden diese Zahlen verändert und sind daher bei noch so sorgfältiger Planung niemals sicher. Man sollte sich daher auch nicht zuviel Mühe geben, um die letzten möglichen Details auszuforschen. Wichtig ist, dass realistische und anspruchsvolle Ziele gesetzt werden und das ganze Unternehmen koordiniert daran arbeitet, diese Ziele zu erreichen.

Daher sind noch weitere Zahlen für die Planung von Bedeutung, die z. B. im Vergleich zu den besten anderen Unternehmen Hinweise geben, wo sich Anstrengungen besonders lohnen.

Obgleich die Unterschiede zwischen Angestellten und Lohnarbeitern immer geringer werden, ist das Verhältnis Angestellte zu Lohnempfänger wichtig. Eine genaue Analyse muss allerdings sehr viel tiefer gehen.

Geschäftsführung

Wichtig ist auch, den durchschnittlichen, jährlichen Lohnsatz zu kennen und die Entwicklung mit den leicht zugänglichen Daten der Branche zu vergleichen. Für das Unternehmen noch wichtiger sind die Gesamtkosten pro Lohnstunde, in die insbesondere in Deutschland die hohen Sozialabgaben und Steuern eingehen.

Neben dem Rohertrag pro Beschäftigtem ist auch der Rohertrag pro Lohnstunde von Bedeutung, insbesondere für Vergleiche und planerische Zwecke.

Häufig findet man in Unternehmen nicht effektiv ausgenutzte Gebäude. Dies zeigt sofort die Kennzahl Betriebsleistung/Unternehmensfläche. Gut produzierende Unternehmen liegen bei über 5000 EUR/m$^2$, schlechte bei unter 2.000 EUR/m$^2$.

Ein weiterer Parameter stellt der Wert Außenstände/jährliche Betriebsleistung dar. Hier wird häufig mehr Kapital gebunden als im Anlagevermögen. Das gilt auch für Vorräte, die gleichfalls stark in Relation zu der jährlichen Betriebsleistung schwanken können. In einem normalen Produktionsbetrieb dürfte ein Wert von 6 Prozent der jährlichen Betriebsleistung als extrem gut gelten. Aber auch höhere Werte können unter Umständen in Abhängigkeit von der Anzahl der Bearbeitungsschritte und den Abnahmeschwankungen der Kunden noch als gut gelten.

Das Ergebnis dieser ganzen Überlegungen ist eine 5-Jahres-Übersicht der Parameter, wie sie als Beispiel in der Tabelle gezeigt werden. Eine erfahrene Führungsmannschaft kann eine solche Tabelle in einigen Stunden aufstellen, wobei danach die Einzelabstimmung zwischen den Fachbereichen einige Tage dauern wird.

Nachfolgend sind weitere Planungsschritte erläutert.

Die Betriebsleistung muss gesplittet werden in Produktgruppen und Kundengruppen, um die Planung transparenter zu machen. Aber auch hier ist eine übertriebene Genauigkeit zu vermeiden, da sie nicht realistisch wäre.

Mehr Aufwand muss der Personalplanung gewidmet werden. Hier sollte nach Verantwortungsbereichen die geplante Personalentwicklung abgestimmt werden, wobei die grobe Übersicht die Jahresdurchschnittszahlen zeigen soll (Kostenrelevanz) und die Detailplanung die zu erreichenden Jahresendwerte. Diese Detailplanung lohnt sich nur für das erste Jahr, damit auch konkrete Ziele vereinbart werden können.

Besonders wichtig ist diese Personalplanung im Produktionsbetrieb, weil dort im Allgemeinen viele Funktionen vermengt werden. In den letzten Jahren machten wir gute Erfahrungen, indem wir nach folgenden Kriterien unterschieden haben:

- Direkt im Produktionsprozess als Überwachung oder im Handling eingeschaltet
- Hilfsfunktionen für Produktionsprozess/Instandhaltung, Qualitätssicherung, Einrichtung, Transport
- Führung und Planung

Es ging in erster Linie darum, die direkt im Produktionsprozess Stehenden zu trennen von den übrigen Produktionsmitarbeitern, die Hilfsdienste leisten, da diese wegen der schlechteren Planbarkeit sehr viel schwieriger zu überwachen sind. Wir kamen zu dem Ergebnis, dass in einer hoch automatisierten, gut organisierten Produktion höchstens die Hälfte der direkten Produktionsmitarbeiter in den Hilfsfunktionen sowie bei bei Führung und Planung beschäftigt werden dürfen. Ausnahmen sind dann gegeben, wenn eigene Werkzeuge in großem Maße selbst hergestellt werden oder ein Sondermaschinenbau betrieben wird. Hier kann das Verhältnis etwas ungünstiger werden.

Ein weiterer Posten, der detailliert in die Planung gehört, sind die vorgesehenen größeren Investitionen. Für die kleineren Investitionen sollte eine grobe Zusammenfassung nach Klassen genügen, die jedes Unternehmen nach eigenem Gutdünken finden sollte.

Die Investition gilt in voller Höhe getätigt, sofern die Anlage oder Maschine, die Unternehmensgrenze überschritten hat oder (bei Bauvorhaben), wenn deren Funktionen erfüllt ist (Bezug des Gebäudes mit ersten Mitarbeitern und Maschinen). Wie man erkennt, hat dies nichts mit finanztaktischen, steuerrechtlichen oder einkaufstaktischen Maßnahmen zu tun, weil hier allein der Sachverhalt entscheidet.

In den Vorspann einer Planung gehören die Ziele, die nicht in Zahlen zu fassen sind, und auch eine kurze Beschreibung des Zustandes des Unternehmens sowie der Aktionen, die eingeleitet sind, um die vorgesehenen quantitativen Verbesserungen zu erzielen.

Am zweckmäßigsten sollte man die zehn Hauptprobleme des Unternehmens in der Reihenfolge der Dringlichkeit aufführen und die zur Lösung vorgesehenen Maßnahmen mit Zielsetzungen und Terminvorstellungen aufführen.

Diese relativ kurz gefasste Zusammenfassung ist außerordentlich wichtig, zeigt sie doch, inwieweit die Geschäftsleitung den Überblick besitzt und ob sie das Unternehmen kennt und willens ist, sich auf deutliche Veränderungen (Verbesserungen) einzustellen.

Geschäftsführung

Den Erfolg aller Bemühungen, Leistung und Kosten des Unternehmens günstiger zu gestalten, wird man am deutlichsten in den Veränderungen der Finanzzahlen des Unternehmens erkennen und zwar sowohl in der Bilanz als auch in der Gewinn- und Verlustrechnung.

Diese Zahlen allein zeigen noch nicht die Ursachen in den Veränderungen aller Kapitalpositionen. Wir haben uns daher zur Darstellung der gegenseitigen Abhängigkeit der entscheidenden Zahlen ein Schema überlegt, dessen Basis wir vor langer Zeit in der Literatur gefunden haben.
Es wird nachfolgend in der Tabelle "Langfristige Finanzvorschau" vorgestellt.

In dieser Darstellung wurden bewusst einige Werte überzeichnet, um die Aussagefähigkeit einer solchen Aufstellung besonders deutlich zu machen. Sie bildet in einem Zahlentableau ab, wie sich die geplanten Maßnahmen finanziell im Ertrag, der Liquidität und der Kapitalsituation abbilden werden und bedarf insbesondere in den zu Grunde liegenden Annahmen immer entsprechende kritische Erläuterungen.
Sie beschreibt die geplanten Ziele des Unternehmens in Zahlenform. Ob diese Ziele erreicht oder nicht erreicht wurden ist nach Ablauf einer jeden Jahresfrist intensiv zu diskutieren und rollierend auf Grund der gemachten Erfahrung so für die folgenden Jahre anzupassen, dass die geplanten Ziele immer realistischer gewählt werden.
Wichtig sind also die kritische Überprüfung der Abweichungen von den Planzahlen und eine entsprechende realistische Korrektur, die in die neue Planung einfließen muss.

In der folgenden Tabelle wurde eine konkrete Situation angenommen, um die einzelnen Schritte im Detail nachvollziehen zu können.
In dem größeren, oberen Tabellenteil wurden in der Prozentspalte alle Werte auf die Betriebsleistung bezogen, während in dem kleineren unteren Tabellenteil die Prozentwerte auf das Gesamtkapital, also auf die Bilanzsumme bezogen wurden.
Das hier abgebildete Unternehmen ist offensichtlich sehr ertragreich. Man erreicht einen hohen Rohertrag (etwa 60 % der Betriebsleistung) mit relativ geringen Personalkosten von nur 22 %.

Die Abschreibungen bewegen sich mit 5 bis 6 % im üblichen Rahmen, also wird die hohe Produktivität nicht durch übersteigerte Investitionen erzielt. Auch die sonstigen Aufwendungen bewegen sich mit 10 % in moderater Höhe.

Der Gewinn vor Ertragssteuer ist daher spezifisch außerordentlich hoch und daher selten in dieser Größenordnung anzutreffen.

Man erkennt bei der Kapitalverwendung auf den ersten Blick, dass großzügig investiert wurde, weil das Anlagevermögen von 27 % der Betriebsleistung auf 60 % steigt. Gleichzeitig fallen die Abschreibungen von 17,4 % des Anlagevermögens auf nur 8,2 % in 2008. In die Produktionsanlagen wird daher eigentlich eher zu wenig investiert. Die Masse des Kapitals fließt in Finanzanlagen. Ein Vorgehen, das aus unternehmerischer Sicht zweifelhaft erscheint.

Die Kundenforderungen bewegen sich in einem guten Niveau, während die Vorräte mit 14 % ein wenig zu hoch erscheinen. Sie sollten sich gegen 10 % bewegen.

Die Bilanzsumme ist aufgebläht durch das sich entwickelnde hohe Eigenkapital. Dadurch entsteht große Liquidität und hohe, wenig profitable Finanzanlagen.

Wenn unternehmerisch, das heißt in produktive Betriebsanlagen investiert worden wäre, würde die Bilanzsumme in 2008 sich bei 50 % einer erheblich gestiegenen Betriebsleistung bewegen. In diesen fünf Planungsjahren hätten so 700 Millionen Euro produktiv investiert werden können. Durch solche Investitionen in Form von Programmausweitung und neuer Programme wären nach aller Wahrscheinlichkeit absolut gesehen höhere Rendite zu erzielen gewesen als durch Investition in Finanzanlagen.

Das zeigt mit aller Deutlichkeit die von 45,7 % in 2003 auf 25,4 % in 2008 absinkende Kapitalrentabilität, während die Personalproduktivität ausgedrückt in Rohertrag / Personalaufwand auf hohem Niveau konstant bleibt.

Aus der Aufstellung geht eindeutig hervor, dass das abgebildete Unternehmen sich unternehmerisch nicht vorbildlich verhalten hat. Es hat nicht verstanden die allerdings anfangs sehr hohe Kapitalrentabilität nur annähernd zu erhalten.

Wenn es dem Unternehmen gelungen wäre durch produktive Investitionen die Hälfte des so eingetretenen Renditeverfalls zu vermeiden und damit 35 % der Kapitalrendite zu erhalten, wären in der Planungsperiode von fünf Jahren 400 Millionen Euro mehr Gewinn vor Steuern zu erwarten gewesen.

Der Vorteil dieser langfristigen Finanzvorschau ist die eindeutige zahlenmäßige Darstellung der Schwächen und Stärken des Unternehmens. Sie zeigt jedoch kaum - ähnlich wie in einer Kostenrechnung - was getan werden muss, um die Situation des Unternehmens zu verbessern. Hierzu braucht man eine andere technisch-wirtschaftliche Intelligenz und unternehmerischen Wagemut.

Ein großer Fehler, den man insbesondere bei unternehmerisch unerfahrenen Menschen findet, sind detaillierte Finanzvorschauen über mehrere Jahre auf Monatsbasis und mit der Genauigkeit im Promillebereich. Schon nach einem Monat wird keine Zahl in einer vorausschauenden Rechnung auch nur im Prozentbereich stimmen. Nach einem Jahr werden die Zahlen noch ungenauer und führen letzten Endes dazu, dass keiner solche Zahlen mehr ernst nimmt. Planzahlen sind niemals genaue Werte, sondern ausschließlich als Zielvereinbarungen mit Prognosestatus zu verstehen (siehe dazu den Abschnitt 4.4 über Prognosen)

Geschäftsführung

|  | 2003 | | 2004 | |
|---|---|---|---|---|
|  | Mio. | % | Mio. | % |
| **Betriebsleistung** | **1000,0** | **100** | **1090** | **100** |
| Materialaufwand | 420 | 42 | 452,4 | 41,5 |
| Rohertrag | 580 | 58 | 637,6 | 58,5 |
| Personalaufwand | 223 | 22,3 | 234 | 21,5 |
| Abschreibungen | 47 | 4,7 | 63,2 | 5,8 |
| sonstige Aufwendungen | 100 | 10 | 109 | 10 |
| **Bruttoertrag** | **210** | **21** | **231** | **21,2** |
| Finanzergebnis | 16 | 1,6 | 19,6 | 1,8 |
| sonstige Erträge | 42 | 4,2 | 21,8 | 2 |
| Anlauf- und Entwicklungskosten | 0 | 0 | 30 | 2,75 |
| sonstige Steuern | 4,8 | 0,48 | 5 | 0,46 |
| Gewinn | 263,2 | 26,3 | 237,4 | 21,8 |
| Beteiligungsergebnis | 15 | 1,5 | 0 | 0 |
| a. o. Finanzergebnis | -4 | -0,4 | 0 | 0 |
| **Gewinn vor Steuern** | **274** | **27,4** | **237,4** | **21,8** |
| Ertragssteuer | 150 | 15 | 109 | 10 |
| **Jahresüberschuss** | **124** | **12,4** | **129** | **11,8** |
| Kapitalerhöhung | 23,5 | | 0 | |
| Dividendenaussch. | 0 | | 25 | |
| Kapitalveränderung | 147,5 | | 104 | |
| Pensionsrückstellung | 0 | | 6 | |
| Sonderposten | -8 | | 0 | |
| Fremdkapital langfristig | -40 | | 0 | |
| Fremdkapital kurzfristig | 20 | | 110 | |
| **Bruttoverfügungsbetrag** | **119,5** | | **120** | |
| Investitionsanlagen | -30 | | -50 | |
| Finanzinvestitionen | -20 | | -40 | |
| Vorräte | -20 | | -10 | |
| Forderungen | 20 | | -20 | |
| Liquidität | 69,5 | | 0 | |
| Aktiva | Anlagen | 270 | 27 | 360 | 33 |
| | Vorräte | 140 | 14 | 150 | 13,8 |
| | Liquidität | 300 | 30 | 300 | 27,5 |
| | Forderungen | 120 | 12 | 142 | 13 |
| | **gesamt** | **732** | **73,2** | **952** | **87,3** |
| Passiva | **Eigenkapital** | **600** | **82** | **704** | **74** |
| | Rückstellung | 50 | | 56 | |
| | Fremdkapital langfristig | 0 | | 0 | |
| | Fremdkapital kurzfristig | 82 | | 192 | |
| | gesamt | 732 | 100 | 952 | 100 |

Geschäftsführung

| 2005 | | 2006 | | 2007 | | 2008 | | 2003-2008 |
|---|---|---|---|---|---|---|---|---|
| Mio. | % | Mio. | % | Mio. | % | Mio. | % | % |
| **1140** | **100** | **1220** | **100** | **1300** | **100** | **1400** | **100** | **40** |
| 467 | 41 | 494 | 40,5 | 520 | 40 | 560 | 40 | 33 |
| 673 | 59 | 726 | 59,5 | 780 | 60 | 840 | 60 | 45 |
| 251 | 22 | 268 | 22 | 286 | 22 | 308 | 22 | 38 |
| 68,4 | 6 | 70,8 | 5,8 | 70,2 | 5,4 | 70 | 5 | |
| 114 | 10 | 122 | 10 | 130 | 10 | 140 | 10 | |
| **239** | **21** | **265** | **21,7** | **294** | **22,6** | **322** | **23** | |
| 20,5 | 1,8 | 20 | 1,6 | 20,8 | 1,6 | 22,4 | 1,6 | |
| 28,5 | 2,5 | 30,5 | 2,5 | 32,5 | 2,5 | 35 | 2,5 | |
| 20 | 1,75 | 30 | 2,46 | 30 | 2,31 | 30 | 2,14 | |
| 5 | 0,44 | 6 | 0,49 | 7 | 0,54 | 8 | 0,57 | |
| 263 | 23,1 | 279,5 | 22,9 | 310,3 | 23,9 | 341,4 | 24,4 | |
| 0 | 0 | 0 | 0 | 0 | 0 | 0 | 0 | |
| 0 | 0 | 0 | 0 | 0 | 0 | 0 | 0 | |
| **263** | **23,1** | **279,5** | **22,9** | **310,3** | **23,9** | **341,4** | **24,4** | **24,5** |
| 102,6 | 9 | 109,8 | 9 | 117 | 9 | 126 | 9 | |
| **160** | **14,1** | **170** | **13,9** | **194** | **14,9** | **215** | **15,4** | **73** |
| 0 | | 0 | | 0 | | 0 | | |
| 25 | | 25 | | 25 | | 25 | | |
| 135 | | 145 | | 169 | | 190 | | |
| 6 | | 6 | | 6 | | 6 | | |
| 0 | | 0 | | 0 | | 0 | | |
| 0 | | 0 | | 0 | | 0 | | |
| 10 | | 11 | | 14 | | 15 | | |
| **151** | | **161** | | **190** | | **211** | | |
| -50 | | -70 | | -60 | | -50 | | |
| -80 | | -50 | | -70 | | -60 | | |
| -10 | | -10 | | -10 | | -10 | | |
| -5 | | -5 | | -20 | | -20 | | |
| 6 | | 26 | | 30 | | 71 | | |
| 490 | 43 | 610 | 50 | 740 | 56,9 | 850 | 60,7 | |
| 160 | 14 | 170 | 13,9 | 180 | 13,9 | 190 | 13,6 | |
| 306 | 26,8 | 332 | 27,2 | 362 | 27,9 | 433, | 30,9 | |
| 147 | 12,9 | 152 | 12,5 | 172 | 13,2 | 192 | 13,7 | |
| **1103** | **96,8** | **1265** | **103,7** | **1454** | **111,9** | **1665** | **118,9** | |
| **839** | **76** | **984** | **78** | **1153** | **79** | **1343** | **80,7** | **123** |
| 62 | | 68 | | 74 | | 80 | | |
| 0 | | 0 | | 0 | | 0 | | |
| 202 | | 213 | | 227 | | 242 | | |
| 1103 | 100 | 1265 | 100 | 1454 | 100 | 1665 | 100 | |

# 3 Das erfolgreiche Unternehmen

## 3.1 Grundsätze

Die Eigentümer vieler Unternehmen scheuen sich, die Verantwortung einem Einzelnen zu übertragen, und bevorzugen das Vier-Augen-Prinzip oder eine kollegiale Führung mit einem Sprecher.

Nach 40-jähriger Erfahrung in der Industrie kann ich nur davor warnen, derartige Lösungen zu wählen. Mir ist kein Fall bekannt, wo einer derartig kollegialen Unternehmensspitze eine herausragende Leistung gelungen wäre. Im Allgemeinen driften solche Lösungen in Mittelmäßigkeit ab.

Im Prinzip liegt die Ursache solcher Lösungen im Misstrauen der Eigentümer. Sie glauben, eine solche breite Firmenspitze würde sich selbst kontrollieren und enthöbe sie daher zum Teil ihrer Kontrollfunktion. In Wirklichkeit ist das Gegenteil der Fall, weil der kleinste gemeinsame Nenner regiert. Eine einigermaßen geschickte Geschäftsleitung wird dem Aufsichtsgremium möglichst keine mit Risiko behaftete Projekt-Entscheidungen präsentieren, sondern möchte im Ganzen ein harmonisches Bild nach außen vermitteln. Man vermeidet daher möglichst Risiken und verpasst dadurch manche Chance.

Konflikte in der Geschäftsleitung treten immer dann mit aller Deutlichkeit auf, wenn etwas schief geht, weil man Verantwortung nur ungern gemeinsam trägt, sondern gerne anderen aufbürdet. Nach allen Erfahrungen muss – wenn etwas bei einer kollegialen Führung schief geht – das ganze Gremium gehen, und das Unternehmen erfährt einen nur schwer auszugleichenden Aderlass.

Eine kollegiale Führung wird auch dann gerne gewählt, wenn ein starker Aufsichtsrat mit regieren möchte und dazu eine schwache Exekutive benötigt. Es gibt auch noch andere Gründe, die für eine kollektive Führung sprechen mögen, aber bei kaum einem geht es ausschließlich um das Wohl des Unternehmens.

Nach meiner Überzeugung darf die letzte Verantwortung für ein Unternehmen nur einer tragen, der natürlich Teile dieser Verantwortung an Mitgeschäftsführer weiterreichen wird.

Das größte Problem, eine geeignete Persönlichkeit zu finden, die allein an der Spitze eines Unternehmens stehen kann, ist die mangelnde Erfahrung, die dieser Mann in Teilbereichen mitbringt. (Es kann natürlich auch eine Frau sein.) Im Allgemeinen hat er vorher einen Funktionsbereich geleitet und sich darin ausgezeichnet. Hier hat er gelernt, funktionsegoistisch den Erfolg für seinen

Bereich zu suchen, und nun muss er plötzlich alle Bereiche des Unternehmens gemäß ihrem Beitrag zum Unternehmenserfolg beachten und allen seine volle Aufmerksamkeit schenken. Fast jeder kennt das „Peter-Prinzip", das eindeutig beschreibt, wie ein Mensch im Unternehmen aufsteigt, bis er eine Position erreicht, für die er ungeeignet ist.

Ein besonderes Ziel bei der Auswahl des Unternehmensführers ist, eine Persönlichkeit zu finden, deren Blick weit ist und deren Interessen breit angelegt sind, die fachlich das Unternehmen versteht und es in vielen Aspekten beflügeln kann. Der Unternehmensführer muss den Menschen im Unternehmen überzeugend entgegentreten und vertrauenswürdig erscheinen. Es muss eine Persönlichkeit gefunden werden, die die meisten Leute im Unternehmen nach einer gewissen Zeit des Kennenlernens auch für diese Aufgabe gewählt hätten, die das Unternehmen glaubwürdig nach innen und außen vertreten kann und von den meisten Mitarbeitern anerkannt wird.

Dieser Vorsitzende muss Übersicht besitzen, logisch denken können, Problem-bewusstsein bei den Mitarbeitern erzeugen und auf Teilgebieten profunde Fachkenntnisse besitzen. Er muss überzeugend entscheiden und darf keine Unsicherheit zeigen.

Er muss den Mitarbeitern das Gefühl geben, einem Unternehmen anzugehören, das ihre wesentlichen Probleme kennt und sie lösen wird und in dem sie ihren persönlichen Erfolg erzielen werden. Im Idealfall ist dieser „Chef" in der Lage, mit allen Ebenen des Unternehmens verständlich zu kommunizieren; ein Chef zum Anfassen, der sich nicht hinter seinem Amt versteckt.

Am besten wäre eine solche Persönlichkeit zu beurteilen, wenn der betreffende Kandidat vorher eine kleinere, weitgehend selbstständige Geschäftseinheit über drei bis vier Jahre erfolgreich geführt hätte. Vorsicht ist angesagt, wenn ein Kandidat alle ein bis zwei Jahre die Positionen gewechselt hat und dabei nirgends eigene, nachhaltige Spuren hinterlassen konnte.

Unter dem Vorsitzenden ist im Allgemeinen eine Geschäftsführung zu bilden, deren Zahl sich nach der Größe des Unternehmens richten wird.

Manche vertreten aus gutem Grund eine kleine, überschaubare Geschäftsführung, die aus höchstens zwei bis drei Mitgliedern besteht. Ich bin hier etwas anderer Ansicht und halte eine Geschäftsführung von fünf bis sieben Mitglieder für besser, da diese ihren Verantwortungsbereich als ihr persönliches Fachgebiet wirklich führen können.

Das erfolgreiche Unternehmen

Bei drei Mitgliedern müssen Funktionen zusammengefasst werden, die nur wenig miteinander gemein haben und wo häufig die eigentliche fachliche Führung von den Geschäftsführern delegiert werden muss. Eine erweiterte Geschäftsführung mit mehr als drei Mitgliedern ist möglicherweise nur bei einer Unternehmensgröße ab 1000 Mitarbeitern bezahlbar.

Der Vorsitzende muss in Abstimmung mit den Anteilseignern seine Führungsmannschaft sorgfältig auswählen. Dabei muss das Veto-Prinzip gelten, sowohl der Vorsitzende als auch der Anteilseigner müssen also einen Kandidaten ablehnen dürfen.

Der Vorsitzende muss bei der Auswahl der Geschäftsführung darauf achten, dass er Geschäftsführer gewinnt, die ihn zum einen fachlich und zum anderen durch ihre Persönlichkeitseigenschaften ergänzen. Wenn z. B. der Vorsitzende kein guter Kommunikator und Kundenkontakter ist, muss er sehr darauf bedacht sein, als Leiter des Geschäftsbereichs Verkauf jemanden zu gewinnen, der ein erstklassiger Kontakter ist. Der Vorsitzende sollte überall da, wo er persönliche Defizite besitzt, besonders darauf achten, eine überzeugende Ergänzung zu gewinnen. Ein solcher Mensch ist meistens dann für die Aufgabe zu begeistern, wenn man ihm als Geschäftsführer das entsprechende Gewicht und den notwendigen Freiraum einräumt. Man sollte sich als Vorsitzender in dessen Geschäfte sowohl nach innen wie nach außen so wenig wie möglich einmischen und ihm zu einem verdienten Ruf verhelfen. Sehr wohl sollte man jedoch das Ergebnis der Arbeit sorgfältig kontrollieren und Auffälligkeiten gründlich diskutieren.

Der Vorsitzende sollte seine Fachkompetenz in einen selbst zu verantwortenden Geschäftsführungsbereich einbringen und erst bei entsprechender Unternehmensgröße ausschließlich übergeordnete Aufgaben übernehmen.

Wichtig ist auch ein eindeutiger Geschäftsverteilungsplan. Jeder sollte wissen, wofür er verantwortlich ist, welche Kompetenzen er besitzt und wer ihm berichtet. Dieser Geschäftsverteilungsplan ist zunächst Papier und muss gelebt werden, daher sollte man ihn nicht mit Details überfrachten, sondern einfach, klar und überschaubar halten.

Der Vorsitzende sollte überzeugend und wirkungsvoll informieren. Jeder muss das aus anderen Bereichen wissen, was zur Erfüllung seiner speziellen Aufgaben notwendig ist. Darüber hinaus sollte mindestens monatlich oder vierteljährlich eine breitere Unterrichtung stattfinden, die z. B. an dem Erfüllungsgrad der Planung angelehnt sein und besonders Sondereinflüsse aufzeigen sollte. Verhindert werden muss auf jeden Fall, dass Betroffene von Seiten, die mit der Angelegenheit nichts zu tun haben, über Entscheidungen informiert werden. Ausufernde Diskussionen sind zu vermeiden.

Der Vorsitzende muss sorgfältig darauf bedacht sein, seine persönlichen Neigungen zu verbergen und die Geschäftsführung gleichwertig zu behandeln.

Mit jedem Geschäftsführer ist auf der Grundlage der Plandaten festzulegen, welche quantitativen Ziele er in seinem Bereich zu erreichen hat, sowohl kurzfristig (im nächsten Jahr) als auch in der gesamten Planperiode. Einigkeit muss auch darüber erzielt werden, wie die Einzelziele überwacht werden. Der Geschäftsführer ist darauf hinzuweisen, dass er diese Ziele in zweckmäßiger Form aufbereitet und sinnvoll aufgeteilt an seine Mannschaft weiterzugeben hat, und dass so jeder, der Verantwortung trägt, eindeutig seine persönliche Zielvereinbarung erhält.

Der Vorsitzende sollte die Kommunikation mit dem Betriebsrat niemals allein der Personalabteilung überlassen, die selbstverständlich das Tagesgeschäft abwickelt. Wirklich wichtige Gespräche sollte der Vorsitzende an sich ziehen, wobei er sich natürlich vom Personalleiter begleiten lassen sollte

In jedem Unternehmen ergeben sich gelegentlich Veränderungen, die zunächst vertraulich zu behandeln sind. Ich habe diese immer dem Vorsitzenden des Betriebsrats im vertraulichen Gespräch erläutert, noch bevor Endgültiges beschlossen wurde. Ich habe ihn um Rat gefragt, gegebenenfalls seinen Rat berücksichtigt und meine Ansicht dazu offen gelegt. Das Erstaunliche war, die Vertraulichkeit wurde in keinem einzigen Fall gebrochen, was ganz sicher der Fall gewesen wäre, wenn der gesamte Betriebsrat informiert worden wäre.

Ein Betriebsratsvorsitzender wird immer dann schwierig, wenn er glaubt, nicht informiert und überfahren zu werden. Sobald er das Vertrauen der Geschäftsleitung spürt, begreift er meist auch seine Verantwortung und handelt entsprechend.

Als ich die Leitung eines Unternehmens übernahm, hatte die vorherige Geschäftsleitung andauernd Schwierigkeiten mit dem Betriebsratsvorsitzenden gehabt und ging zeitweilig sogar mit ihm vor Gericht.

Eine meiner ersten Handlungen war, das Gespräch mit dem Betriebsrat zu suchen. Ich habe mit voller Überzeugung dargelegt, wie wichtig der Betriebsrat für ein Unternehmen sei und dass man ihn erfinden müsste, wenn er nicht schon existieren würde.

Während eines nachträglichen Gesprächs unter vier Augen mit dem gewerkschaftshörigen Vorsitzenden habe ich noch einmal meine Position ausführlich erläutert und ihm alle notwendigen Informationen gegeben. Ich konnte ihm überzeugend deutlich machen, dass seine und meine Interessen weitgehend gleich seien.

Nach 33-jähriger Geschäftsführung verließ ich ein Unternehmen, in dem weniger als 1 Prozent der Mitarbeiter bei der Gewerkschaft eingeschrieben waren, obgleich das Unternehmen kein Gegner der Gewerkschaft war. Die Mitarbeiter waren jedoch überzeugt, dass die Unternehmensführung für sie persönlich ungleich mehr tun könnte als die Gewerkschaft, die in erster Linie wenige pragmatische Ziele, dafür aber mehr Ideologien vertritt.

Konsequenterweise ist das Unternehmen auch aus dem Arbeitgeberverband ausgetreten, da auch hier Funktionärsgeist und Ideologien eine gewisse Rolle spielen.

Am Anfang war das größte Problem, die Leitungsebene des Unternehmens von meinen Vorstellungen über die Zusammenarbeit mit dem Betriebsrat zu überzeugen.

Eine erstes, wesentliches Anliegen war, die Führung des Unternehmens auf allen Ebenen an den Erfolgen, aber auch Misserfolgen des Unternehmens zu beteiligen, nicht nur, um sie zu motivieren, sondern auch, um jedem einen besonderen Status zu verschaffen, der seinen persönlichen Erfolg und die entsprechende Anerkennung im Unternehmen unterstreicht.

Die erste Formel, die ich damals anwandte, lautet:

$$F = a\left(\frac{R}{P} - (0,5)\right)^2$$

R     Rohertrag
P     Personalkosten
a     persönlicher Einstufungsfaktor
F     Faktor auf Grundgehalt

Die Formel zielte auf den Sachverhalt, dass ein durchschnittlich verdienendes Unternehmen ungefähr das Verhältnis R/P = 1,5 erreicht, d. h. das durchschnittliche Unternehmen gibt für 1,50 EUR erzielten Rohertrag 1,00 EUR Personalkosten aus. Gelingt es, diesen Wert zu vergrößern, steigt der Gewinn des Unternehmens entsprechend, woran die Führungskraft quadratisch, also überproportional in Form einer Prämie teilhaben sollte. Da diese Prämie auch

Das erfolgreiche Unternehmen

wieder in die Personalkosten einfließt, korrigiert sich das System selbst. Damit ergab sich ein einfaches, sinnvolles Prämiensystem, das gut funktionierte.

Der einzige Nachteil dieser Formel zeigt sich bei Senkung der Verarbeitungstiefe, weil dann das Verhältnis R/P, um Gewinn zu erzeugen, größer werden muss.

Heute werden alle Mitarbeiter – nicht nur die leitenden – im Prinzip nach folgender Formel am Ergebnis beteiligt:

$$M = [(R - P)/(BL - 0{,}15)]/K$$

K   betriebsnotwendiges Kapital

M   Verzinsung von K

R   Rohertrag/Jahr

P   Personalkosten/Jahr

BL  Betriebsleistung/Jahr

$$F = a \cdot M \cdot G_0$$

F   ergebnisabhängige Bezahlung

a   persönlicher Einstufungsfaktor

$G_0$  Grundgehalt/Jahr

In dieser Formel liegt M nahe am Unternehmensgewinn, der in Relation zum betriebsnotwendigen Kapital und in Verbindung mit dem Einstufungsfaktor die Ergebnisbeteiligung in Relation zum Grundgehalt für den Mitarbeiter ergibt.

Im Anhang 5.1 wird das System ausführlicher vorgestellt.

Es ist eine Aufgabe des Vorsitzenden der Geschäftsführung, zu entscheiden, wie solche Prämien aufgebaut werden im Hinblick auf den Einstufungsfaktor a. Grundsätzlich sollte die Tendenz verfolgt werden, das Grundgehalt eher niedrig zu wählen, aber den ergebnisabhängigen Teil stärker zu berücksichtigen.

Damit erhält der Geschäftsführer ein Jahresgehalt von

$$G = G_0(1 + a \cdot M)$$

Das erfolgreiche Unternehmen

Als Beispiel: Geschäftsführer $F = 4 \, M \, G_0$
Vorsitzender $F = 6 \, M \, G_0$

Sofern man die Tabelle auf Seite 74 als Bewertung des Unternehmensergebnisses zu Grunde legt, würde die Geschäftsleitung in Relation zum Grundgehalt folgende Prämien erwarten können:

| Unternehmens-rentabilität | Verzinsung des Kapitals | Geschäfts-leitungsmitglied | | Vorsitzender der Geschäfts-leitung | | |
|---|---|---|---|---|---|---|
| | in % | Max | Min | Max | Min | |
| A | >35 | >1,40 | 0,80 | >2,10 | 1,20 | Faktor auf das Jahres-grundgehalt |
| B | >20 | 0,80 | 0,48 | 1,20 | 0,72 | |
| C | >12 | 0,48 | 0,28 | 0,72 | 0,42 | |
| D | >6 | 0,28 | 0,16 | 0,42 | 0,24 | |
| E | >3 | 0,12 | 0,08 | 0,18 | 0,12 | |
| F | <3 | 0,08 | | 0,12 | | |

In Deutschland befindet sich die Mehrzahl der Unternehmen in der Rentabilitätsklasse D, damit würde die Geschäftsführung kaum mehr verdienen als der Durchschnitt der Geschäftsführer in anderen Unternehmen. Erst wenn es dem Unternehmen gelingt, die Klasse C zu erreichen, winkt eine deutliche Gehaltsverbesserung gegenüber dem Durchschnitt.

Da es nach meiner Überzeugung für gute Unternehmen möglich ist, die Klasse B zu erreichen, hat jeder Geschäftsführer die Chance, sein Grundgehalt zu verdoppeln.

Mit der vorstehenden Formel erhalten die Geschäftsführer schon bei sehr geringer Verzinsung eine Prämie. Es ist zu überlegen, eine solche Prämie erst ab einer Kapitalverzinsung von mindestens 5 Prozent zu zahlen. Die entsprechende Formel müsste dann heißen:

$$F = a(M - 0,05)G_0$$

Damit würde der ergebnisabhängige Teil der Vergütung noch stärker von der Verzinsung des betriebsnotwendigen Kapitals abhängen.

## Das erfolgreiche Unternehmen

In den letzten zehn Jahren meiner Leitungstätigkeit wurden praktisch alle Mitarbeiter ergebnisabhängig bezahlt, wobei die unteren Einkommensbereiche degressiver gestaltet waren, da diese Mitarbeiter weniger stark das Ergebnis beeinflussen können als Mitarbeiter in Führungsfunktionen. Jedoch würde bei allen die Prämie auf Null fallen, wenn kein Gewinn mehr erzielt würde.

Die Ergebnisbeteiligung war so angelegt, dass bei einer Verzinsung des betriebsnotwendigen Kapitals unter 10 Prozent die Mitarbeiter alle weniger verdienten als in einem vergleichbaren Unternehmen ohne Ergebnisbeteiligung.

Mit der Ergebnisbeteiligung wurden allgemein auch das Weihnachtsgeld und die Urlaubsvergütung abgegolten, so dass bei einer ausbleibenden Verzinsung des betriebsnotwendigen Kapitals Weihnachtsgeld und Urlaubsgeld entfielen. Dafür partizipierten jedoch alle Mitarbeiter erheblich am Erfolg, wenn das Unternehmen eine deutlich höhere Verzinsung als 10 Prozent erreichte.

Mit der Ergebnisbeteiligung entfiel auch die Überstundenvergütung der Angestellten und damit eine Quelle ständigen Ärgers bei allen Unternehmen, die Überstunden für Angestellte bezahlen.

Diese Überstundenvergütung wurden seinerzeit den Meistern sofort nach Einführung der Ergebnisbeteiligung gestrichen, unter Hinweis auf ihr, trotz dieser Streichung, höheres Einkommen und auf die Steigerungsmöglichkeiten. Überraschender Effekt war, dass viele Überstunden entfielen, weil einige Meister die angeblich so dringend notwendigen Überstunden nur „nahmen", um ihr Einkommen auf diese Weise zu verbessern. Dem Betriebsleiter fiel es offensichtlich schwer, die Notwendigkeit von Überstunden bei Meistern richtig einzuschätzen.

Dieses Beispiel beweist sehr deutlich, dass man bei ergebnisabhängiger Entlohnung dringend auch eine individuelle Beurteilung der Prämienempfänger benötigt, falls diese über das Grundgehalt nicht möglich ist.

Sollte eine individuelle Beurteilung über das Grundgehalt oder den Grundlohn nicht ausreichend gegeben sein, müssen die Prämien bis zu einem gewissen Grad von einer persönlichen Beurteilung des Prämienempfängers abhängig gemacht werden. Die Schwierigkeit hierbei ist die notwendige Objektivität.

Ein besonderes Augenmerk ist auf den Zeitpunkt der Einführung der Ergebnisbeteiligung zu legen. Er sollte so gewählt werden, dass in den nächsten zwei bis drei Jahren mit großer Sicherheit eine positive Entwicklung des Unternehmens zu erwarten ist und nicht ein Konjunktureinbruch oder eine schwierige, große Umstrukturierung ansteht, die das Ergebnis des Unternehmens belasten könnte, unabhängig davon, wie der Einzelne sich anstrengen wird.

Über eine Ergebnisbeteiligung sind Mitarbeiter nicht langfristig zu motivieren, weil nach allen Erfahrungen eine Motivation durch die Arbeit selbst erfolgen muss. Jedoch kann man den Sinn für Kooperation und das Gefühl der gemeinsamen Leistung stärken, da in jedem Unternehmen das erzielte Ergebnis eine Gemeinschaftsleistung ist. Eine Ergebnisbeteiligung ersetzt niemals eine gute Führung, sondern sie bedingt sie geradezu. Besonders muss die Ergebnisbeteiligung immer wieder von Seiten der Führung angemessen verkauft werden. Sie zwingt die Führung, die Mitarbeiter ins Boot und an die Ruder zu bringen, den Erfolg dieser Anstrengung deutlich zu machen und die Richtung glaubhaft zu bestimmen.

Daher muss die Führung eines Unternehmens immer wieder Vorhaben zur Verbesserung der Unternehmenssituation anregen (z. B. Projekt- und Verbesserungsvorschläge). Sie hat dabei einen großen Vorteil: Die Führung kann den Mitarbeitern solche Alternativen glaubhaft und überzeugend vermitteln, weil sich jeder davon Vorteile versprechen kann.

Sehr wichtig ist auch, die Berechnung der Ergebnisbeteiligung möglichst auf eindeutig abgrenzbare Einheiten zu beziehen. Sie muss logisch nachvollziehbar sein, und es müssen dabei Verknüpfungen im Unternehmen beachtet werden.

So wurde in den späten achtziger und in den neunziger Jahren die Kostensituation für normale Produkte in Deutschland schwierig, und wir wurden gezwungen, manche personalkostenintensive Produkte ins Ausland zu verlegen, wobei diese neuen Produktionsstätten mit Komponenten aus Deutschland beliefert wurden, die hier günstiger herzustellen waren.

Eine solche ausländische Produktionsstätte läuft nur reibungsarm an, wenn entsprechende Hilfe von der deutschen Stammfirma geleistet wird.

Es wurde daher entschieden, in die Ergebnisberechnung diese ausländischen Betriebsteile mit einzubeziehen, so dass sowohl der inländische als auch der ausländische Bereich Vorteile von dieser Verlagerung hatten, besonders jedoch die Mitarbeiter der ausländischen Produktionsstätten. Das ging deswegen ohne Schwierigkeiten, weil die Grundgehälter und -löhne, die natürlich entsprechend der Marktlage des betreffenden Landes gezahlt wurden, als Basis der Ergebnisbeteiligung dienten.

Das von mir geleitete Unternehmen zahlt die Ergebnisbeteiligung an Angestellte seit mehr als 30 Jahren und an Lohnempfänger seit mehr als zwölf Jahren mit ausgesprochen positiver Erfahrung.

Die Geschäftsführung hat dabei den besonderen Vorteil, notwendige Aktionen zur Leistungssteigerung und Kostensenkung überzeugend an die Mitarbeiter verkaufen und Verlustsituationen des Unternehmens mit ziemlicher Sicherheit vermeiden zu können.

Außerdem kann die Geschäftsleitung eine einfache und vor allem durchsichtige Vergütung aufbauen und so Bürokratie vermeiden.

Für den Mitarbeiter liegen die Vorteile auf der Hand, weil er gemeinsam mit seinen Kollegen und der vorgesetzten Führung sein Einkommen deutlich steigern kann, natürlich in Abhängigkeit zum Umfang seiner persönlichen Verantwortung. Im Anhang 5.1 ist ein solches System im Detail vorgestellt.

Durch die Führung muss das Unternehmen zum „Wachsen und Gedeihen" gebracht werden, wobei die mehrjährige Planung die übergreifenden Ziele deutlich macht und die Ergebnisbeteiligung jedem Mitarbeiter zeigt, dass er angemessen am Erfolg des Unternehmens beteiligt ist und wo das Unternehmen zur Zeit steht.

Unternehmerische Ziele sind unverzichtbar, müssen realistisch sein und konsequent angegangen werden. Dabei ist sehr wichtig, was von dem Einzelnen in den verschiedenen Bereichen erwartet werden muss. Das bedingt eine persönliche Zielvereinbarung, die mit dem jeweiligen Vorgesetzten zu erarbeiten ist.

Bevor auf die notwendigen Bereichsaktivitäten eingegangen wird, sollte man sich jedoch überlegen, worauf es grundsätzlich bei einem Unternehmen ankommt und welche Mittel es dafür benötigt.

Jedes Unternehmen ist in einen Markt eingebunden, wo der Käufer der Produkte die Wahl hat zwischen mehreren Anbietern, aber auch verschiedenen Produkten, die sich eventuell substituieren können. Aufgabe eines Unternehmens ist es also, das qualitätsmäßig beste Produkt zu einem bezahlbaren Preis anzubieten und den potenziellen Kunden davon zu überzeugen, dass er – sofern er sich für das Produkt des betreffenden Unternehmens entscheidet – die richtige Wahl getroffen hat.

Man erkennt aus dieser Formulierung sofort, wie emotional Verkauf und Einkauf sind und wie wichtig es ist, den Kunden emotional zu überzeugen.

Das erfolgreiche Unternehmen

Nach getätigtem Verkauf muss die Verbindung zum Kunden aufrecht erhalten werden, z. B. durch einen erstklassigen, nicht überteuerten Service.

Der Verkauf ist umso schwieriger, je vergleichbarer die Produkte werden. Daher streben auch solche Hersteller nach Einmaligkeitsstellung, die ein an sich leicht austauschbares Produkt haben. Sie erreichen diese Stellung mit der Marke, die gegenüber dem Kunden das Besondere des Produktes ausdrücken soll.

Eine starke Marktstellung hat ein Unternehmen gewonnen, sofern es ihm gelingt, ein nicht schnell nachzuahmendes Produkt zu entwickeln, das zudem noch große Vorteile für den Kunden bringt. Das zeigt bereits, wie wichtig eine gut funktionierende Produktentwicklung für ein Unternehmen ist, sowohl im Hinblick auf das Besondere des Produkts als auch auf die Funktionsfähigkeit.

Vorstehend wurde schon einmal erläutert, dass die Basiskompetenz und der Erfolg eines Unternehmens davon abhängen, ob es gelingt

- für das Unternehmen die fähigsten Mitarbeiter zu gewinnen,
- die Fähigkeiten dieser Mitarbeiter optimal in das Unternehmen einzubringen,
- diesen Mitarbeitern die effektivsten Maschinen, Werkzeuge und Organisationsmittel zur Verfügung zu stellen.

Ein Unternehmen ist zu bewerten nach

- Der Qualität der Mitarbeiter
- Der Effektivität der Organisation
- Der Intelligenz im Einsatz von Kapital

Ausgehend von einem Grenzunternehmen, das sich gerade mit Mühe ohne Gewinne am Markt hält, kann man in erster Annäherung abschätzen, wie viel besser ein erstklassiges Unternehmen operieren wird (siehe Kapitel 2.2).

Durch langjährige Beobachtung und Überlegungen bin ich zutiefst überzeugt, dass ein erstklassiges Unternehmen die doppelte Produktivität erreicht wie ein Grenzunternehmen. Das bedeutet eigentlich nur (wie bereits gezeigt), dass jeder der drei bestimmenden Faktoren um jeweils 25 Prozent gegenüber einem Grenzunternehmen verbessert wurde. Damit verstärken sie sich in der Wirkung.

Die große Frage ist: Wie schafft man es, ein Unternehmen in ein Spitzenunternehmen mit hohem Ertrag und großen Wachstumschancen zu verändern?

Man sollte diese drei Faktoren (Personal, Organisation, Investition) vom Grundsätzlichen her betrachten und überlegen, wie eine für die Zukunft des Unternehmens tragfähige Basis geschaffen werden kann.

Dem Sprichwort „der Fisch beginnt am Kopf zu stinken" zufolge, ist die Person des Unternehmensleiters, der nach vorherigen Überlegungen eine Alleinstellung haben sollte, von großer Bedeutung. Er repräsentiert in seiner Person das Unternehmen. Diese Sicht sagt alles. Er muss also jemand sein, mit dem sich die meisten Mitarbeiter identifizieren können. Er muss glaubwürdig die Ideale und die Ziele des Unternehmens nach innen und außen vertreten können. Er darf auf keinen Fall eine beengte, eindimensionale Sicht haben, sondern er sollte von aufgeschlossener Neugierde sein für alles, was „sein Unternehmen" betrifft. Er muss demnach das Unternehmen so führen, als wenn es sein Eigentum wäre, aber trotzdem die Eigentumsverhältnisse streng beachten. Er sollte dem Unternehmen jederzeit dienen und nicht das Unternehmen für seine persönlichen Zwecke ausnutzen.

Ein ganz wichtiger Punkt ist seine Präsenz für alle Mitarbeiter. Er muss Kontakte suchen und knüpfen, möglichst über alle Hierarchiestufen hinweg. Einfach gesprochen, muss er sowohl fähig sein, in einem geistig anspruchsvollen Kreise zu bestehen, als auch mit Mitarbeitern an der Maschine ein Gespräch zu führen, das sich mehr auf die Umwelt dieser Mitarbeiter beziehen wird. Er muss sich im Unternehmen sichtbar bewegen und bei entsprechenden Situationen mitfühlende Teilnahme zeigen.

In dieser Position muss er sich davon lösen, alles und jedes aus einer einseitigen Fachsicht zu sehen, sondern er muss ein Problem aus unterschiedlicher Sicht betrachten können und für verschiedene Ansichten Verständnis aufbringen. Er sollte möglichst ein Fachgebiet des Unternehmens im Detail beherrschen, jedoch das Wesentliche der verschiedenen Fachgebiete verstehen und vor allen Dingen die gegenseitige Abhängigkeit dieser Fachgebiete zur Erreichung der Unternehmensziele erkennen und in seinen Entscheidungen berücksichtigen.

Er sollte soviel Selbstbewusstsein haben, dass er die Erfolge seiner direkten Mitarbeiter nicht für sich vereinnahmt, sondern ihnen diese Erfolge lässt, ja geradezu zuschiebt.

Bereiche, die nicht unbedingt den eigenen Interessen entsprechen und wo auch nur begrenzte Erfahrungen bestehen, muss er von einem erstklassigen Fachmann leiten lassen.

Das erfolgreiche Unternehmen

Da er selbst in vielen Fällen kein Fachmann ist, muss er sich Informationen beschaffen, die man am besten über ein Netzwerk von Kontakten zu allen möglichen Personen erhält. Dabei ist es wichtig, dass man nicht den Darstellungskünsten von Fachleuten aufsitzt, sondern sich sachlich um die richtigen Informationen bemüht.

Am sichersten fährt man mit dem Bibelwort „An ihren Früchten sollt ihr sie erkennen". Diese Früchte sollte man aus der Sicht der Kollegen, der Vorgesetzten und der Untergebenen betrachten. Das gilt sowohl für Mitarbeiter im eigenen Hause als auch für die Führungskräfte, die das Unternehmen von außen gewinnen will. Sofern die Führungsposition von einer unfähigen Person ausgefüllt wird, muss man sich sofort – sofern man es sicher erkannt hat – bemühen, diese zu ersetzen.

Man sollte jedoch niemals unnötige Härte zeigen, sondern versuchen, den an seiner Aufgabe Gescheiterten diskret zu entfernen und ihm helfen, eine neue Stellung zu finden, wo er seine spezifischen Kenntnisse und Erfahrungen einsetzen kann. Bei gutem Willen haben sich bei uns immer vernünftige und für beide Seiten akzeptable Lösungen gefunden. Grundsätzlich gilt auch hier, „einen stolpernden Mann tritt man nicht in den Rücken".

Gelegentlich befördert man einen großen Experten in eine Führungsposition, dem einige notwendige Eigenschaften fehlen, die sein Amt erfordert. Hier kann man ihm auf zweifache Weise helfen. Zum einen sorgt man für geeignete Mitarbeiter, die genau die ihm fehlenden Eigenschaften besitzen, dafür aber vielleicht nicht seinen technischen Genius, oder man übernimmt in diesem Bereich stillschweigend einige Funktionen, die von dem eigentlichen Leiter vernachlässigt werden.

Eine Führungskraft mit hohen technischen Fähigkeiten, jedoch mangelnder Organisationsfähigkeit, benötigt die beste Sekretärin, damit der Apparat läuft und von daher keine Probleme entstehen.

Manche Chefs glauben, ihre Position verteidigen zu müssen, indem sie die Führungsebenen gegeneinander ausspielen. Für diese Überlegung spricht sicher bei eindimensionaler Sicht einiges, nur zeigen sich damit deutlich die Schwächen eines solchen Chefs, der nicht der Wirkung seiner eigenen Leistungen vertraut, sondern durch Schwächung des Führungskaders infolge von notwendigen Positionskämpfen und Absicherungsbemühungen seine Position auf Kosten des Unternehmens sichert. Viel besser wäre es, die Führungsmannschaft mit attraktiven, fachlichen Zielen zu beschäftigen und das äußere „Feindbild" zu verstärken. Nach allen Erfahrungen festigt dies besonders den

Zusammenhalt der Gruppe und beflügelt die Mitarbeiter. Nur eine Führungsmannschaft, in der einer sich auf den anderen bedingungslos verlassen darf, erreicht eine außergewöhnliche Leistung und kann nach innen wie außen überzeugend auftreten.

Eine Hochschulausbildung ist sicher für manche Aufgabe außerordentlich nützlich. Sie fördert vor allem drei Eigenschaften:

- unabhängiges Denken
- Systematik und
- die Fähigkeit, sich eigenständig Wissen zu erwerben

Aber das alles verblasst gegen eine herausragende Begabung.

Daher findet man in allen Unternehmen Führungskräfte in bedeutenden Positionen, die allein kraft ihrer besonderen Begabung die gut ausgebildeten und mit akademischen Titeln dekorierten Mitbewerber überflügelt haben und überzeugend ihre Position besetzen.

Solche spezifischen Begabungen gibt es für alle Positionen in einem Unternehmen, und ich möchte hierzu nur einige Beispiele nennen.

Unter unseren vielen Ingenieuren waren einige sehr erfolgreiche, spezifisch begabte, deren Abschlusszeugnisse höchst mittelmäßig waren oder die nicht studiert hatten. Solche spezifischen Begabungen sind nicht durch Zeugnisnoten zu erfassen. Insbesondere die für ein fortschrittliches Unternehmen so wichtigen kreativen Eigenschaften bewirken eher einen negativen Einfluss auf Schulnoten, die ja dadurch gewonnen werden, dass anerkanntes, „altes" Wissen wiedergegeben wird.

In den Rezessionsjahren 1992 bis 1995 wurde es für einen Ingenieur äußerst schwierig, eine Stellung zu finden. Insbesondere bei Großunternehmen – in deren bekannter „Weitsicht" – wurden auch für solche Berufsgruppen Einstellungssperren verordnet, die für die Zukunftsentwicklung des Unternehmens außerordentlich wichtig waren. Als besonders negative Folge ging dann sehr bald die Anzahl der Studienbewerber auf mehr als die Hälfte zurück, so dass ab dem Jahr 2000 ein großer Engpass bei Ingenieurbewerbern entstanden ist.

Unser Unternehmen stellte 1993 bis 1997 bewusst Ingenieure in großer Zahl ein, die zum Teil einige Zeit mit einem Ingenieurgehalt in den Fertigungsgruppen eingesetzt wurden, um damit die bekannte Praxisschwäche der Ingenieuranfänger zu verbessern.

Das erfolgreiche Unternehmen

Wir kämpften uns damals durch „Waschkörbe" von Bewerbungen und hatten die freie Wahl in einem breit streuenden Notenspiegel. Da wir den Noten aus den bekannten Erfahrungen nicht allein trauten, haben wir notgedrungen nach Zusatzqualifikationen wie Fremdsprachenkenntnissen, Praxiserfahrungen oder sonstigen Spezialkenntnissen entschieden. Trotzdem war der Einstellungserfolg nicht wesentlich größer als in normalen Zeiten. Insofern ist die Einstellung echter Begabungen immer noch ein Lotteriespiel, in dem der Zufall leider eine große Rolle spielt.

Wir haben uns natürlich intensiv überlegt, wie man kreative Begabungen finden kann, und haben für konstruktiv interessierte Kandidaten einen Kreativtest erdacht, bei dem die Bewerber möglichst entsprechende Aufgabenlösungen frei entwickeln konnten. Das Resultat war nicht überwältigend. Man fand zwar einige sehr überzeugende Leute, die Auswahl enthielt jedoch auch einige Mitarbeiter, die anschließend nur durchschnittliche Leistungen zeigten.

In unserer Personalabteilung bestand die Tendenz, für die Arbeit an den Maschinen in erster Linie in Metallberufen ausgebildete Kräfte zu suchen, aber nicht nach Begabungen zu fahnden, obgleich deutliche Hinweise vorlagen, dass große Begabungen auch außerhalb dieser Berufsgruppe zu finden sind, wie sich besonders bei den Verbesserungsvorschlägen erwies.

Wir hatten uns sehr bemüht, Verbesserungsvorschläge zu forcieren. Nach mühsamem Beginn waren wir stolz, wenn im Durchschnitt zwei realisierbare Verbesserungsvorschläge pro Mitarbeiter und Jahr eingereicht wurden. Ein ehemaliger Metzgergeselle reichte jedoch über Jahre hinweg 50 realisierbare Vorschläge ein. Interessant war aber, wie wenig die betreffende Betriebsleitung sich bemühte, dieses doch offensichtliche, außerordentliche Potenzial des Mitarbeiters auf breiterer Basis auszuschöpfen.

Als ein neuer Werkzeugbau am Rande des Schwarzwaldes entstand, gingen wir gezielter an die Aufgabe heran, systematisch ein Potenzial spezieller Begabungen für diesen Bereich aus fremden Berufsgruppen zu erschließen. Nach einiger Zeit wurde als bester Mann im Werkzeugbau nicht ein gelernter Metallfachmann ausgemacht, sondern ein ehemaliger Maurer, der sicher auch schon in seinem bisherigen Beruf gut war, im Werkzeugbau jedoch seinen Begabungsschwerpunkt gefunden hatte.

Ich bin der Auffassung, dass die Begabung ein Geschenk Gottes ist, das Menschen nicht beeinflussen können. Allerdings braucht diese Begabung die adäquate Umgebung, in der sie sich entfalten kann. Wenn der besonders Begabte

Das erfolgreiche Unternehmen

diese Umgebung nicht findet, wird er vielleicht diese Umgebung im privaten Umfeld finden. Es lohnt sich daher, auf die privaten Aktivitäten zu schauen, um Spezialbegabungen für das Unternehmen auszumachen.

So ist ein Mensch, der mit großem Erfolg in jungen Jahren einen Verein führt, sicher auch im Unternehmen für eine Führungsaufgabe geeignet, vielleicht auch als Betriebsratsvorsitzender.

In vielen kleinen Unternehmen mutiert der Betriebsratsvorsitzende zu einem erstklassigen Personalchef. Auch das beweist die Bedeutung der Begabung gegenüber der schulischen Ausbildung.

Betriebliche Weiterbildung und gezielte Umschulung sind Instrumente, die sich meist nicht an der Praxis orientieren, sondern an der Schule, weil das viel bequemer ist. Leider deckt man so keine Begabungsreserven auf.

Häufig ist der Kreative oder die Sonderbegabung kein „pflegeleichter" Typ. Er wird manchmal sensibel auf betriebliche oder – was noch schwieriger ist – auf private Bedingungen reagieren. Ein Großunternehmen, das nur schwer Ausnahmen machen kann, ist hier erkennbar im Nachteil.

Vielleicht ist das der Hauptgrund dafür, dass sich vor allem in Klein- und Mittelbetrieben die Kreativität stärker entwickelt. Man wird sich dort viel leichter um schwierige Menschen bemühen, deren Wert man erkannt hat, und scheitert nicht an starren, wirklichkeitsfremden Regeln.

Im Laufe der Zeit waren mindestens fünf für den Unternehmenserfolg außerordentlich wichtige Menschen entschlossen, unser Unternehmen zu verlassen, und sie wären nicht geblieben, wenn ich mich nicht persönlich direkt oder indirekt für das richtige Umfeld eingesetzt hätte.

Dabei muss man sich manchmal über eigene, selbst festgelegte Regeln hinwegsetzen. Man muss jedoch dann gerade durch eigenes „kreatives Handeln" dafür sorgen, dass die Betriebsdisziplin trotzdem nicht gefährdet wird, die ja für den Normal-Mitarbeiter unentbehrlich ist.

Wie erläutert, gibt es kein allgemein gültiges Rezept dafür, dem kreativen Mitarbeiter das ihm gemäße Umfeld zu schaffen. Vielleicht bringen folgende Hinweise jedoch Hilfe.

Der Kreative braucht vielleicht eine stärkere Zuwendung als der normale Mitarbeiter. Man muss sich um ihn kümmern, Augen und Ohren für seine Leistung haben und dieser die notwendige Anerkennung verschaffen. Das ist von besonderer Bedeutung am Anfang seines Wirkens, wenn er im Unternehmen noch keine Reputation hat.

Das ist nicht einfach, weil seine anfänglichen Ideen noch nicht getragen werden von der speziellen Unternehmenserfahrung und daher manchmal exotisch und praxisfern wirken. Allerdings gerade dort zeigt sich die kreative Begabung besonders deutlich, die, auf die richtigen Ziele gerichtet, große Erfolge bewirken wird.

Eine weitere Gefahr für große Begabungen und Kreative ist ausufernde Bürokratie, die von der Sache getriebene Menschen zwingt, sich mit formalen, ganz offensichtlich für die spezielle Aufgabe wenig nützlichen Vorschriften herumzuschlagen, und damit ihren ureigensten Tätigkeitsdrang dämpft.

Leider wird umso mehr Bürokratie benötigt, je größer das Unternehmen ist und je zentraler es geführt wird. Ein Unternehmen ist schon deshalb gezwungen, die Bürokratie zu bekämpfen, weil sie leistungsfeindlich ist. Insbesondere größere Unternehmen sollten sich ganz speziell Gedanken darüber machen, wie sie für Kreative und besondere Begabungen bürokratiearme Räume schaffen können, um dieses Lebenselixier des Fortschritts zu erhalten.

Ein Beispiel mag die Schwierigkeiten erläutern, die richtige Person an den für sie geeigneten Platz zu bringen.

Ein sehr fähiger konstruktiv eingesetzter Ingenieur, der im Übrigen auf der Fachhochschule nicht besonders aufgefallen war, sollte als einer der ersten Nutzen aus einem neuen Programm ziehen, durch eine zeitweilige Tätigkeit im Versuch, sich auch in diesem Feld der Produktentwicklung weiter zu bilden.

Seinen glänzenden Leistungen in der Konstruktion zum Trotz, zeigte er im Versuch nur mittelmäßige Leistungen. Es waren sogar Bestrebungen im Gange, ihn unter nicht akzeptablen Bedingungen aus dem Versuch zu entfernen. Wir haben dann "von oben" eingegriffen und ihn wieder in die Konstruktion versetzt, in der er später herausragende, für das Unternehmen außerordentlich wichtige Leistungen erbrachte.

Es mag für einige Fälle richtig sein, einen Fachmann heran zu bilden der breit angelegt agieren kann. Viele Begabungen zeigen eine überragende Leistung jedoch nur auf einem eng begrenzten Feld, auf dem dann noch die richtigen Bedingungen herrschen müssen.

Nur durch das Zusammenwirken mehrerer unterschiedlicher Begabungen und einer klugen Organisation entsteht die Spitzenleistung in einem Unternehmen.

## Das erfolgreiche Unternehmen

Für jedes Unternehmen stellt sich die Frage: Was ist für die Weiterbildung der Mitarbeiter zu tun?

Man kann zu viel, aber auch zu wenig tun. Wie fast überall im Leben gilt es, die richtige Balance zu finden.

Die Praxis ist für einen aufgeschlossenen Anfänger ein mächtiger Lehrer, der aber zunächst durch die Komplexität des Umfeldes verwirrt.

Das Unternehmen muss daher Mittel und Wege finden, diesen Anfänger zu betreuen und ihn klug in das Betriebsgeschehen einzuschleusen. Diese erste Zeit ist deswegen so wichtig, weil hier der Neuling eine Prägung erfährt, die wichtig für die spätere Einstellung zum Unternehmen ist und ganz wesentlich seinen zukünftigen Nutzen bestimmt.

Die Ausbildung on the Job ist das Wichtigste für jeden, der im Beziehungsgeflecht des Unternehmens steht. Eine externe Weiterbildung sollte man nur dort betreiben, wo kein abrufbares Know-how im eigenen Unternehmen existiert.

Mit großem Erfolg bilden wir heute Betriebsingenieure so aus, dass wir sie jeweils ein halbes Jahr an der Basis als Gruppeningenieure in vier verschiedenen Fertigungsbereichen beschäftigen. Sie erhalten dadurch ein breites Spektrum praktischen Wissens, das ihnen in den Schulen nie vermittelt werden konnte, und können gleichzeitig ihrer Fertigungsgruppe theoretisches, systematisches Wissen weitergeben.

Leider wird eine gleiche Systematik in der Produktentwicklung noch nicht betrieben, obgleich später einige dieser trainierten Betriebsingenieure auch mit Erfolg in diesen Bereich gewechselt sind.

Sollte eine externe Weiterbildung notwendig werden, wird häufig versäumt, in anderen, nicht konkurrierenden Unternehmen, in denen das betreffende Wissen vorhanden ist, die Weiterbildung on the Job zu organisieren, natürlich wenn möglich mit entsprechender Gegenleistung. Ich halte das für die beste Spezialausbildung. Man kann dadurch sogar auch auf breiterer Basis sehr positive Geschäftsbeziehungen für gemeinsame neue Projekte aufbauen.

Sollte es im ganzen Unternehmen auf einem speziellen Gebiet an Erfahrung fehlen, lohnt sich unter Umständen eine auf das Unternehmen zugeschnittene, spezielle Weiterbildung. Wichtig ist hier, dass ein kritischer, fachlich exzellenter Beobachter vorher dieses Seminar besucht hat und dessen Qualität testet, weil gerade auf dem Weiterbildungssektor erstaunliche Qualitätsmängel zu finden sind.

## Das erfolgreiche Unternehmen

In unserem sehr technisch geprägten Haus hatten die Ingenieure wenig Gefühl für das richtige Auftreten beim Kunden. Sie verstanden u. a. nicht, dass der Kunde häufig nicht daran interessiert ist, welche technischen Detailprobleme vorliegen und wie sie gelöst wurden. Ihn interessiert jedoch sehr wohl der eigene technische Nutzen. Dieser Nutzen muss dem Kunden verkauft werden; er darf nicht untergehen und über eine falsche Themenauswahl gleichsam verschenkt werden.

Ein entsprechendes Seminar eines begnadeten Verkäufers schaffte eine deutliche Abhilfe, wobei auch zu erkennen war, dass Einzelne niemals die Psychologie des Verkaufens begreifen würden und solchen „Firlefanz" nachdrücklich ablehnen.

Weitere Erfahrungen verfestigten meine These, übereinstimmend mit der Forschung an eineiigen Zwillingen: Mehr als zwei Drittel der Eigenschaften eines Menschen sind ererbt, und nur der geringere Teil kann antrainiert werden.

Wie jedes Unternehmen litt auch das unsere unter dem Mangel an Führungsfähigkeiten in der Leitungsebene. Wir veranstalteten ein aufwändiges, dreiteiliges Seminar, das sich über zwei Jahre hinzog. Aus bekannten Führungsmuffeln entwickelten sich leider keine Führer, aber die wenigen echten Begabungen wurden deutlich in ihrer Wirkung gestärkt. Damit bestätigte sich, dass es die schwierige Hauptaufgabe der Unternehmensleitung ist, Begabungen für bestimmte Positionen zu suchen und zu finden.

Im Laufe meines Berufslebens habe ich eine grundsätzliche Einsicht gewonnen. So um das vierzigste Lebensjahr scheint es für die meisten Menschen sehr schwierig zu werden, sich auf etwas wirklich Neues umzustellen. Das ist auch der Grund, warum die in Deutschland viel zu lange Schulausbildung unbedingt abzukürzen ist. Einem promovierten Ingenieur, der mit 32 oder 34 Jahren von der Hochschule kommt, verbleibt wenig Zeit, die notwendigen breiten Erfahrungen in der Industrie zu sammeln.

Die Leistungsfähigkeit einer Organisation ist von der Unternehmensgröße als Hauptparameter abhängig. Dabei kann man sich die Zusammenhänge qualitativ wie im Diagramm gezeigt vorstellen.

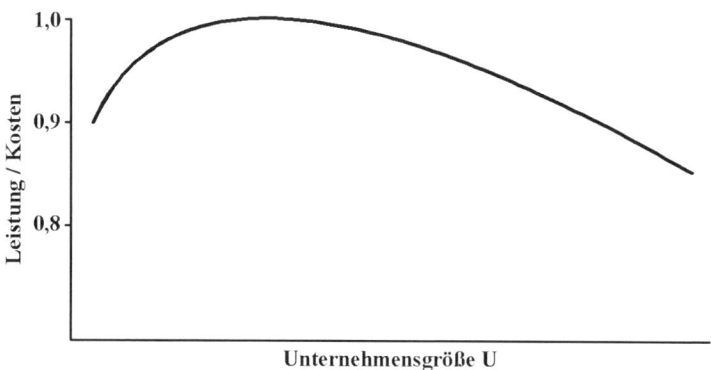

Daraus geht hervor, dass eher kleinere Unternehmen die höchsten Leistungen erbringen.

Das zu kleine Unternehmen erreicht schon aufgrund der mangelnden Arbeitsteilung eine geringere Leistung

Das zu große Unternehmen erbringt wegen des Informationsnotstandes und der Bürokratie über weite Bereiche die niedrigsten Leistungen.

Nachdem in früheren Jahren die Wissenschaft das Großunternehmen als Vorbild feierte, macht sich offensichtlich heute Zweifel breit. Man denkt darüber nach, wie man das zentral geführte Großunternehmen reformieren kann. Beispielsweise betreibt man eine Kette einzelner Unternehmen, die über eine Holding gesteuert wird. Man versucht, nach dem alten Kriegsmotto zu arbeiten „getrennt schlagen, gemeinsam siegen".

Die besten der heutigen Firmen versuchen, auf diese Weise die Nachteile eines Großunternehmens zu vermeiden und die Vorteile eines Großunternehmens, wie Finanzkraft, Synergiefähigkeit, Forschungskraft und Identifikation mit einem starken Unternehmensnamen, zu nutzen.

Nach meiner Vorstellung steht man hier noch sehr in den Anfängen und hat wenig getan, systematisch die Vorteile des Großunternehmens zu nutzen und die Nachteile zu vermeiden.

Die stärksten Nachteile eines großen Unternehmens liegen in der zentralistischen Organisation, die es nicht versteht, Bürokratie zu vermeiden. Dadurch

Das erfolgreiche Unternehmen

wird ein unglaublich großes menschliches Potenzial verschleudert und hohe berufliche Motivation in Demotivation verwandelt.

Unternehmen können normalerweise wenig von der Politik lernen. Bei der Einführung einer Organisation jedoch sehr wohl. Nach dem zweiten Weltkrieg entwickelten sich nebeneinander in der BRD und der DDR zwei unterschiedliche Staatsformen, die nach dem Krieg beinahe unter gleichen Bedingungen zu arbeiten begonnen hatten: die dezentral, mit einem breiten Mittelstand organisierte BRD und die allmählich immer zentraler geführte DDR.

Die DDR hatte vielleicht sogar das für die Wirtschaft technisch bessere menschliche Potenzial. Immerhin kamen zwei Drittel des deutschen Exports vor dem 2. Weltkrieg aus Sachsen, das damals die Hightech-Region Deutschlands war (Druck-, Textil-, Werkzeug- und Chemiemaschinen und -anlagen).

Was war 1989 das bittere Ende? Die Produktivität der zentralistischen DDR war auf fast ein Viertel des Wertes der BRD gesunken, ohne Berücksichtigung des desolaten Zustandes der öffentlichen Einrichtungen und der Fabriken. Entsprechend war das persönliche Einkommen der DDR-Bewohner extrem niedrig gegenüber dem der BRD-Bewohner, und zwar trotz der hervorragenden Ausbildung der Berufstätigen in der DDR. Insbesondere die jüngeren Berufstätigen, die noch nicht von dem zentralistischen System der DDR infiziert waren, konnten nach 1989 ohne die geringsten Schwierigkeiten in westdeutsche Unternehmen integriert werden.

Es hing also nicht an den Menschen, sondern allein an der schrecklichen Bürokratie dieses versunkenen Staates, die sich wie Mehltau auf alles Leben gelegt hatte.

Aus diesem Beispiel kann die Industrie, natürlich auch die Politik, eine überzeugende Lehre ziehen: Jede übertriebene Zentralisierung gefährdet nachhaltig die Leistungswilligkeit und Leistungsfähigkeit.

Der Computer gibt uns heute Mittel an die Hand, die sehr stark dezentrales Arbeiten und damit die Freiheit der Handlung begünstigen und dezentrales Wirtschaften besonders effektiv machen.

Man sollte sich daher sehr deutlich die Bedeutung einer geeigneten dezentralen Organisation für ein Unternehmen klarmachen, bringt sie doch erst den wichtigsten und teuersten Faktor, den motivierten Fachmann, zur vollen Entfaltung.

Die Einführung einer geänderten oder neuen Organisation hat einen großen Nachteil z. B. gegenüber der Entwicklung eines neuen Produktes: Man kann das Ergebnis vor Einführung kaum praxisgerecht testen. Jeder weiß, wie viel Fehler bei der Entwicklung neuer Software oder eines neuen Produktes in der Anfangszeit auftreten. Er erfährt dadurch, wie begrenzt die Vorstellungskraft und die Voraussicht der Menschen sind. Auf neuem Gebiet ohne Erfahrung ist es fast unmöglich, alles im Voraus zu bedenken und grundsätzlich Fehler zu vermeiden.

Gleichzeitig erzeugt die Einführung einer neuen Organisation zusätzliche Probleme, weil vom Menschen verlangt wird, von liebgewordenen, alten Gewohnheiten Abschied zu nehmen und sich mühsam neue Gewohnheiten anzutrainieren, die zu allem Überfluss am Anfang noch mit vielen Fehlern behaftet sind.

Daraus sind zwei Forderungen abzuleiten, bevor eine Organisation verändert wird. Die Nachteile der alten Organisation müssen möglichst allen Beteiligten offenkundig und möglichst lästig geworden sein, und es muss allenthalben die Einsicht vorhanden sein, dass eine Veränderung unumgänglich ist. Die Betroffenen dieser anstehenden Neuerungen müssen vorher zur Überzeugung gebracht werden, dass sich zumindest langfristig mit der neuen Organisation für sie etwas Positives ergeben wird.

Vor Einführung einer neuen Organisation muss deutlich werden, dass nach der Einführung noch Änderungen möglich sind, sofern sich herausstellen sollte, dass Unzulänglichkeiten auftreten werden. Man sollte aber erst dann die entsprechenden Korrekturen durchführen, wenn nach einer gewissen Zeit die vorgesehenen Ziele nicht erreicht wurden.

Solche Korrekturen sind erst sinnvoll, wenn die neue Vorgehensweise weitgehend praktiziert wird und dennoch die Meinung bestehen bleibt, diese Organisation müsse nochmals verändert werden. Nach allen Erfahrungen werden die Vorteile einer neuen Organisation durchaus deutlich wahrgenommen, und man zeigt sich keinesfalls bereit, auf das Alte zurückzugehen.

Neben diesen Überlegungen sind weitere Grundsätze zu beachten, bevor man eine Organisationsänderung einführt. Von der Leitung muss eine klare Zielvorstellung erarbeitet werden, die folgende Fragen möglichst klar beantwortet:

Das erfolgreiche Unternehmen

1. Welchen Nutzen erwartet man quantitativ und qualitativ für das Unternehmen, für die einzelnen Bereiche und für jeden Betroffenen?
2. Wie verändern sich die Unterstellungsverhältnisse, der Verantwortungsbereich und die Kompetenzen?
3. Sind alle Betroffenen ausreichend in den Meinungsbildungsprozess und in die Planungsphase einbezogen?
4. Besteht im Grundsatz bei allen Betroffenen eine klare Vorstellung was sich für sie ändern wird und welche Vor- und Nachteile für sie zu erwarten sind?
5. Welche zeitlichen Vorstellungen bestehen für die Einführung?
6. Existiert ein klarer, nachvollziehbarer zeitlicher Ablaufplan?
7. Welche Einführungskosten und besondere Schwierigkeiten sind zu erwarten?
8. Was hat man vorausdenkend getan, um diese zu minimieren?
9. Gibt es eine verantwortliche Projektgruppe und Projektleitung, die die generelle Verantwortung für die Maßnahmen trägt?

Die Organisation hat der Steigerung der Leistungsfähigkeit des Unternehmens und nicht dem speziellen Hobby der Unternehmensleitung zu dienen.

So habe ich vor Jahren ein kleineres Unternehmen kennen gelernt – das heute nicht mehr existiert, wo die betriebswirtschaftlich ausgebildete Inhaberin 25 Mitarbeiter mit Kostenkontrolle beschäftigte, eine Aufgabe, die bei richtiger Organisation auch ein Einzelner hätte erledigen können.

In einem anderen, größeren Unternehmen, das hervorragende Ergebnisse erzielte, wurde die ganze gewachsene, leistungsfähige Organisation umgestellt, insbesondere über den IT-Bereich, nur um umfassendere statistische Daten für die neue Geschäftsleitung zu erzeugen, an die sie offensichtlich aus einer früheren Tätigkeit gewöhnt war. Das Unternehmen war daraufhin auf Jahre nach innen fixiert und nicht mehr fähig, am Markt so erfolgreich zu operieren wie vordem. All das wird wohl mindestens 300 Mio. EUR gekostet haben, ohne die anderen bleibenden Schäden.

Bei größeren Strukturen bietet sich immer wieder als zunächst überzeugende Lösung eine Matrix-Organisation an, in der die operative wirtschaftliche Verantwortung und die fachliche Verantwortung getrennt sind.

Diese Lösung kann niemals die beste sein, weil fast immer Kompetenzkonflikte ausbrechen. Die bessere Lösung wäre, eine alleinige Verantwortung zu wählen und Beratungskapazitäten für Fachfragen zu organisieren, deren Nutzung dem wirtschaftlich Verantwortlichen frei überlassen bleibt.

Das Problem einer gesonderten, fachlichen Verantwortung innerhalb einer Matrix ist das überall auftretende Expertenproblem, das eine technisch gute, jedoch meist nicht die wirtschaftlich beste Lösung erwarten lässt.

Man kann das am deutlichsten in der Politik erkennen. Nach der Eingemeindung behielt jedes ursprünglich unabhängige Dorf seine Feuerwehrstation, die meistens noch ausgebaut wurde, obgleich im Zeitalter der Mobilität die ebenfalls vorhandene zentrale Feuerwehr gleich schnell am Brandort des Dorfes erscheinen konnte. Kein Gemeinderat wird jedoch dem Brandexperten widersprechen, der zum Wohle der Bürger die modernste Feuerwehreinrichtung fordert. Solche Entscheidungen sind immer dann zu erwarten, wenn wirtschaftliche und fachliche Verantwortung getrennt sind.

- Eine Organisation sollte immer so dezentral wie möglich und so zentral wie nötig operieren, wobei im Zweifelsfall die dezentrale Lösung die bessere sein wird, schon weil die betreffenden Mitarbeiter überschaubare Verantwortung erleben und einen eigenen Bereichsehrgeiz entwickeln werden.

- Die separate Organisation sollte möglichst abgrenzbare Produktbereiche umfassen, damit das Ergebnis überzeugend die eigene Leistung des Bereichs widerspiegeln kann.

- Ein Bereich sollte niemals zu groß und damit unübersichtlich werden. Er sollte – wenn es eben vom Produkt her möglich ist – nicht mehr als höchstens 300 bis 1.000 Mitarbeiter umfassen.

- Sollte ein Produktbereich über diese Grenze zu wachsen drohen, lassen sich Zulieferteile definieren und ausgliedern, die damit sehr viel eher einem Wettbewerbsvergleich unterworfen werden.

So kann man die Fertigung von Komponenten für eine Produktgruppe als selbstständig geführten Zulieferbetrieb organisieren, unter Umständen getrennt in spanabhebenden oder spanlosen Bereich. Es gibt bei einiger Phantasie sehr viele interessante Möglichkeiten, eigenverantwortliche Einheiten zu schaffen, die sich viel besser mit dem freien Markt messen lassen und damit einem offenen Wettbewerb unterliegen.

Ausgesprochene Servicebetriebe, wie Sondermaschinen- und Werkzeugbau, sollte man nach meiner Erfahrung möglichst nicht am freien Markt agieren lassen. Sie sind, wenn sie richtig organisiert sind, auf den sehr speziellen Bedarf des Unternehmens getrimmt und damit wesentliche Träger eines Produktionsvorsprunges und müssen vor allem sehr flexibel auf die Bedürfnisse des Unternehmens reagieren können. Trotzdem muss immer wieder am Wettbewerb geprüft werden, wie wirtschaftlich die Betriebe arbeiten und wo die Grenze der wirtschaftlichen Eigenfertigung liegt.

Bei der Organisationsform sind die Größe und das Produkt eines Unternehmens entscheidend. Eine komplexe Organisation in einem Kleinunternehmen ist meist schädlich und wird Eigeninitiative ersticken, die bei einem geringeren Organisationsgrad zu erwarten wäre.

Es gilt, rechtzeitig zu erkennen, wenn eine Organisation aus Wachstumsgründen geändert werden muss.

Wenn z. B. von einem Einzelverantwortlichen auf mehrere Geschäftsleiter umgestellt wird, ergeben sich besondere Schwierigkeiten, weil eine begrenzte Auswahl aus der bisherigen Leitungsebene zu treffen ist. Es müssen vorab offene Einzelgespräche mit stichhaltigen Gründen für die jeweilige Entscheidung insbesondere mit denen geführt werden, die nicht „aufsteigen".

Sofern die Personalauswahl richtig getroffen und die Organisation, die nie ganz fertig sein wird, vernünftig optimiert ist, kommt die dritte, entscheidende Komponente zum Tragen: der kluge Einsatz von Kapital. Darunter verstehe ich den effektiven Einsatz von Werkzeugen, Maschinen und Anlagen. Auch hier gibt es Grundsätze, die beachtet werden wollen.

Zunächst sind maschinelle Hilfsmittel immer dann besonders wirtschaftlich, wenn eine Vielzahl sich ständig wiederholender Funktionen erfüllt werden muss. Das ist der Hauptgrund der Arbeitsteilung bei wachsender industrieller Produktion im Maschinenzeitalter. Mit dem Aufkommen des Computers schwächt sich diese Tendenz wieder ab, da die Maschinen immer flexibler und rüstfreundlicher werden.

Es gilt im Prinzip die Aussage, dass Maschinen und Computer umso effektiver eingesetzt werden, je mehr sich wiederholende Vorgänge zu erledigen sind. Damit wird Personal durch Kapital ersetzt. Das ist auch der Grund, warum ein kluger Kapitaleinsatz die Produktivität der Menschen so außerordentlich steigert.

Trotzdem ist man immer wieder erstaunt zu erkennen, dass in ausgesprochenen Produktionsunternehmen die Kapitalkosten meistens weniger als ein Fünftel der Personalkosten ausmachen. Man muss vermuten, und das bestätigen eigene Erfahrungen, dass die mögliche wirtschaftliche Automatisierung nicht ausgeschöpft wurde. In einem solchen Produktionsunternehmen müssten die Kapitalkosten wahrscheinlich auf ein Drittel bis zur Hälfte der Personalkosten steigen, um das wirtschaftliche Optimum zu erreichen. Meistens fehlt es hierzu jedoch an technischer Intelligenz, Organisationskraft und Kreativität.

Es werden häufig vollautomatische Anlagen mit der gleichen Personalzahl betrieben wie Anlagen, die wesentlich geringer automatisiert sind. Wie häufig trifft man automatische Maschinen an, deren Bediener sich gelangweilt auf die Maschine stützen und gegen drohenden Schlaf ankämpfen.

Grundsatz jeder Investition ist zunächst die Wirtschaftlichkeitsrechnung, die in einem früheren Kapitel bereits erläutert und im Anhang 5.2 ausführlich dargestellt ist.

Hier gilt es zunächst, sich zu vergewissern, ob die betreffende Investition auch wirklich über den Abschreibungszeitraum ausgelastet sein wird und möglichst nahe bei 5000 Betriebsstunden im Jahr liegt. Die Investition ist kritisch mit Alternativen zu vergleichen und auch mit einem möglichen Zukauf des Produktes.

Allerdings sollte man unbedingt genau prüfen, ob der potenzielle Zulieferer Qualität, Flexibilität und Preise nachhaltig garantieren kann. Dabei können die größten Überraschungen auftreten. Man sollte daher vor der endgültigen Entscheidung für Zukauf genau klären, ob der vorgesehene Lieferant bereits nachweislich ähnliche, oder besser nahezu gleiche Produkte geliefert hat, ob er also genügend Erfahrung auf diesem Gebiet besitzt und seinen technischen Prozess beherrscht. Auch ist der finanzielle Status des Unternehmens zu überprüfen. Wenn die Angebotspreise des potenziellen Zulieferers weit jenseits einer vernünftigen eigenen Kalkulation liegen, sollte man unbedingt den gesunden Menschenverstand einschalten und nicht zukaufen.

Sofern mit der Vergabe nach außen „Know-how-Abfluss" zu befürchten ist, muss man sich – wenn man das überhaupt kann – vertraglich dagegen absichern, ansonsten sollte man sorgfältig prüfen, ob vielleicht die eigene Investition, mit Intelligenz vorgenommen, die vorgesehenen Kosten doch erreichen wird.

Bei neuen Investitionen gibt es neben den direkten Kosten unter Umständen auch damit wachsende Infrastrukturkosten, die zu beachten sind. Sehr sorgfältig sollte man die Anlaufkosten betrachten, die umso höher ausfallen werden, je weniger Erfahrung das eigene Unternehmen mit dem geplanten Prozess besitzt. Hier wird es sich unter Umständen lohnen, einen Berater hinzuzuziehen, der Spezialerfahrung besitzt.

Solche Berater sind deswegen heute besonders leicht zu bekommen, da es die ausgemachte Politik vieler Unternehmen zu sein scheint, Mitarbeiter mit langjähriger Erfahrung und Spezialkenntnissen vorzeitig zu entlassen, weil sie z. B. außerhalb des bisherigen Erfahrungsgebiets aufgestiegen sind und Opfer des „Peter-Prinzips" wurden. Manche wurden auch einfach vorzeitig entlassen, weil sie jungen, unerfahrenen Chefs widersprochen hatten.

Grundsätzlich gilt bei Wirtschaftlichkeitsrechnungen, dass sie niemals exakt sind, sondern große potenzielle Fehler enthalten können. Sie kann man z. B. deutlich machen, wenn auf die Investitionsrechnung die klassische Fehlerrechnung angesetzt wird, was in der Betriebswirtschaft offensichtlich unbekannt ist.

Es lohnt sich auch, den Maschinenlieferanten genau anzusehen, ob dieser einen „Prototyp" liefern wird, der voller Kinderkrankheiten steckt. Auf einen „Prototyp" würde man sich nur einlassen können, wenn genügend eigene Erfahrung und Zusatzkapazität auf diesem Gebiet vorliegt und dieser „Prototyp" für die Leistungsfähigkeit des Unternehmens in der Zukunft wichtig werden könnte.

Aber auch wenn gewisse Erfahrungen auf einem Gebiet vorliegen, lohnt es sich häufig, zu Beurteilung der Investition ein erfahrenes Spezialunternehmen hinzuzuziehen, das natürlich nicht im Wettbewerb mit dem eigenen Unternehmen stehen sollte.

Das folgende Beispiel zeigt deutlich, wie viel finanzieller Spielraum zwischen einer falschen und einer richtigen Investition liegen kann und in der Praxis auch liegen wird.

Wir übernehmen von einem Großkonzern eine Bearbeitungslinie für ein wichtiges Teil unserer Produkte und erreichten durch einfache Maßnahmen mehr als das Doppelte der vorher im Großkonzern erzielten Leistung.

Das Problem liegt meistens – insbesondere bei Großunternehmen – in der Organisation, die mehrere Planungshorizonte übereinander legt, die sich miteinander abstimmen müssen. Jeder scheut das Risiko, mit der Folge, dass häufig höchstens zwei Drittel der möglichen Leistung realisiert werden.

Aus dieser nicht erkannten Ursache sind wahrscheinlich besonders die Großunternehmen Verfechter der Theorie, die Verarbeitungstiefe müsse reduziert

## Das erfolgreiche Unternehmen

werden. Bei kleineren Unternehmen erlebt man mit großem Erfolg genau die umgekehrte Tendenz.

Wichtig für den wirtschaftlichen Einsatz von Maschinen ist heute die Software. Eine Erfahrung, die schon allgemein geworden ist. Unverständlich ist das Bestreben, diese Software möglichst von außen zu kaufen, weil man sie selbst nicht zu beherrschen meint. Im Ablauf des Betriebes ist Software eigentlich die vorgedachte Handlungsvorgabe für immer wiederkehrende Vorgänge und damit eng verknüpft mit der spezifischen, eigenen Erfahrung. Es sollte eigentlich ein optimiertes Zusammenspiel zwischen Organisation und Software erfolgen, das erst einen überzeugenden Wettbewerbsvorsprung erlaubt.

Im Gegensatz zu dieser Auffassung wird Software meistens von außen gekauft und die Organisation der Software angepasst. Übrig bleibt dann ein Durchschnitts-Unternehmen, das nur mindere Leistungen erreicht.

Ein Unternehmen, das besser werden will, sollte wahrscheinlich sehr genau seine Organisation und die passende Software entwickeln, um auf diesem wichtigen Gebiet einen deutlichen Wettbewerbsvorsprung zu erreichen.

Eine gekaufte Software bildet ein Standardunternehmen ab und wird vor allem dort zweckmäßig sein, wo extern festgelegte Regeln bedient werden müssen, wie im Personalwesen und im Finanzsektor.

Für die innerbetriebliche Organisation, das Zusammenspiel von Produktion, Transport, Lagerung und Lieferungen, gelten im Wesentlichen interne Regeln, die optimal dem Programm, der Produktionsmethode, den Lieferanten und den Kunden anzupassen sind. Hier heißt es, eine Lösung zu finden, die kreativ, logisch und wirtschaftlich die vielfältigen Aktivitäten verbindet und nicht nur Kostenvorteile schafft, sondern, ebenso wichtig, einen funktionellen Wettbewerbsvorsprung.

Durch Zukauf neuer Unternehmen waren wir vor zehn Jahren gezwungen, die auf dem Markt vorhandene Software zu untersuchen. Dabei stellten wir einen sehr deutlichen Funktionsnachteil gegenüber der eigenentwickelten Software fest.

Die neuen Unternehmen, die organisatorisch noch nicht ausreichend entwickelt waren, haben wir dann mit einer einfachen Kaufsoftware ausgerüstet, mit der unsere Basisideen zumindest im Ansatz zu verwirklichen waren.

Für das hoch rationelle Stammunternehmen wäre das der falsche Weg gewesen, daher wurde die eigene Software benutzerfreundlicher weiterentwickelt und besser dokumentiert, da im Allgemeinen der Nachteil selbst entwickelter Software in der mangelnden Dokumentation liegt.

Ganz wichtig war die Einführung einer Spezialabteilung, die zwischen EDV und Anwender angesiedelt war und die Aufgabe hatte, die vorgesehenen Aktivitäten der EDV auf Wirtschaftlichkeit, Kompatibilität und Logik zu untersuchen und auf dieser Basis eine Prioritätenliste für die Geschäftsleitung zu erarbeiten.

Diese kleine Abteilung ist dem Chef des Unternehmens direkt unterstellt und bringt Entscheidungsgrundlagen in die Vorhaben der EDV, die trotz vieler Bemühungen immer noch nicht so planbar sind wie andere Investitionen.

Fehler in Termin und Kosten liegen heute kaum mehr über 30 Prozent, während sie früher 100 Prozent und mehr betrugen.

Entscheidend ist vor allem, dass im Stammunternehmen die EDV-Kosten bei weniger als 1,5 Prozent vom Umsatz liegen und das Unternehmen hoch produktiv arbeitet, verglichen mit anderen Unternehmen der Branche (mehr als 70 Prozent besser).

Im Logistik- und Verwaltungsbereich betrug der Vorsprung an Produktivität gegenüber anerkannt guten Unternehmen mehr als 100 Prozent, und die Vorräte lagen bei 6 Prozent vom Jahresumsatz, bei hervorragender Lieferbereitschaft und Flexibilität gegenüber den anspruchsvollen, jedoch nicht zuverlässig disponierenden Kunden.

Die Tochterunternehmen mit ähnlichen Produktionsprogrammen und Standard-Software erreichten bei weitem nicht diese guten Leistungswerte des Stammunternehmens.

Gerade beim Lieferverhalten zum Kunden sollte man sich sehr viele Gedanken machen und Erfahrungen sammeln, wie man wirtschaftlich mit bestimmten Verhaltensweisen der Kunden umgeht. Eine Analyse des Abrufverhaltens eines Kunden ergab folgende Eigenarten:

- die Genauigkeit der Vorausschau sank entscheidend mit der Nähe zum Liefertermin
- die Schwankung der Abrufe stieg mit der Nähe zum Liefertermin
- der Kunde plante langfristig einen um ein Drittel höheren Bedarf als er wirklich benötigte

Es hätte keinen Zweck gehabt, den Kunden auf Verbesserung seines Abrufverhaltens zu drängen. Wir haben es als Wettbewerbsvorteil unseres Unternehmens gesehen, das offensichtlich voraussehbare Kundenverhalten in der Software zu verarbeiten und den Disponenten entsprechend anzuleiten. Dieses grundsätzliche Nachdenken im Vorfeld von Ereignissen, die voraussehbar sind, führt zu besseren Ergebnissen als die ungestützten Reaktionen von Disponenten, die einfach bei den vielen Kunden und Produkten die Übersicht und Zeit nicht haben können.

Die Auswirkungen der Software erbrachte bessere Lösungen als das Eingreifen des erfahrenen Disponenten von Hand. Die Eingriffsmöglichkeiten in das System wurden daraufhin für den Disponenten stark eingeschränkt.

Bei nicht wiederkehrenden Ereignissen (Hochlaufen, Auslaufen eines Produktes oder plötzlicher Ausfall eines mitliefernden Konkurrenten) muss der Disponent jedoch nach Abstimmung mit dem Kunden von Hand steuern.

Gerade bei den automatischen Pressen ist das Vorausdenken so außerordentlich wichtig, um die Anlagen und Maschinen gleichmäßig auszulasten. Das richtige Zusammenspiel zwischen Organisation, Software und bestens geeigneten Maschinen bringt letzten Endes den besonderen Erfolg.

So ist z. B. der beste computergesteuerte Stanzautomat nicht wirtschaftlich einzusetzen, wenn die Werkzeuge nicht genormt und schnell wechselbar sind, die Fertigungsparameter nicht im Vorhinein eindeutig festliegen und die Werkzeug- und Rohteilebereitstellung nicht erstklassig organisiert sind. Insbesondere bei hoch automatisierten Anlagen sind Organisation und automatische Parameterkontrolle entscheidend, bis zur Bereitstellung spezieller auf den Prozess zugeschnittener Rohteile.

Wenn man schon bei einzelnen Menschen – insbesondere, wenn es sich um eine begabungsabhängige Leistung handelt – leicht Leistungsunterschiede von mehr als 2:1 feststellt, ist es umso eher verständlich, dass auch in den komplizierten Abläufen heutiger Unternehmen leicht die oben genannten Produktivitätsunterschiede von 2:1 auftreten können. Die vorstehenden Ausführungen gaben nur einen ersten Hinweis darauf, was jedes Unternehmen, das sich zu einem Spitzenunternehmen entwickeln möchte, zu berücksichtigen hat.

## 3.2 Produktentwicklung

Vorstehend wurden die allgemeinen Grundsatzprobleme eines Unternehmens behandelt. Nachstehend werden die einzelnen Unternehmensaktivitäten mehr

Das erfolgreiche Unternehmen

aus der Fachperspektive beleuchtet. Als Basisunternehmen sollte wieder ein Unternehmen gelten, das Produktentwicklung betreibt, Rohteile einkauft, diese bearbeitet, montiert und an die Kunden weiterverkauft.

Grundlage eines jeden Unternehmens ist der Markt, der ein Produkt benötigt. Oberstes Ziel eines Unternehmens sollte daher sein, dem Markt ein Produkt zu bieten, das mindestens einen gleichen oder möglichst besseren Nutzwert hat als den, den der Konkurrent bietet.

Diese Betrachtung zeigt, wie außerordentlich wichtig die Produktentwicklung für jedes Unternehmen ist. Hier entsteht die Grundlage des Erfolges für morgen.

Bei der Entscheidung, ein Produkt neu zu entwickeln, muss man sich darüber im Klaren sein, dass mit dieser Entscheidung ein außergewöhnlich hohes Risiko verbunden ist, da es aufgrund der vielen Einflussparameter keine zuverlässigen Prognosen des Marktes von morgen gibt. Selbst scheinbar einfache Voraussagen, wie zukünftiger Energieverbrauch oder politische Entwicklungen, werden ständig falsch prognostiziert. Daher sehen renommierte Zukunftsforscher – schon an sich ein fragwürdiger Begriff – in der Realität durchweg sehr schlecht aus und sind mit Recht schnell vergessen.

Prognosen über den Markt sind aus vier Gründen schwierig:

1. Änderung der Marktpräferenzen (Mode)
2. Vorteilhaftere Entwicklung beim Wettbewerber
3. Substitution des heutigen Produktes durch ein ganz anderes, das z. B. noch bessere oder zusätzliche Eigenschaften bietet
4. Unvorhergesehene Schwierigkeiten bei der Entwicklung

Aus diesen Gründen sollte man zunächst eine Weiterentwicklung des derzeitigen Produkts betreiben, da hier einige der Prognoseschwierigkeiten entfallen und das Unternehmen auf vorhandene Erfahrung und Wissen setzen kann. Das Risiko, das – bei diesem, auf den ersten Blick sicheren Weg – auftreten kann, ist eine ganz neue Produktrichtung, die von einem Konkurrenten eingeschlagen wird und dem Markt überzeugende Vorteile bieten kann.

Wenn ein Produkt nur weiterentwickelt wird, besteht die Gefahr, dass die Phantasie begrenzt bleibt, weil man sich gleichsam auf Schienen bewegt. Nur was diese Schienen zulassen, wird realisiert.

Sollte man jedoch den Mut aufbringen, diese Schienen zu verlassen und sich in neues Gelände wagen, hat man sehr viel mehr Möglichkeiten, jedoch auch deutlich höhere Kosten und vor allem Risiken. Die Risiken bieten jedoch meistens große Chancen, weil die „Schienenverlegung" die Wettbewerbsposition durchgreifend verbessern kann.

Voraussetzung für einen solchen Weg ist jedoch eine gute finanzielle Basis des Unternehmens, um die erhöhten Risiken auszugleichen.

Am erfolgreichsten wird ein Unternehmen sein, wenn es beide Richtungen verfolgt, sowohl auf den vorhandenen Schienen weiterzuentwickeln als auch neue Schienen zu verlegen.

Grundsätzlich kann das Produkt verschiedene Komplexitätsstufen aufweisen. Die unterste Stufe – damit ist kein Qualitätsurteil gefällt – ist die Prozess-Stufe.

### 3.2.1 Prozess-Stufe

Eine Firma mit einem einstufigen Prozess bietet als Produkt einen hoch entwickelten, kostengünstigen Fertigungsprozess, dessen Kosten im Allgemeinen niedrig sind, weil die Verwaltung klein bleibt.

Sie profitiert im Rahmen der Arbeitsteilung zwischen den Unternehmen, insbesondere durch die stark gesunkenen Transportkosten.

Die Firmen vergessen häufig, dass ihr Produkt allein der Fertigungsprozess ist und ihr Überleben davon abhängt, ob es ihnen gelingt, eine Spitzenstellung in dieser Prozess-Technologie zu erreichen und zu erhalten. Sie sollten daher auch einen angemessenen Anteil ihrer Kosten für die Fortentwicklung dieses Fertigungsprozesses abzweigen und eine spezielle Begabung suchen, die sich ausschließlich mit dieser Fortentwicklung beschäftigt und außerdem den Markt sorgfältig beobachtet, ob Substitutionsverfahren drohen.

Nach allen Erfahrungen sind die Mitarbeiter, die im Tagesgeschäft stehen und ständig dem dortigen Liefer- und Leistungsdruck ausgesetzt sind, kaum in der Lage, systematisch Fortentwicklung zu betreiben. In solchen Unternehmen sollten vielleicht bis zu 5 Prozent vom Rohertrag für eine solche Fortentwicklung eingesetzt werden. Die zweite Stufe ist die Prozesskette.

### 3.2.2 Prozesskette

Ein Unternehmen, das auf diesem Niveau operiert, liefert z. B. Unterbaugruppen, die montagefertig für ein Aggregat bezogen werden. Meistens haben sich diese Unternehmen über einen Basis-Fertigungsprozess entwickelt, in den weitere Bearbeitungsschritte integriert wurden, um den Kunden ein einbaufertiges Teil liefern zu können. Nicht alle diese eingesetzten Fertigungsprozesse müssen im eigenen Hause ablaufen.

Der Vorteil eines solchen Vorgehens ist die optimale Abstimmung zwischen den unterschiedlichen Prozessen, damit jedem Prozess das zugemessen wird, was er am besten kann, und so das Montageteil wirtschaftlicher entsteht, als wenn die Einzelprozesse ohne Rückbezüglichkeit zueinander unabhängig ablaufen würden.

In einem früheren Kapitel hatte ich als Beispiel erwähnt, wie in einem Prozess das Schleifen wegfiel, weil es gelungen war, den Prozess Aufchromen besser zu beherrschen, und die herzustellenden Ziehstopfen sogar bessere Ziehergebnisse ermöglichten. Als zusätzlicher Vorteil ergab sich sogar die Verbilligung des Basisprozesses Aufchromen.

Sofern eine Prozesskette von mehreren Prozessen optimiert wird, werden manchmal außergewöhnliche wirtschaftliche Erfolge realisiert; dafür ist natürlich der Entwicklungsaufwand entsprechend höher.

Trotzdem findet man bei Unternehmen mit Prozessketten häufig, dass die Prozessentwicklung wenig systematisch betrieben, sondern eher von Fall zu Fall über den Wettbewerb erzwungen wird. Gerade hier ist aber systematische Entwicklung besonders nützlich und erfordert meist eine spezialisierte Entwicklungsgruppe, die losgelöst vom Kundendruck operieren kann.

Je nach Komplexität sind etwa 6 bis 8 % vom Rohertrag für solche Entwicklungen anzusetzen, die sich durch Markterfolge und zusätzlichen Gewinn schnell amortisieren.

Bei der Prozessentwicklung muss man systematisierte Projektarbeit betreiben, die in mehreren Stufen mit klar definierten Zielen ablaufen sollte.

Wichtig für den Ablauf stabiler Prozesse ist es, die Prozessparameter in ihren Wirkungen und gegenseitigen Abhängigkeiten genau zu kennen. Nur auf diese Weise ist aus jedem Prozess das Optimum an Leistung und Qualität herauszuholen und die Liefertreue durch Prozess-Stabilität zu sichern. Im Anhang 5.4 ist eine solche Projektsystematik genauer dargestellt.

### 3.2.3 Baueinheiten

In der nächsten Komplexitäts-Stufe liefert das Unternehmen ganze Baueinheiten, die aus verschiedenen zugelieferten Fertigteilen, aber auch aus eigenbearbeiteten Teilen besteht. Im Allgemeinen dürften je nach notwendiger Menge die vorgeformten Rohteile, wie Schmiede-, Guss-, Fließpressteile und Bleche, zugekauft werden.

Hier gewinnt die Produktentwicklung ihre volle Bedeutung. Der Verantwortliche muss in enger Abstimmung mit der Produktion nach dem Produkt-Optimum streben.

Solche Entwicklungen sind meistens Teamarbeit, wobei die Schwierigkeit besteht, eindeutige Aufgabenteilung zu finden. Für jede Unterbaugruppe muss ein überzeugendes Lastenheft vorliegen, das eine klare Definition der Schnittstellen ergibt. Da es im Allgemeinen bei Beginn der Entwicklung sehr schwierig ist, den ganzen Umfang endgültig zu definieren, muss dieses Lastenheft, vor allem jedoch die Schnittstelle zwischen den einzelnen Gruppen und mit dem Kunden, gelegentlich neu abgestimmt werden.

Man sollte dabei immer streng zwischen Lastenheft und Spezifikation unterscheiden. Das Lastenheft enthält volle Freiheit im Hinblick auf die zu erbringenden Ausführungsdetails, während in der Spezifikation (z. B. in der Zeichnung) Festlegungen getroffen sind, die die Ausführung im Detail genau bestimmen. Insofern gehört die Festlegung der Schnittstellen eigentlich schon zur Spezifikation.

Es ist notwendig, jedem Verantwortlichen für eine Unterbaugruppe ein Lastenheft zur Verfügung zu stellen, in dessen Rahmen das Projektteam die genaue Ausführungsform, die Spezifikation, frei erarbeiten und festlegen kann.

Für die Spezifikation sollte der Verantwortliche Doppelfestlegung bestimmter Ausführungen vermeiden (z. B. Festigkeit, Zähigkeit und Gefüge). Dadurch erhält der Produzent mehr Freiräume für die Kostenoptimierung. Im Allgemeinen wird die schriftlich fixierte Spezifikation nicht ausreichen, um ein aus fertigungstechnischer Sicht optimales Teile zu definieren, deshalb ist ein enger persönlicher Kontakt zwischen dem Produktentwickler und dem Fertigungsplaner erforderlich.

Diese enge Zusammenarbeit wird Simultaneous Engineering genannt und sollte als Pflicht jedem Entwickler vorgeschrieben werden. Leider ist es nicht einfach, eine solche Zusammenarbeit zu organisieren, weil die menschliche Komponente zwischen den Beteiligten eine große Rolle spielt. Vor allem darf kein Bereichsegoismus herrschen. Jeder muss den anderen verstehen wollen und in der Lage sein, offen Argumente auszutauschen.

Wenn eine solch gute Zusammenarbeit gelingt, fördert sie entscheidend die Marktfähigkeit des Produktes.

Als ich vor vielen Jahren ein um die Existenz kämpfendes Unternehmen übernahm, hatte der exzellente Entwicklungsingenieur sein Produkt allein nach Funktionsgesichtspunkten aufgebaut, ohne die Möglichkeit der Fertigung zu berücksichtigen. Wir haben dann dieses Produkt „entfeinert", ohne die Funktionsqualität aufzugeben, und gewannen damit einen erheblichen Wettbewerbsvorteil.

Etwa 70 Prozent der Kosten eines Produkts werden durch das „Design" festgeschrieben und nur 30 Prozent kann die Fertigung beeinflussen. Diese, zugegebener Maßen grobe, Schätzung zeigt, wie wichtig die enge Zusammenarbeit zwischen Konstruktion und Fertigung ist. Jedes Unternehmen, dem es nicht gelingt, Konstruktion und Fertigung eng miteinander zu verknüpfen, wird durch zu teure Produkte erheblich an Wettbewerbsfähigkeit einbüßen.

Man sollte Produkte möglichst in mehreren Entwicklungsschleifen planen, um nicht zuviel Funktions- und Kosten-Reserven in der Konstruktion zu belassen. Ein Konstrukteur, der mit Sicherheitsreserven konstruieren muss, weil keine ausreichende Zeit für Versuche bleibt, wird immer teurer konstruieren, weil er mögliche Grenzen nicht ausloten kann. Daher ist der reale Test so wichtig, der bewusst Belastungsgrenzen überschreiten muss, um Reserven in einem Bauteil deutlich zu erkennen. Ein Versuch, der nur feststellt, dass das Bauteil seine Funktion erfüllt, hat die wichtigste Aufgabe versäumt, die wirksamen Kosten- und Sicherheitsgrenzen aufzuzeigen.

Mancher vertritt heute den Standpunkt, mit dem Fortschritt der Rechnertechnik auf Versuche weitgehend verzichten zu können. Das ist deswegen falsch, weil die theoretische Simulation eines Funktionsfalles immer ein vereinfachtes Modell voraussetzt, das nicht in jedem Detail mit der Realität übereinstimmen kann und damit nicht alle kritischen Phasen erfasst.

Modelle, die prinzipiell durchaus einfach sein dürfen, zeigen überraschend klar Wirkzusammenhänge und Einflussparameter, geben aber niemals eine sichere Auskunft, ob das Bauteil auch unter allen auftretenden Funktionsbedingungen einsatzfähig bleiben wird. Darum sind Praxisversuche notwendig, die, von den Simulationsergebnissen definiert, durchaus weitgehend auf dem Prüfstand laufen können, um überzeugende Aussagen der Funktionsfähigkeit zu erbringen.

Manchmal ist ein Prüfstandsversuch sogar aussagefähiger als ein praktischer Funktionstest. So ist es im Fahrbetrieb eines Kfz nicht möglich, bestimmte Parameter genau einzustellen, z. B. beim Anfahrvorgang. Diese sind jedoch auf dem Prüfstand einzustellen, und man bekommt damit sehr viel exaktere Aussage z. B. über eine Kupplung. So kann beispielsweise jeder geübte Testfahrer eine Kupplung leicht gezielt zerstören, ohne dass sich das nachweisen ließe. Trotzdem meinen „alte Hasen", auf solchen Testfahrten bestehen zu müssen, weil sie die Zusammenhänge nicht begreifen wollen oder können.

Ein verständnisvolles Zusammenspiel und eine gegenseitige Befruchtung von Konstruktion, Simulation, Prüfstands- und Praxistests und Prozessanalyse führt am ehesten zu einem erstklassigen, wettbewerbsfähigen Produkt.

Auch gelten in erster Linie der gesunde Menschenverstand und die Erfahrung; beide sind außerordentlich wichtig, wenn es darum geht, Probleme beim Start eines neuen Produktes zu vermeiden.

### 3.2.4 Aggregatentwicklung

Die Entwicklung benötigt ihre volle Funktionsbreite, wenn ein ganzes Aggregat zu entwickeln ist, das z. B. als selbstständige Funktionseinheit in ein Fahrzeug eingebaut wird und sich als eigenständiges Produkt am Markt zu bewähren hat.

Bei der Entwicklung dieser Aggregate gilt es ganz besonders, sich niemals zu weit von dem eigenen Erfahrungshorizont weg zu bewegen, da in einem solchen Fall die Risiken exponentiell wachsen. Dies liegt in erster Linie an der mangelnden Kenntnis der vielen, für einen Produkterfolg wichtigen Faktoren, aber auch in der mangelnden Kenntnis des spezifischen Marktes und der genauen Wettbewerbssituation.

Ein neuartiges Produkt ist noch am leichtesten anzugehen, wenn sich sehr deutlich auf dem Markt ein Paradigmenwechsel abzeichnet, der alle künftigen Mitbewerber vor neue Tatsachen stellt und ihre alten Erfahrungen weitgehend wertlos macht. Dem neu Hinzutretenden bieten sich vielleicht sogar besondere Vorteile, weil er den alten Dingen nicht so sehr verhaftet ist und sich unvoreingenommen auf „neuen Schienen" bewegt.

Gerade in den letzten Jahrzehnten haben wir das viele Male erlebt beim Untergang ganzer Industriezweige, wo meistens den Beherrschern der alten Technologie die Phantasie fehlte, den Paradigmenwechsel überhaupt wahrzunehmen oder sich gar darauf einzustellen.

Auch ich habe bei der Übernahme der ersten Verantwortung für ein ganzes Unternehmen davon profitiert, dass sich auf dem Automobilmarkt eine neue Technologie abzeichnete: Der Wechsel von der Schraubenfederkupplung zur Tellerfederkupplung.

Die Schwierigkeit einer solchen neuen Entwicklung ist immer, dass beide Lösungen Vor- und Nachteile aufweisen und anerkannte Experten – auch an den Technischen Hochschulen – durchaus mit überzeugend klingenden Argumenten die alte Richtung vertreten.

Letzten Endes gehört zum endgültigen Erfolg eine tiefe innere Überzeugung, den richtigen Weg gefunden zu haben, und die Kunden – also den Markt – von der Richtigkeit der neuartigen Produkte in der Realität zu überzeugen. Auch bei theoretischen Überlegungen spielen Emotionen eine sehr entscheidende Rolle.

Die Verantwortlichen in einem erfolgreichen Unternehmen sollten immer kritisch ihre Produkte beobachten, ob es zur Durchführung der betreffenden Aufgabe nicht andere physikalische oder technische Möglichkeiten gibt, als diejenigen, die das Produkt voraussetzt. Die Mannschaft, die ein „erfolgreiches Produkt" entwickelt, ist im Prinzip völlig überfordert, solche neuen Richtungen richtig einzuschätzen, weil sie ja von ihrem Produkt in aller Regel emotional überzeugt ist.

Es stellt sich also die Frage nach einer Vorentwicklung und ob man sie einer vorhandenen Produktentwicklung unterstellen sollte.

Ich bin inzwischen zu der festen Überzeugung gekommen, dass man eine Vorentwicklung – insbesondere wenn Paradigmenwechsel erwartet werden – unter allen Umständen unabhängig von der alten Entwicklung betreiben muss, zum einen, um die Unvoreingenommenheit zu wahren, zum anderen aus einem noch wichtigeren Grund: Sollten bei der unter hohem Außendruck stehenden Serienentwicklung geringste Kapazitätsengpässe auftreten, werden Experten sofort für die „cash-cow"-Serienentwicklung von der Vorentwicklung abgezogen. Das habe ich viele Male erleben müssen.

Damit bleibt im Allgemeinen nur übrig, eine rechtlich getrennte Entwicklungsfirma zu gründen, die sich der Chef selbst unterstellen sollte. Erst dann besteht die Voraussetzung, dass die Vorentwicklung effektiv läuft. Sie wird natürlicherweise von einem gesunden Misstrauen der Serienentwicklung begleitet, die dieses neue Unternehmen häufig als Schmarotzer empfindet, der das sauer verdiente Geld des Unternehmens für Hirngespinste verpulvert und außerdem wegen des fehlenden Kundendrucks ein bequemes Leben führen kann.

Von Seiten der Unternehmensleitung muss mit aller Intensität Stellung gegen diese Haltung bezogen werden. Der Chef muss sich mit seiner ganzen Autorität hinter die Zukunftsentwicklung stellen. Allen Mitarbeitern muss immer wieder klar gemacht werden, dass in der Zukunftsentwicklung das Fundament für das zukünftige Überleben des Unternehmens (bis hin zu der künftigen Sicherung der Pensionszahlungen) gelegt wird.

Manchmal besteht die Gefahr, dass eine solche Entwicklungsfirma zu einer Spielwiese für die Geschäftsleitung degeneriert, wo technisch interessante, aber nicht immer wirtschaftlich sinnvolle Dinge betrieben werden, meistens weil Marktkenntnisse fehlen. Ähnliches trifft auch für viele Arbeiten an technischen Universitäten zu. Daher verlangt ein solches Vorgehen unbedingt eine sehr strikte Projektplanung und Projektverfolgung, um dadurch alle notwendigen Informationen zu gewinnen und den fehlenden Kundendruck zu ersetzen.

Solche Projekte müssen in logische Abschnitte aufgeteilt werden, die unterschiedliche Ziele verfolgen und entsprechend strukturiert sein müssen. Dies wurde vorstehend schon diskutiert, jedoch nicht mit der Ausführlichkeit, die eine vollständige Neuentwicklung eines Produktes erfordert.

Folgende Phasen müssen unterschieden werden:

## 1 Initialisierungsphase

Hier wird die Idee zu einem neuen Produkt geboren, das offensichtlich deutliche technische Vorteile und einen wahrscheinlichen Markterfolge verspricht.

Am Ende dieser Phase sollte Folgendes festliegen:

- Der grob geschätzte, überzeugende wirtschaftliche Erfolg
- Die überzeugende physikalische Basis des zukünftigen Produkts
- Die ungefähre Größe des Marktpotentials
- Die Wettbewerbssituation

Am Ende einer positiv verlaufenen Initialisierungsphase, die jeder Mitarbeiter anregen darf, steht die Entscheidung der Geschäftsleitung, die Konzeptphase zu beginnen.

## 2 Konzeptphase

Hier wird die technische Machbarkeit geprüft, die denkbaren Alternativen werden betrachtet, ein Literatur- und Patentstudium wird durchgeführt, eine wirtschaftliche Potentialanalyse insbesondere in Richtung Markt erstellt, und es wird untersucht, welche Substitutionen durch andere Produkte denkbar sind. Außerdem sollten Berechnungen und Simulationen erfolgen. Am Ende der Konzeptphase stehen die Termin- und Kostenpläne, eine fachgerechte Marktanalyse und vor allem ein Lastenheft. Schließlich gehört zum Abschluss dieser Phase die Planung der ersten Prototypenphase.

## 3 Erste Prototypenphase

Basis dieser ersten Prototypenphase ist das in der Konzeptphase erstellte Lastenheft, das der Entwicklung möglichst viel Freiheit lässt, einen Prototyp auszulegen, der die Forderung des Lastenhefts erfüllt und mit dem man überzeugende Funktionstests und erste Dauertests durchführen kann.

Diese Phase unterteilt sich in folgende Abschnitte:

- Konstruktion – Simulation – Berechnung
- Erste Kostenermittlung unter seriennahen Bedingungen
- Bau des Prototyps

- Funktionsversuche und erste Dauererprobung
- Parallel weitere Prüfung von Marktsituation und Patentschutz

Am Ende dieser Phase steht die Planung der zweiten Prototypenphase, die neue Erkenntnisse aus der ersten Phase realisieren soll.

## 4　Zweite Prototypenphase

Hier werden im Wesentlichen die Fehlüberlegungen der ersten Phase korrigiert, bis zu einer Änderung des Lastenheftes. Das Ergebnis sollen Prototypen sein, die nicht nur die Funktion perfekt erfüllen, sondern außerdem die gewünschte Lebensdauer garantieren. Weil hier schon eine große Seriennähe erreicht ist, muss die Wirtschaftlichkeit einer künftigen Produktion sehr eingehend untersucht werden.

Die Phase unterteilt sich in folgende Abschnitte:

- Konstruktion – Simulation – Berechnung
- Kostenermittlung unter Serienbedingungen
- Bau der seriennahen Testmuster
- Vertiefte Funktionsversuche
- Dauertest
- Vertiefte Marktanalyse, umfassende Patentrecherche
- Verbindliche Wirtschaftlichkeitsrechnung

Im Prinzip ist die Entwicklung nach der zweiten Prototypenphase abgeschlossen. Daher muss sich eine exakte Planung für die zukünftige Serienfertigung anschließen (feasibility study).

Häufig folgt jedoch eine spezielle Serienentwicklungsphase, die vor allen Dingen nachträgliche Markterkenntnisse einzubringen sucht und Forderungen nach einer noch wirtschaftlicheren Fertigungstechnik zu berücksichtigen hat.

Wichtig ist, dass jede Phase in nachprüfbare Termin- und Kostenschritte untergliedert wird, um eine klare Aufwands- und Zeitkontrolle zu ermöglichen. Nach jeder Phase ist zu überprüfen, ob die Annahmen, denen das Projekt seine Entstehung verdankt, weiter gelten und ob das Projekt fortzuführen oder abzubrechen ist.

Der Vorteil eines solchen Vorgehens ist die Minimierung der Entwicklungskosten für den Fall eines Irrtums, den eine noch so gründliche Planung niemals ganz verhindern kann.

Man sollte daher bei der Projektplanung keine übertriebene Genauigkeit anstreben, da sie bei neuartigen Projekten kaum zu erreichen ist. Eine Genauigkeit von ± 25 % genügt vollständig. Sie ist sogar sehr hoch, wenn man vergleicht, wie „genau" öffentliche Bauten vorgeplant werden, in denen kaum neuartige Techniken zum Einsatz kommen.

Trotzdem sollte die Planung ernst genommen werden, da sie wesentlich den Aufwand reduziert und zur Rationalität zwingt.

Das große Geld kostet allerdings nicht die Entwicklungsphase, sondern der Übergang zur Serienproduktion. Ganz allgemein gilt, dass insbesondere der recht preiswerten Konzeptphase viel zu wenig Aufmerksamkeit geschenkt wird.

Im Diagramm sind Abstufungen der Kosten abgeschätzt, wie sie bei einer Produktentwicklung in den einzelnen Phasen auftreten werden.

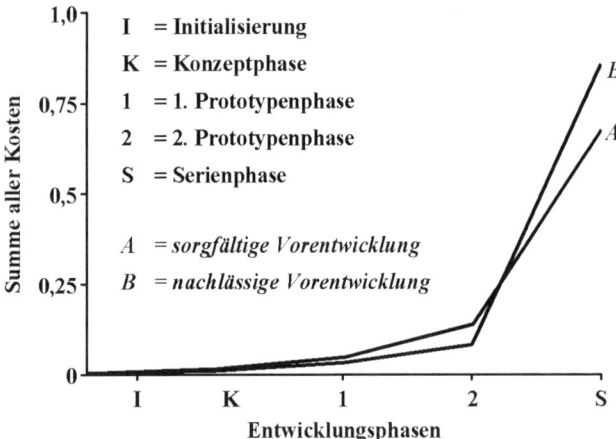

Es ist nahezu unverständlich, dass in der preiswerten Konzeptphase, die letzen Endes die Grundlage der ganzen Entwicklung bildet, meist so wenig Aufwand getrieben wird. Dabei wird die Qualität der späteren Entwicklungsphasen, wie

## Das erfolgreiche Unternehmen

auch der Erfolg des späteren Produkts, sehr wesentlich von der Gründlichkeit abhängen, mit der in der Konzeptphase gearbeitet wurde.

Im Anhang 5.4 finden Sie eine genaue Ausarbeitung über den Ablauf eines Entwicklungsprojekts.

Jedes Produkt ist rein prinzipiell von Substitutionsprodukten bedroht. Ein vorsorgliches Unternehmen ist daher gezwungen, solche möglichen Entwicklungen im Auge zu behalten und in diese Richtung Entwicklungsarbeit zu leisten.

Wie vorstehend dargelegt, sollte das in einem getrennten Unternehmen geschehen, das sich mit der Zukunft rund um das heutige Hauptprodukt aus Konkurrenzsicht befassen sollte.

Ein solches Unternehmen befruchtet wiederum auch die Serienentwicklung, da es eine deutlich objektivere Betrachtung des Hauptproduktes ermöglicht.

Wie erläutert, steht die Serienentwicklung ständig unter großem Zeitdruck und findet wenig Gelegenheit, sich mit grundsätzlichen Fragen zu beschäftigen. Werden abgrenzbare Unterprojekte mit aussagefähigen Lastenheften und eindeutigen Schnittstellen definiert, so sind solche diese leicht an das Vorentwicklungsunternehmen oder an außen stehende Entwicklungsfirmen zu delegieren.

Vom Markt wird heute für Entwicklungsprojekte ein großer Zeitdruck ausgeübt. Mit der Vergabe von Unterprojekten an Spezialfirmen kann man durch Parallelentwicklungen Zeit gewinnen unter Nutzung von frei am Markt verfügbarer Entwicklungskapazität. Leider macht es offensichtlich große Schwierigkeiten, für solche Unterprojekte eindeutige Lastenhefte und Schnittstellen zu definieren.

Eine Lösung – insbesondere um Misstrauen abzubauen – sind gemischte Projektteams, die für eine gewisse Zeit zusammenarbeiten und so das ganze Know-how der beteiligten Unternehmen aktivieren. So positiv dies auch zunächst klingt, so treten in der Praxis immer wieder Hürden auf, weil alle in einer Wettbewerbslandschaft leben, wo jeder natürlich darauf aus ist, Wettbewerbsvorteile für sich zu gewinnen.

In einem Entwicklungsvertrag ist daher vorher zu klären, welche Schutzrechte genutzt werden dürfen, wie mit gemeinsamen, neu entstandenen Schutzrechten umzugehen ist – und vor allem, wer an wen liefert.

Das erfolgreiche Unternehmen

Entscheidend ist dabei, dass mit einer Lieferverpflichtung der Wettbewerb ausgeschaltet ist. Man muss hier ohne falsches Spiel die Kalkulationsgrundlage offen legen, die zu einem angemessenen Gewinn führt, aber auch nachweist, dass wirtschaftlich gearbeitet wird. So könnte man sich vorstellen, dass ein eventueller Wettbewerber nicht günstiger als zu den Herstellkosten des Mitentwicklers liefern darf, wenn der betreffende Auftrag beim Mitentwickler verbleiben soll.

Grundsätzlich sind solche Vereinbarungen möglich, auch wenn der Wettbewerb bis zu einem gewissen Grad eingeschränkt ist.

Völlig unverständlich ist allerdings die Forderung von Teilen der Automobilindustrie in Europa, Kosten- und Produktionsdetails offen zu legen und gleichzeitig Wettbewerb zu praktizieren. Der Automobilhersteller möchte offensichtlich diese Detaildaten für den eigenen Gebrauch verwenden oder noch schlimmer, an Wettbewerber des Zulieferers weiterleiten.

Dieses Verhalten kommt aus Japan. Dort sind die Zulieferbetriebe Eigentum der Automobilhersteller, somit hat dieser keine Chance, Wettbewerber einzuschalten. Dann ist natürlich eine solche Offenlegung notwendig. Ähnlich war dies früher bei der Rüstungsindustrie, wo es den so genannten Kostenerstattungspreis gab, wenn kein Wettbewerb existierte; in beiden Fällen eine vernünftige Lösung, nicht jedoch bei freiem Wettbewerb.

Bei der Serienentwicklung sind für den Markterfolg noch eine Reihe von zusätzlichen Grundsätzen bestimmend. Insbesondere in der Massenfertigung besteht die Forderung, dass mit höchster Wahrscheinlichkeit die Dauerhaltbarkeit des Produkts gewährleistet sein muss, da andernfalls das Image des Herstellers leiden wird und, was fast noch schlimmer ist, hohe Schadensersatzklagen drohen.

Die Schwierigkeit besteht darin, alle möglichen Belastungsfälle vorher zu kennen und eventuelle Fehlbedienungen vorwegzunehmen. Da dies fast ausgeschlossen ist – ähnlich wie bei den Prognosen – gibt es eigentlich nur zwei Wege, um solche unheilvollen Überraschungen möglichst auszuschalten:

1. eine Belastung zu testen, die etwa 30 bis 50 % höher als die erwartete liegt
2. das Produkt auf einem sehr gut überschaubaren Markt in Kleinserie zu testen.

Während der erste Weg z. B. von der Europäischen Automobilindustrie gewählt wird, verfolgt die japanische Automobilindustrie konsequent den zweiten Weg. Neuerungen werden jahrelang ausschließlich nur auf dem japanischen Markt angeboten, bevor diese so abgesicherten Produkte auf den Exportmärkten auftauchen. Aus diesem Grund haben die japanischen Autos im Allgemeinen einen Vorsprung in der Auslieferqualität z. B. in Europa.

Es gibt auch Fälle, dass Fehlbedienungen oder Fahrbedingungen nur auf ganz eng begrenzten Märkten auftreten, in denen dann die Ausfallraten plötzlich hochschnellen.

Zur Vermeidung solcher Probleme hilft in erster Linie Erfahrung, weniger die technische Intelligenz.

Erfahrene Projektleiter wissen, wo Probleme auftreten können und sind daher in vielen Fällen jungen, auch hoch intelligenten Entwicklern überlegen, wenn es gilt dem Markt, robuste, sichere Produkte zu bieten.

Es empfiehlt sich, schon in der zweiten Prototypenphase die Entwicklungsmannschaft teilweise auszuwechseln, da sich erfahrungsgemäß der kreative Entwickler scheut, „langweilige" Detailarbeiten zum Zwecke der Optimierung durchzuführen, detailverliebte Perfektionisten jetzt aber benötigt werden.

Bei der Fertigstellung eines Serienprodukts benötigt man den hoch systematisch arbeitenden, genauen Entwickler, dessen oberstes Ziel es sein muss, alle Überraschungen beim Serienanlauf so weit wie möglich zu vermeiden.

Er muss ein Gefühl für Wahrscheinlichkeiten und Statistik entwickeln. Sofern z. B. ein Produkt, das aus 100 Einzelteilen besteht, mit einer Ausfallrate von unter einem Prozent geliefert werden muss, darf jedes Einzelteil eine Ausfallrate von höchstens 0,001 Prozent haben. Dieses Beispiel zeigt anschaulich, welch hohe Verantwortung von jedem Zulieferer getragen wird, wobei die erforderliche hohe Lieferqualität entscheidend die Kosten mitbestimmt.

Grundsätzlich wird die Funktionsfähigkeit, aber auch die Funktionssicherheit mit den aufgewendeten Kosten ansteigen. Funktionssicherheit und Funktionsfähigkeit können sich je nach technischer Erfahrung, Intelligenz und Systematik der Entwickler auch bei gleichen Kosten deutlich unterscheiden.

Die erreichbare Produktqualität wird sehr durch die effektive Zusammenarbeit zwischen Produktentwicklung und Fertigungsvorbereitung bestimmt.

Das erfolgreiche Unternehmen

Erfahrungsgemäß verlaufen die Kosten bei Produktionsprozessen wie im nächsten Bild dargestellt:

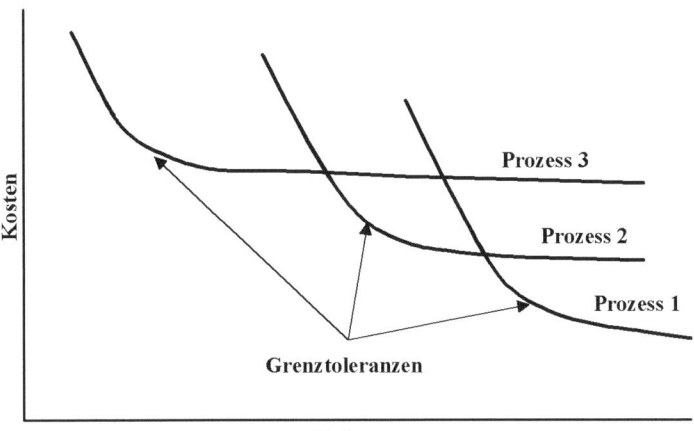

Prozess 1 erzeugt die gröberen Toleranzen, ist jedoch im Allgemeinen billiger als Prozess 2. Erst wenn man versucht, mit dem Prozess 1 engere Toleranzen zu erreichen, die im Prozess 2 keine Probleme darstellen, steigen die Kosten exponentiell an.

Jeder Fertigungsprozess hat im Allgemeinen eine wirtschaftliche Grenztoleranz. Der Fertigungsprozess wird nicht entscheidend billiger, auch wenn die Toleranzen erweitert werden. Die Kunst einer wirtschaftlichen Produktion besteht darin

- die größte notwendige Toleranz zu ermitteln,

- den geeigneten Prozess zu wählen,

- einen sicheren, nicht zu großen Abstand von der Grenztoleranz zu finden.

Es ist zu vermuten, dass trotz aller modernen Möglichkeiten sowohl die Wahl der Toleranzen als auch die Wahl der entsprechenden Prozesse häufig verbesserungsfähig sind.

Das erfolgreiche Unternehmen

Vor vielen Jahren habe ich in einer Reihe von Unternehmen aus mehreren Branchen Toleranzuntersuchungen durchgeführt, mit folgendem Ergebnis:

- Mehr als zwei Drittel der Komponenten lagen außerhalb der Zeichnungstoleranzen und
- die Toleranzwahl machte keinen überzeugenden Eindruck. Es waren häufig viel zu eng gewählte „Angsttoleranzen", ohne erkennbaren Bezug zur Funktion.

Es ist anzunehmen, dass sich heute die Verhältnisse durch genauere Prozesskenntnisse und perfektere Messtechnik verbessert haben, dass aber immer noch Milliarden EUR durch falsche Prozess- und Toleranzwahl verschleudert werden.

Ganz wichtig für die richtige Wahl von Funktionstoleranzen ist die Berücksichtigung von Kettentoleranzen, bei denen die eine Toleranz von der anderen abhängt. Man kann in diesem Falle entsprechend der Gauß'schen Fehleraddition die Toleranzen geometrisch addieren:

Also $\quad T = \sqrt{T_1^2 + T_2^2 + T_3^2 + ... + T_n^2}$

Man erkennt schnell, dass nur die gröberen Toleranzen die Gesamttoleranz T beeinflussen, aber kaum die feineren Toleranzen. Mit anderen Worten: In vielen Fällen müsste es möglich sein, teure, enge Toleranzen auf Kosten gröberer Toleranzen zu erweitern, ohne die Funktion zu gefährden.

Die Konstruktionsabteilungen weigern sich häufig, Kettentoleranzrechnungen auszuführen, weil sie der Ansicht sind, dass die Produktion die Zentrierung der Maßabweichung auf Mitteltoleranz nicht garantieren kann. Bei richtiger Organisation der Fertigungsüberwachung ist das jedoch kein Problem, wie im Anhang 5.5 gezeigt wird.

Leider ist in den meisten Produktentwicklungen zu wenig bekannt, mit welchen Prozessen welche Toleranzen erzielbar sind. Es fehlen häufig einfach Prozessanalytiker, die systematisch die Qualitätsparameter ermitteln und die Produktentwicklung entsprechend informieren.

Die Dauerversuche sind bei der Serienentwicklung besonders wichtig und unverzichtbar. Manche Entwickler glauben, durch Simulation, die immer auf einem Modell beruht, auf Dauerversuche verzichten zu können, was sehr reizvoll erscheint. Leider kann aber ein Modell niemals genau den Funktionsfall beschreiben, und man benötigt demnach Funktionsversuche. Durch Simulation erhält man jedoch den großen Vorteil, vollständig ein ganzes Kennfeld überblicken und daraus die richtigen Versuchsbedingungen für den Funktions- und den Dauerversuch ableiten zu können.

Durch richtige Modellwahl kann man damit die Zahl der Versuche stark einschränken.

Der gleichfalls große Vorteil von Computern ist die automatische Steuerung von Prüfständen, bei denen man von menschlicher Unaufmerksamkeit unabhängig wird.

Im Fahrzeugtest hat sich ein automatisches Aufzeichnungsgerät bewährt, bei dem z. B. im Minutenabstand die Hauptparameter gemessen werden und erst in dem Augenblick, wo der Sollbereich verlassen wird, eine Totalüberwachung im Millisekunden-Abstand erfolgt. Das erleichtert die Ursachenforschung, und vor allem zeigt diese Überwachung Fehlbedienungen. Man ist so bei Fahrversuchen nicht mehr auf die lückenhaften Protokolle des Fahrers angewiesen, sondern das Fahrzeug selbst erzeugt ein lückenloses Protokoll aller Fahrzustände mit dem entsprechenden Soll-Ist-Verhalten.

Wenn ein Produkt in der Serie anläuft, sollten bei diesem Anlauf die damit befassten Konstrukteure und Versuchstechniker anwesend sein, um die auftretenden Fehler sofort analysieren zu können und auch zu erkennen, wo die Fertigungsbedingungen das Produkt beeinflussen.

Ganz wichtig ist nach erfolgtem Serienanlauf eine gemeinsame Sitzung zwischen Fertigungsplanern und Produktentwicklern, bei der festgelegt wird, wie die Fehler beim nächsten Anlauf zu vermeiden sind. Ganz sicher ist jedes Mal eine Menge zu beanstanden, und das Unternehmen macht so schneller gezielte und dokumentierte Erfahrungen, die bei zukünftigen Neuanläufen wieder zur Verfügung stehen.

Von den Hochschulen und Universitäten kommen in Deutschland grundsätzlich gut ausgebildete Jungingenieure, die aber in mehreren Richtungen Defizite aufweisen:

- Sie sind nicht trainiert auf die Methoden der Systemanalyse
- Sie sind noch wenig fähig, im Team zu arbeiten
- Sie kennen nicht die spezielle Umgebung

Das Unternehmen muss sich daher bemühen, diese Jungingenieure weiter auszubilden und in das Unternehmen zu integrieren.

Es ist sinnvoll, dafür einen Paten auszuwählen, der als erfahrener Ingenieur einem Anfänger über die ersten Monate hilft und ihn begleitet. Er ist sozusagen der „Coach" dieses Anfängers.

Es hat sich nicht bewährt, einen solchen Jungingenieur schnell durch verschiedene Abteilungen zu schleusen „um den Betrieb kennen zu lernen". Wichtig ist, dass der junge Mensch sofort eine Heimat findet und eine klare, aber begrenzte Aufgabe erhält, bei der er erste Erfolgserlebnisse erzielen kann und so eine positive Prägung erfährt.

Über mehrere Jahre habe ich die Jungingenieure nach etwa einem halben Jahr Tätigkeit zum Vesper eingeladen, um in einer gelockerten Atmosphäre über ihre ersten Erfahrungen am Arbeitsplatz zu diskutieren. Auf die zum Teil überraschenden Beschwerden konnten wir dann rasch reagieren und so die Anfangszufriedenheit und die Eingewöhnung der Jungingenieure erheblich verbessern.

Der nächste Schritt, diese Jungingenieure in den ersten zwei Jahren für jeweils etwa ein halbes Jahr in verschiedenen Bereichen der Entwicklung mit unterschiedlichen Aufgaben zu beschäftigen (wie vorher für die Produktion gezeigt), um gezielte Motivation und Begabung zu erfahren und um die meist fehlende Praxis zu ergänzen, wird leider meist aus abteilungsegoistischen Gründen nicht vollzogen.

Wenn man dies konsequent verfolgt hätte, wäre man sehr viel besser in der Lage gewesen, die richtige Person an den richtigen Platz zu stellen und hätte damit die Leistungsfähigkeit der Produktentwicklung nochmals erhöhen können.

Der Nachweis über den Erfolg eines Entwicklungsbereichs ist die Menge von erteilten Schutzrechten (Patenten), wobei meist nur der geringste Teil dieser Schutzrechte wirtschaftlich von Nutzen ist.

Trotzdem sollte man die Anmeldungen nicht zu restriktiv handhaben, weil man niemals in der Gegenwart eine eindeutige Aussage machen kann, welche dieser Schutzrechte in Zukunft wirtschaftlich erfolgreich sein werden.

Die Anmeldestrategie besitzt sicher eine besondere Bedeutung. Man muss sich überlegen, wie, wo, wann man anmeldet und wann Prüfungsantrag zu stellen ist. Wahrscheinlich ist es zweckmäßig, viele Ansprüche zunächst zusammen zu fassen und erst im Laufe der weiteren Entwicklung Ausscheidungsanmeldungen beim Patentamt vorzunehmen, die dann sehr spezifisch auf den einzelnen Entwicklungsfall zugeschnitten werden können.

Jeder gute Erfindungsgedanke löst den Ehrgeiz des Wettbewerbers aus, diese Erfindung zu umgehen und sich von Schutzrechtsrestriktionen zu befreien. Es lohnt sich daher – sofern man eine gute Idee durch ein Schutzrecht schützt – selbst nach Umgehungsmöglichkeiten zu suchen und diese ebenfalls zu schützen. Auf diese Umgehungslösungen setzt man zweckmäßigerweise nicht den ursprünglichen Erfinder an, der subjektiv mit großer Wahrscheinlichkeit blockiert ist, sondern einen anderen Entwickler.

Die Struktur von Entwicklungspersonen ist sehr unterschiedlich. Es gibt Menschen, die auf Grund einer abstrakten Aufgabe, sozusagen auf dem „weißen Blatt Papier", kreativ etwas Neues schaffen, während andere die Fähigkeiten besitzen, auf der Grundlage von etwas Vorhandenem die vorgegebene Richtung kreativ zu optimieren. Diese letztere Veranlagung ist für Umgehungsentwicklungen besonders geeignet und sollte daher für solche Probleme vorzugsweise eingesetzt werden.

In einem Entwicklungsbereich für Produkte ist jedoch nicht nur der kreative Mensch gefragt, sondern es werden Menschen mit unterschiedlichen Begabungen benötigt, um erfolgreich zu sein. Wenn an der Spitze eine ausgesprochen kreative Persönlichkeit steht, besteht die Gefahr, dass andere Begabungen vernachlässigt werden. Man benötigt Systematiker, Berechner, Organisatoren und Kommunikatoren in Richtung Kunden sowie natürlich auch die kreativen Menschen. Dieses Orchester von Begabungen muss zusammen spielen und darf sich nicht gegenseitig behindern oder, noch schlimmer, sich gegenseitig abwerten. Je nach Veranlagung des Chefs dieses Bereiches sollte dessen Vertreter ihn in seiner Begabung ergänzen, wie jeder Chef direkte Zuarbeiter benötigt, die seine Schwächen ausgleichen.

Für den Entwicklungsbereich ist die Organisation besonders wichtig – nicht in dem Sinn, möglichst straff und zentral zu funktionieren, sondern mit dem Ziel, Ordnung und Übersicht zu bewahren. Es muss einerseits etwas Neuartiges geschaffen werden, das sich auch in serientaugliche Produkte umsetzen lässt, andererseits müssen Termintreue, Funktionssicherheit und Kostenklarheit gewährleistet sein. All diese Eigenschaften bedingen gewisse Regeln, die eingehalten werden müssen, um das angestrebte Ziel zu erreichen. Diese Ziele sollten unbedingt möglichst quantitativ und realistisch formuliert werden, bevor sie im Detail angegangen werden, damit jeder der Beteiligten weiß, worum es geht.

Das erfolgreiche Unternehmen

Wovor man nur warnen kann, ist, Ziele einzufrieren. Man sollte sich stets eine gewisse Flexibilität bewahren. Ziele sollte man noch im Laufe der Entwicklung an neue Gegebenheiten anpassen können. Wichtig ist jedoch, allen die eingetretenen Zielveränderungen deutlich zu machen und die Konsequenzen aufzuzeigen.

In jeder Branche haben sich im Laufe der Zeit Schwerpunkte der Entwicklung gebildet, wo der Entwicklungsstand besonders hoch ist. Man sollte daher von Zeit zu Zeit versuchen, ob bestimmte Entwicklungen nicht aus einer anderen Branche übernommen werden können

Das wird nicht ohne wesentliche Änderungen im Sinne einer Anpassung auf den speziellen Funktionsfall möglich sein. Man hat jedoch den Vorteil, dass eine Menge Erfahrungen und vielleicht auch Schutzrechte vorliegen, die der Entwicklung einen besonderen Vorsprung ermöglichen.

Das führt zum Thema „Ankauf von Lizenzen". Es gibt im Grundsatz drei Möglichkeiten:

1. Lizenzen von Wettbewerbern
2. Lizenzen aus der Branche
3. Lizenzen von außerhalb der Branche

Die dritte Kategorie ist im Allgemeinen am leichtesten zu realisieren, da der Lizenzgeber nicht im Wettbewerb steht und ihm zusätzliche Einnahmen versprochen werden. Gelegentlich, wenn es sich um eine wichtige Basiserfindung handelt, könnte sich der potenzielle Lizenzgeber in der fremden Branche ein neues Geschäftsfeld versprechen und möchte selbst in der für ihn fremden Branche ein geeignetes Programm aufbauen.

Nach allen Erfahrungen wird sich dieser potenzielle Lizenzgeber sehr schwer tun, in einer neuen Branche erfolgreich zu sein. Man muss versuchen, ihm das deutlich zu machen. Wenn dies nicht gelingt, bleibt unter Umständen der Weg, gemeinsam ein Joint-Venture-Unternehmen zu gründen. Dieser Weg wird nach allen Erfahrungen schwierig und sollte nur als letzte Möglichkeit beschritten werden.

Lizenzen aus der Branche, jedoch nicht direkt vom Wettbewerber, dürften etwas schwieriger zu realisieren sein, je nachdem, ob es sich um einen Kunden, einen Lieferanten oder ein neutrales Unternehmen handelt. Der Vorteil von Lizenzgebühren bleibt in jedem Fall erhalten. Meistens empfiehlt sich auch, auf kostenloses Mitbenutzungsrecht zu verhandeln und dem Lizenzgeber andere wirtschaftliche Vorteile zu bieten. Das Feld ist hier weit und benötigt eine klare, auf die Zukunft ausgerichtete Verhandlungsstrategie.

Ein besonderer Fall entsteht im Laufe einer Produktentwicklung für einen Kunden, wenn ein dortiger Entwickler ein Patent präsentiert und dies unbedingt in der Entwicklung realisiert sehen möchte.

Es empfiehlt sich hier, dieses Patent einzusetzen, wenn es keine wesentlichen Nachteile bringt, da die anschließende Unterstützung durch den Kunden bei der fortschreitenden Weiterentwicklung vorteilhaft sein kann.

Man erkennt daraus, wie individuell jeder Fall liegt, insbesondere wenn Kunden-Lieferantenbeziehungen tangiert sind.

Schwierig ist die Verhandlung über Lizenzen mit Wettbewerbern. Hier sollte man in der Lage sein, Gegenlizenzen anbieten zu können. Im Allgemeinen ist der Entwicklungserfolg von Unternehmen unterschiedlich, so dass das eine wesentlich mehr Lizenzen benötigt als das andere. Da ein Ausgleich nicht immer über Geld möglich ist, scheint es sinnvoll zu sein, zunächst einen begrenzten Überhang zu akzeptieren und erst, wenn dieser Überhang dauerhaft bestehen bleibt, entweder die Lizenzvergabe einzustellen oder drastisch die Lizenzgebühren zu erhöhen. Im Allgemeinen wird der Lizenznehmer mit einem höheren Lizenzbedarf zunächst keine Schutzrechtsverletzung zugeben, sondern alle möglichen Ausreden benutzen. Wir haben dabei äußerst unangenehme Erfahrungen gemacht, zumal große Kunden solche Patentverletzungen gerne unterstützen, um die Wettbewerbslage zu verbessern.

Es gibt hier kein allgemein gültiges Rezept, da Wettbewerber immer wieder versuchen werden, existierende Schutzrechte zu ignorieren. Man wird daher im Allgemeinen – sofern die Produktentwicklung sehr erfolgreich ist – Prozesse zur Schutzrechtsicherung nicht vermeiden können, wobei das immer nur ein letzter Ausweg sein sollte. Ein einigermaßen akzeptabler Vergleich ist immer besser als ein aufwändiger Prozess, der außerdem eine Menge Entwicklungsmitarbeiter von ihrer eigentlichen Aufgabe abhalten wird.

Ein Patentprozess wird im Allgemeinen von Gutachtern entschieden. Es lohnt sich daher, einen solchen Gutachter nach taktischen und strategischen Gesichtspunkten auszusuchen.

Schutzrechte sind Wettbewerbsinstrumente. Es geht dabei nicht so sehr darum, durch Lizenzen Geld einzunehmen, sondern die eigene Wettbewerbsposition zu stärken. Man muss vor der Vergabe von Lizenzen die eigene Position sehr sorgfältig überdenken und danach entscheiden, wem man Lizenzen gibt. Entweder bekommt man entsprechende Gegenleistungen in Form von Lizenzen, oder man vergibt Lizenzen nur in begrenzte Märkte, die aus wirtschaftlichen Gründen nicht zu erschließen sind und die eigenen Märkte nicht beeinflussen.

Eine immer wieder heiß in den Unternehmen diskutierte Frage ist die Erfindervergütung, die sich im Allgemeinen nach dem wirtschaftlichen Nutzen einer Erfindung bemisst. Da der wirtschaftliche Nutzen von Erfindungen vorher außerordentlich schwer einzuschätzen und die Schutzrechtstrategie wichtig für den wirtschaftlichen Erfolg des Unternehmens ist, haben wir die Erfindungsvergütung standardisiert, entsprechend der Anmeldestrategie für die Schutzrechte. Folgende Klassen wurden gebildet:

- wichtige Grundsatzerfindungen
- weniger wichtige Grundsatzerfindungen
- wichtige Optimierungserfindungen
- weniger wichtige Optimierungserfindungen

Für jede dieser Erfindungsgruppen wird eine Pauschale vereinbart. Sollte dann eine dieser Erfindungen für das Unternehmen von herausragender Wichtigkeit werden, könnte im Einzelfall eine Nachzahlung vereinbart werden, z. B. sofern der Jahresumsatz eine bestimmte Größe überschreiten würde.

Häufig wird versucht, an der Produktentwicklung zu sparen und die Wirtschaftlichkeit einer Produktentwicklung in Frage zu stellen. Die eigentliche Produktentwicklung kostet jedoch höchstens 10 bis 25 % der Investitionen für das zu entwickelnde neue Produkt. Darüber hinaus werden 70 Prozent der Kosten des Produkts durch die Entwicklung festgelegt und höchstens 30 Prozent durch die Produktion.

Der Erfolg eines Entwicklers ist kaum am extremen Fleiß zu erkennen, sondern entscheidet sich sehr häufig über die kreative Lösung. Ein Entwickler wird nur dann Erfolg haben, sofern er seine Entwicklung mit Herz und Verstand betreibt und sich voll mit der Aufgabe identifiziert. So sind der Einsatzwille und das Engagement ein erstes Indiz, aber auf keinen Fall das einzige für den Erfolg. Am Schluss muss immer ein entsprechendes Ergebnis entstehen. Die alte Bibelweisheit gilt auch hier wieder „an den Früchten sollt ihr sie erkennen".

Es gibt wohl nirgendwo größere Leistungsunterschiede als im Entwicklungsbereich. Die Effektivität von einzelnen Entwicklern wird wohl im Verhältnis 1 : >3 schwanken, wobei die „Spielwiese" Computer diesen Unterschied eher vergrößert hat.

Ganz entscheidend hängt die Produktivität auch von der Größe der Entwicklungsgruppe ab. Insofern sollte man eine große Entwicklungsaufgabe klar aufgliedern und auf überschaubare Untergruppen verteilen, die jedoch intelligent koordiniert werden müssen.

Dies wird nicht die Notwendigkeit vermeiden, ineffektive Entwickler, „Schautänzer" und Störenfriede aus den Entwicklungsteams herauszubringen und sie anderen Aufgaben zuzuführen, wo sie effektiver wirken können. Häufig wird das versäumt und damit die Produktivität der Entwicklung wesentlich reduziert.

Der notwendige Aufwand für die Produktentwicklung, die die Zukunft des Unternehmens sichern soll, wird wohl an der geplanten jährlichen Steigerung des Rohertrages zu messen sein. Sofern langfristig ein Rohertragsanstieg von 100 Mio. EUR gesucht wird, wird der jährliche Entwicklungsaufwand um 50 Mio. EUR liegen müssen, sofern mit den Produkten eine Spitzenstellung im Markt angestrebt und gehalten werden soll.

Man rechnet etwa zwei bis drei Jahre Entwicklungszeit für neue Varianten einer existierenden Grundsatzlösung. Neuartige Entwicklungen dauern sehr viel länger. Bis eine solche Entwicklung z. B. am Kfz-Markt in Serie geht, vergehen bis zu zehn Jahre. Wichtig ist dabei, dass man danach niemals vergisst, das Produkt intensiv weiterzuentwickeln und sich nicht durch die Serien-Einführungsanstrengungen total blockieren lässt. Die Konkurrenten werden sonst diesen erreichten Entwicklungsstand schnell übertreffen.

Besonders große Chancen, neue Entwicklungen schnell einzuführen, bestehen dann, wenn große grundsätzliche Schwierigkeiten beim Kunden auftreten und dieser rasch eine überzeugende Problemlösung benötigt. So ist es schon einmal gelungen, eine Produktentwicklung auf einem neuartigen Gebiet in zwölf Wochen durchzuziehen – vom ersten konstruktiven Entwurf bis zum Serienanlauf, für den allein zehn Folgewerkzeuge notwendig waren. Das kann natürlich ein Sonderfall sein und funktioniert nur in Ausnahmesituationen. Durch solche Aktionen geht man beim Kunden ein großes Risiko ein, das auch im Erfolgsfall nur sehr begrenzt durch Lieferantentreue vergütet wird.

## 3.3 Produktion

Der Erfolg einer Produktentwicklung wird entscheidend bestimmt durch die gute Zusammenarbeit mit der Produktionsplanung. Ein enger Kontakt zwischen Entwicklung und Planung ist wichtig, damit beide ihre Möglichkeiten kennen und aufeinander abstimmen. Besonders wichtig ist das für einen reibungsarmer Produktionsanlauf.

Vorstehend wurden schon die verschiedenen Phasen der Entwicklung dargestellt. Für mich steht außer Zweifel, dass die Funktionsprototypen der ersten Phase von der Entwicklung gefertigt werden müssen, um Schnelligkeit und enge Bindung an die Entwicklungsbedingungen zu garantieren. Sobald jedoch die Ausführung gefestigt ist und die Dauerfestigkeitsermittlung im Vordergrund steht, müssen die Prototypen in die Regie der Fertigung übergehen, natürlich in enger Abstimmung mit der Produktentwicklung.

Entscheidend ist nur die verfahrensmäßige Seriennähe der Prototypenerstellung, damit die Serienbedingungen schon weitgehend in dieser Prototypenphase berücksichtigt werden können. So werden unliebsame Überraschungen beim Anlauf der Serienfertigung weitgehend vermieden.

Nach oder besser noch während der Serienkonstruktion müssen die Fertigungsexperten ihre Vorstellungen mit den Entwicklungsspezialisten im Detail diskutieren, und es muss der beste Prozess für Funktion und Dauerfestigkeit unter Beachtung der Wirtschaftlichkeit der Fertigung gefunden werden. Die Entwicklung legt mit den Spezifikationen auch die Berechnungen des Produktes fest. Schon aus Sicherheitsgründen werden die Forderung der Spezifikationen die eigentlich notwendigen Grenzen der Funktionen überschreiten. Beispiel sind die schon erwähnten Angsttoleranzen.

Auch die Fertigung eröffnet ein weiteres Feld, die Spezifikationen einzuengen. Dieses wird erreicht durch Fertigungsprozesse, die auch Sicherheiten enthalten. Damit addieren sich mehrere Sicherheitsreserven und es bedarf sorgfältiger Überlegungen und Tests, um diese Sicherheiten auf ein wirtschaftliches Maß zu reduzieren. So bildet z. B. das Kaltumformen besonders günstige Belastungsmöglichkeiten, weil man nicht gezwungen ist, gewachsene Strukturen im Werkstoff durch spanerzeugende Verfahren zu durchschneiden.

Häufig fallen Bauteile auch aus, weil durch die Fertigung mit zu kleinen Übergangsradien hohe Spannungsspitzen entstehen. Mit Rücksicht auf die sichere Montage muss in dem Sinne „robust" konstruiert werden, dass Fehlmontagen nicht möglich sind.

Auf alle diese Dinge muss die seriennahe Prototypenfertigung achten und schon bei den ersten Erprobungen die serienmäßigen Prozesse studieren. Beide Seiten, Entwicklung und Produktion, müssen immer wieder bereit sein, Kompromisse zu schließen, um den jeweiligen Fall optimal zu lösen.

Die Vielfalt der teilweise auch voneinander abhängigen Parameter erschwert oft eine eindeutige Zuordnung, so dass auch dadurch „Reserven" entstehen, die bei genauer Betrachtung keine Berechtigung fänden, aber die Kosten in die Höhe treiben.

Der Planer des jeweiligen Produktionsprozesses muss frühzeitig kritische Punkte in der Spezifikation herausfinden, die weitergehende Versuche und Analysen bedürfen, um die Spezifikationen gemeinsam mit dem Produktentwickler an den Prozess anzupassen, ohne dabei Funktionseinbußen in Kauf nehmen zu müssen.

Reine Fertigungsplaner werden in unserem Unternehmen bereits seit Jahren nicht mehr beschäftigt, weil damit mehrere Nachteile verbunden sind:

- Sie waren häufig zu sehr Spezialist eines Prozesses
- Ihnen fehlte der Bezug zur täglichen Praxis.
- Sie hatten zu wenig Beziehung zum Gesamtablauf.

An Stelle des Fertigungsplaners wurde die Position eines Sektorleiters eingeführt, der einen schmalen Fertigungsbereich ganzheitlich führt und für alle Belange dieses Bereiches einschließlich der Menschenführung zuständig ist. Dabei war es wichtig, gut durchdachte, EDV-gestützte Software-Systeme verfügbar zu haben, die den administrativen Aufwand reduzierten und gleichzeitig optimierten.

Die Fertigungssteuerung (PPS-System) schlägt z. B. eine logische Reihenfolge der Produkte für die betreffende Maschinengruppe vor und gibt den zulässigen spätesten Fertigstellungstermin an. Wird dieser nicht gefährdet, kann der Sektor nach optimaler Rüstfolge oder anderen Gesichtspunkten frei die Fertigungsfolge wählen.

Nach Änderung dieser Fertigungsfolge kontrolliert das System automatisch, ob danach irgendwo der folgende Fertigstellungstermin gefährdet wird, und gibt unter Umständen einen geänderten Vorschlag.

Der Sektor hat natürlich auch eine Übersicht über die vorhandenen Rohteile, die der Sektorleiter oder sein Beauftragter selbst bei dem Lieferanten nach dem

Systemvorschlag abrufen kann, wieder unter Beachtung ganz bestimmter Regeln, die das System vorgibt. Damit ergibt sich eine statistisch überwachte Losgrößenfertigung, wobei auch Losgrößen in bestimmten Grenzen geändert werden können.

Ein solches System ermöglicht einen vollen Überblick über alle Vorgänge und zeigt der Gruppe an – sofern sie etwas verändert – ob sie sich in zulässigen Grenzen bewegt.

Bei Rüstvorgängen ordert das System auch rechtzeitig und vollständig die „Rüst-Sets", damit das Wechseln von einem Typ auf den anderen reibungsfrei ablaufen kann.

Ein solches System erfordert vorher eine systematische Prozessanalyse, die praxisgerechte Parameter liefert, mit denen das System ausreichend genau beschrieben werden kann.

Hervorragend geeignet für die Erkenntnis der gegenseitigen Abhängigkeit ist eine Simulation. Eine solche Simulation ist im Anhang 5.6 beschrieben und zeigt unter gewissen praxisgerechten Annahmen, bei welcher Größe der Parameter mit einem stabilen System gerechnet werden kann.

Daraus leitet sich z. B. die Erkenntnis ab, dass in einem Unternehmen mit Komponentenfertigung und Montage sowie Abrufschwankungen des Kunden im maximalen Verhältnis 1 : 2 die Vorräte selten kleiner als 6 Prozent des Jahresumsatzes zu halten sind, insbesondere, sofern man auch mit hoch- und auslaufender Fertigung rechnet.

Bei den meist auftretenden großen Abnahmeschwankungen der Kunden und den großen Mindestabnahmemengen für Rohprodukte wie z. B. Walzstahl, ergeben sich zwei Planungshorizonte: ein kurzfristiger für die Fertigung, die man mit der internen Organisation weitgehend im Griff hält, und ein längerfristiger für die rechtzeitige Rohteilbestellung, der weitgehend von außen bestimmt wird.

Die Bearbeitung und Montage erfolgt nach dem Kanban-Prinzip, d. h. es wird automatisch ein Fertigungsauftrag ausgelöst, wenn im Montagelager eine festgelegte Mindestmenge unterschritten wird.

Die Bestellung der zu bearbeitenden Rohteile wird entsprechend der empirisch zu ermittelnden Reaktionszeit (Fertigungsdurchlaufzeit und Bestellzeit der Rohteile) auf der Grundlage des statistisch erfassten Bedarfsdurchschnitts zuzüglich eines Sicherheitsbestandes festgelegt. Der Sicherheitsbestand darf gerade so groß sein, dass bei Bedarfsschwankungen der dadurch hervorgerufene Mehrbedarf von Rohteilen in der Reaktionszeit mit abgedeckt werden kann. Da eine Losgröße gleichfalls als Sicherheitsbestand wirkt, ist der tatsächliche Sicherheitsbestand am zweckmäßigsten über eine Simulationen festzulegen.

Vorstehend wird klar, wie wichtig übergeordnete, rechnergestützte, auf definierten Annahmen und intelligenten Regeln basierende Systeme sind, damit die Sektoren wirtschaftlich und in Grenzen frei schaffen können.

Ähnlich verhält es sich mit der Qualitätssteuerung, die auch geeignete EDV-Systeme benötigt, damit nach außen (zu den Kunden und Lieferanten) und nach innen ein eindeutiges Bild der jeweiligen Situation im Soll-Ist-Vergleich vorliegt.

Die meisten heute von den Fachverbänden, „Normausschüssen" und Kunden geforderten Systeme versuchen, durch buchhalterisches, bürokratisches Vorgehen den Nachweis der vorhandenen Qualität zu führen, wobei das Qualitätshandbuch im Mittelpunkt dieses Vorgehens steht. Nachdem es in aufwändiger Arbeit erstellt wurde, ist es allgemeiner Brauch, nicht mehr in dieses Buch zu schauen. Die überwiegende Mehrzahl der an der Qualitätserzeugung beteiligten Mitarbeiter hat nur eine sehr vage Vorstellung von dem, was dieses Qualitätshandbuch enthält.

Was kann man tun, um den Qualitätsgedanken im Unternehmen lebendig zu halten, und wie kann man dafür sorgen, dass sich die für die Produktion zuständigen Mitarbeiter verantwortlich fühlen?

Basis der Qualitätsvorschriften ist für jedes Produkt die Spezifikation, im Allgemeinen durch die Zeichnung festgelegt. Hier ist häufig das erste Dilemma, dass die festgelegten Spezifikationen die funktionsnotwendigen nicht genau abdecken; entweder weil die genormten Spezifikationsvorschriften die entsprechenden Funktionssicherheiten nicht genau beschreiben oder weil die geforderten Spezifikationen für den Funktionsfall überzogen erscheinen. Der schon früher benutzte Begriff „Angsttoleranzen" ist hier gemeint. Ein weiterer Fehler bei der Festlegung von Spezifikationen ist eine Überbestimmung. So wird manchmal ein Werkstoff oder ein Prozessverfahren festgelegt und parallel dazu eine Werkstoffeigenschaft oder eine Toleranz, die dazu nicht passt. Eigentlich müssten die Maßtoleranz und die physikalische Werkstoffeigenschaft genügen, um die Funktionssicherheit zu garantieren. Wenn das nicht ausreicht, handelt es sich meist um Fehler in der Spezifikation.

Wichtig erscheint bei der Festlegung von Spezifikationen daher eine enge Kooperation der Menschen, die die Spezifikation festlegen, mit denen, die sie zu realisieren haben. Es gilt immer der Grundsatz, dass das, was man nicht messen kann, auch nicht zu produzieren ist. Außerdem müssen die vorgegebenen Toleranzen immer größer sein als die zufällige Streuung der Einzelmaße, die der gewählte Prozess vorgibt.

Diskrepanzen zwischen der Festlegung von Spezifikationen und deren möglicher Realisierung treten meist dann auf, wenn Unsicherheit herrscht, welche Spezifikationen welche Funktionen absichern. Diese Unsicherheit entsteht meistens, wenn eine große Anzahl von sich gegenseitig beeinflussenden Parametern die Aussage schwierig macht.

Insbesondere für eine Massenfertigung sind daher sorgfältige Parameteruntersuchungen über die Auswirkung von Toleranzgrenzen für die Funktionssicherheit von Bauteilen unerlässlich.

Weitere Ursachen von Überraschungen, mit denen bei hohen Qualitätsansprüchen immer wieder zu kämpfen ist, sind Verwechslungen, Auslassen von Prozess-Schritten und unkontrolliertes Wiedereinschleusen von fehlerhaften Teilen in den Fertigungsprozess.

Man muss daher an die Organisation einer Fertigung mit besonderen Qualitätsansprüchen hohe Anforderungen stellen und darf auf keinen Fall Schlampereien zulassen.

Leider ist der Übergang von straffer Organisation zur Bürokratie sehr fließend, weil die meisten Menschen glauben, mit schriftlichen Festlegungen (s. Qualitätshandbuch) Probleme lösen zu können.

Solche Probleme löst man jedoch nicht mit Papier, sondern durch klare, verständliche Schulung, mit Appellen an das Verantwortungsbewusstsein und vor allem durch Wachhalten des Problembewusstseins. Die am Prozess beteiligten Menschen müssen immer wieder auf mögliche Prozessfehler und ihre Folgen aufmerksam gemacht und bei der Suche nach Problemlösungen einbezogen werden.

Ganz besonders muss man ihnen ihre Verantwortung gegenüber dem Kunden deutlich machen, und sie sollen zweckmäßigerweise bei Reklamationsfällen auch durch den Kunden informiert werden, der ihnen am überzeugendsten die kritischen Folgen solcher Ausfälle darlegen kann.

Eine verantwortungsfördernde Organisation ist daher notwendig, jedoch kann sie nicht die sorgfältige Analyse der Fertigungsprozesse ersetzen.

Am besten wird bei der Einführung eines neuen Prozesses oder einer neuen Maschine eine sorgfältige Prozessabnahme durchgeführt, die eine erweiterte Prozessanalyse darstellt und dokumentiert werden muss.

In dieser Prozessabnahme müssen alle Parameter gefunden werden, die das Prozessergebnis bestimmen und eine Abweichung von der Sollspezifikation verursachen. Aus der Variation der Prozessparameter in ihrer Wirkung auf die Spezifikation lassen sich die Vorschriften für die Prozess-Steuerung ableiten, die dann eine Garantie für die Einhaltung der Spezifikationen am Produkt bietet.

Sollten später während der laufenden Serienproduktion Schwierigkeiten bei der Einhaltung der Spezifikation auftreten, kann man im Allgemeinen sehr schnell durch Vergleich mit einer Prozessanalyse die Ursache dieser Abweichungen eingrenzen.

In gewissen Abständen, vielleicht halbjährlich, sollte man die Prozessanalyse in vereinfachter Form wiederholen, um sich zu vergewissern, dass der betreffende Prozess so stabil verläuft wie bei der ersten Prozessanalyse und die damals festgestellten Parameter noch gültig sind.

Es kann leicht vorkommen, dass sich die Prozessparameter durch Verschleiß oder andere Veränderungen an der Maschine verändert haben. Eine kritische Betrachtung wird ergeben, ob sich der Prozess in der ursprünglichen Form stabilisieren lässt oder ob neue Parameter für den Prozess eingeführt werden müssen.

Grundsätzlich muss der Prozess so geregelt werden, dass die am Produkt gemessen Abmaße mittenzentriert in den zulässigen Toleranzbändern liegen und – wie früher schon erläutert – nur zwei Drittel der vorgegebenen Toleranz ausnutzen.

Man unterscheidet grundsätzlich zwei Fälle, die wegen der prinzipiellen Bedeutung in diesem Zusammenhang nochmals behandelt werden:

1. Die zulässige Toleranz ist mehr als doppelt so groß wie die Prozess-Streuung, die definiert wird ohne Berücksichtigung eines zeitlichen Trends (z. B. durch Temperaturverlagerungen oder Verschleiß).
2. Die zulässige Toleranz ist größer als die Prozess-Streuung, jedoch kleiner als die doppelte Prozess-Streuung.

Im ersten Fall wird man durchweg mit einer Stichprobe auskommen, insbesondere wenn der Trend klein ist. Im zweiten Fall wird man, wenn es nicht gelingt, die Prozess-Streuung zu reduzieren, auf eine Mess-Steuerung zurückgreifen müssen, die laufend jedes Produkt nach dem Prozess misst und den Prozess auch laufend korrigiert.

Durch Simulation wurde ermittelt, dass bei der Mess-Steuerung durchweg dann ein sehr gutes Ergebnis auftritt, wenn nach jeder Messung die dabei festgestellte Abweichung von der Toleranzmitte um die Hälfte korrigiert wird (eine ausführliche Analyse finden Sie im Anhang 5.5).

All diese wirtschaftlichen Prozesskontrollen hängen davon ab, dass man den Trend und die Prozessgrundstreuung kennt, d. h. von einer sorgfältigen vorhergehenden Prozessanalyse. Auf deren Durchführung muss daher in einer modernen Fertigung mit großem Nachdruck hingewirkt werden.

Eigentlich sind alle Abläufe im Unternehmen Prozesse und sollten auf ihre bestimmenden Parameter untersucht werden; zum einen, um unvorhergesehene Überraschungen zu vermeiden, zum anderen, um systematische Überlegungen zu ermöglichen, wie diese Prozesse zu verbessern sind.

Solche Prozessanalysen sollten nicht durch die Qualitätssicherung erstellt werden. Diese hätte lediglich darauf zu drängen, dass sie von jedem Bereich durchgeführt wird, und ihr Fehlen sollte dem Leiter des Bereichs bekannt gemacht werden.

Ein Montagebetrieb kauft eine Fülle von Zulieferteilen, die im eigenen Betrieb nicht bearbeitet werden. Die Qualitätssicherung dieser Teile wird in modernen Unternehmen entsprechend der Qualitätsgeschichte erfolgen. Wurde bisher erstklassige Qualität angeliefert, erfolgt praktisch keine Prüfung. Lediglich jährlich oder halbjährlich werden die Spezifikationen überprüft. Anders jedoch bei fehlerhaften Lieferungen, wo danach sehr genau gemessen wird, bis hin zu einer hundertprozentigen Prüfung.

Jedes Unternehmen wird seine eigenen Erfahrungen haben, wie es die Prüffolge in Abhängigkeit von der Lieferqualität der Vergangenheit gestaltet.

Wenig genutzt wird die Möglichkeit, eine nachhaltige, erstklassige Lieferqualität (auch Flexibilität) mit einem Preisaufschlag zu honorieren, obgleich das logisch wäre und die Qualitätsanstrengungen vieler Lieferanten wesentlich erhöhen dürfte.

Das erfolgreiche Unternehmen

Ein besonderes Problem, das in den letzten Jahren laufend größer wurde, sind die Qualitätsaudits. Mir will nicht einleuchten, warum solche Audits bei Unternehmen durchgeführt werden, die erstklassige Qualität liefern. Einleuchtend ist auf jeden Fall ein Qualitätsaudit nach mehrfachen fehlerhaften Lieferungen, um gemeinsam, Kunde und Lieferant, die aufgetretenen Fehler auszumerzen. Ein solches Audit sollte jedoch nur dann erfolgen, wenn mehrfache Fehllieferungen erfolgen und begründete Bedenken bestehen, dass die Lieferfirma die Prozesse nicht beherrscht.

Vollständig überzogen sind die heute üblichen bürokratischen Exzesse mit Firmenaudits entsprechend ISO 9001 etc. Hier ist eine Bürokratie entstanden, ohne das Bewusstsein, dass Qualität durch die Beherrschung der Prozesse erzeugt wird und keinesfalls durch Bürokratie und Formalismus.

Um Qualität zu erzeugen, kommt es auf Prozessbeherrschung, überschaubare Organisation und Zuverlässigkeit an und darauf, ob ein Unternehmen bereit ist, aus Fehlern zu lernen. In einer Wettbewerbslandschaft wird jedes Unternehmen sich bemühen, die Forderungen des Kunden möglichst zu erfüllen. Warum formale Audits so etwas verbessern sollen, leuchtet mir nicht ein.

Im Jahr 2000 musste einer unserer Betriebe 13 Audits verschiedener Firmen und des Abnahmeverbandes über sich ergehen lassen, obgleich der Betrieb in der gleichen Zeit mehrfach von verschiedenen Kunden wegen erstklassiger Lieferung hoch ausgezeichnet wurde und er selbstverständlich nach ISO 9001 zertifiziert war.

Ich habe immer wieder versucht, mich gegen diese Flut von Audits zu stemmen – ohne überzeugenden Erfolg. Das Audit-Unwesen ist ein Selbstläufer geworden, durch den Spezialisten unter dem Schutz von Verbänden und Regierungen sich auskömmliche Pfründe erschlossen haben, die sie mit allen Mittel verteidigen, auf Kosten der Wirtschaftlichkeit aller Unternehmen. Als Leiter eines Unternehmens ist man diesem Unwesen hilflos ausgeliefert, wie das Beispiel der Fa. Bosch zeigt, die sich lange vergeblich dagegen gewehrt hat.

Auch die besten Unternehmen müssen gelegentlich mit Reklamationsfällen rechnen. Es kann sich entweder um Fehllieferungen oder Frühausfälle handeln. Solche Reklamationsfälle, sofern sie einen begrenzten Umfang haben, sind nicht nur negativ zu beurteilen. Sie haben auch einige positive Effekte.

Zunächst verhindern sie eine eingefahrene Routine beim Produzenten. Es wird nachdrücklich daran erinnert, wie gefährlich Routine ist, die es immer wieder zu überwinden gilt. Wichtig jedoch ist, in einem solchen Fall beim Kunden ein überzeugendes Bild zu hinterlassen. Dies kann nachdrücklich das Image der Lieferfirma verbessern.

Vorausgehen muss eine sorgfältige Ursachenanalyse, die logisch und in sich geschlossen erscheint. Besonders wichtig ist eine eindeutige Sprachregelung, damit nicht aus dem eigenen Hause verwirrende, gegensätzliche Meinungen nach außen dringen. Anschließend müssen die Fehler schnell abgestellt werden. Danach sollte man gemeinsam mit dem Kunden eine Schadensanalyse betreiben, offen die Ursachen ansprechen und sich kooperativ über den Schadensersatz einigen.

Spürt der Kunde bei seinem Lieferanten eine überzeugende Qualitätsverantwortung und eine straffe, intelligente Abwicklung des Reklamationsfalles, wird der Lieferant aus dem gewachsenen Vertrauen der Kunden Gewinn ziehen.

Es kann natürlich auch viels falsch gemacht werden, insbesondere, wenn getrickst und gemauschelt wird und Glaubensbekenntnisse vorgetragen werden. Dann schädigt eine solche Reklamation nachhaltig den Ruf des Lieferanten und kann unter Umständen zu einer lang andauernden Verstimmung führen.

Die Interessen des Unternehmens müssen von einem kompetenten Fachmann vertreten werden, der bei einem größeren Fall in eine spezielle Strategie einzubinden ist, die mit der zuständigen Geschäftsführung abgestimmt sein muss. Die klaren, widerspruchsfreien Aussagen dem Kunden gegenüber, sind dabei von besonderer Bedeutung.

Ein überzeugendes Beispiel, was man alles falsch machen kann, erhielt ich als Beiratsmitglied eines größeren Unternehmens, wo durch Auswahl einer falschen Kunststoffqualität im Feld große Motorschäden aufgetreten waren. Anstatt die Vorgeschichte und die konkreten Ursachen objektiv zu untersuchen und abzusichern, wurde auf der Ebene des Tagesgeschäftes verhandelt, weitgehend mit der einzigen Zielsetzung, den Kunden zufrieden zu stellen. Dabei nahm man mehr oder weniger die Schuld auf sich. Als der kaufmännische Geschäftsführer sich einschaltete, ohne die notwendigen Fachkenntnisse, war nach kurzer Zeit ein Schiedsgerichtsverfahren in Gang gekommen. Ich habe mich dann auf Bitten des Eigentümers des Unternehmens eingeschaltet und eine entsprechende Analyse durchführen lassen, die zeigte, dass die Schuld sehr wesentlich beim Kunden lag. Leider war die Angelegenheit administrativ viel zu weit vorgeschritten und lag auf allen Schreibtischen des Kunden. Trotzdem konnte ich die Kundenforderung auf ein Zehntel herunterdrücken – auf eine Summe, immer noch mehrere Millionen, die weitgehend von der Versi-

Das erfolgreiche Unternehmen

cherung getragen wurde. Solche Gespräche laufen am Schluss nur unter vier Augen. Man hätte jedoch mit Sicherheit nichts bezahlt, wenn man sich nach den hier besprochenen Grundsätzen verhalten hätte.

Vorstehend wurde die Prozessanalyse als besonders wichtig für den Qualitätsstandard eines Unternehmens bezeichnet. Gleichzeitig wurde auch die Meinung vertreten, die Verantwortung für die Prozessanalyse sei nicht der Qualitätssicherung zu übertragen. Die Qualitätssicherung soll nach meiner Auffassung überprüfen, ob die vereinbarten Qualitätssicherungsmaßnahmen erfolgen, und sollte Dolmetscher zum Kunden sein. Zuständig für die Erzeugung von Qualität kann allein die Produktion sein.

Grundsätzlich sollte daher die Prozessanalyse in der Produktion angesiedelt sein. Hier muss man unterscheiden zwischen Prozesserfahrungen in den jeweiligen Bereichen und Erfahrungen in der systematischen Durchführung solcher Prozessanalysen. Daher sollte der Spezialist für Prozessanalysen in der zentralen Planung für die Produktion angesiedelt sein, und die jeweiligen Prozessanalysen sollten gemeinsam mit den Fachleuten des Spezialbetriebes durchgeführt werden. Damit wäre der Spezialbetrieb für die Durchführung zuständig und der Spezialist für die fachgerechte, systematische Auswertung.

In einem Unternehmen, in dem parallel verschiedene Fertigungsprozesse ablaufen, ist es sinnvoll nur die Aktivitäten in der Planung zentral zu koordinieren, die übergreifende Funktionen haben.

Das könnte zutreffen für die:

- Fachleute in der Prozessanalyse
- Arbeitsplan-Systematik
- Zeitvorgabe-Systematik
- Planung neuartiger Produkte
- Koordination mit anderen Werken
- Planungssystematik der Investitionen
- Entscheidungsgrundlagen über Zukauf oder Eigenfertigung.

Ansonsten werden alle Planungs-, Dispositions- und Qualitätsaktivitäten in die einzelnen Fertigungsbetriebe verlegt und, wie bereits gezeigt, mit der Gruppenorganisation verbunden. Damit gelingt es, die Schnittstellen auf ein Minimum zu reduzieren.

Die Koordination und das Zusammenführen der Detailarbeiten z. B. bei Planungsaktivitäten erfolgt in der Montage, die alle Komponentenfertiger gleichsam als Kunde koordiniert.

Von hier müssen auch Initiativen in Abstimmung mit der zentralen Planung ausgehen, ob von externen Zulieferern die Komponenten preiswerter zu beziehen sind oder ob Eigenfertigung wirtschaftlicher ist.

Solche Entscheidungen sind von der Geschäftsleitung zu tragen und sollten auf der Grundlage logisch gewichteter Daten getroffen werden. Außerdem sind Qualität, Flexibilität und Zuverlässigkeit der zukünftigen Belieferung abzuschätzen.

Entscheidungskriterien sind zunächst

- Herstellungskosten (Vollkosten) und
- proportionale Herstellungskosten.

Nach meiner Auffassung erscheinen mir folgende Kriterien überlegenswert:

Wenn nichts investiert werden muss, kann für kurze Zeit akzeptiert werden, dass die proportionalen Herstellungskosten den Zulieferpreis nicht überschreiten, sofern die (überprüfbare) Zusicherung vorliegt, dass die künftigen Herstellungskosten den Zulieferpreis unterschreiten.

Es gibt, je nach taktischer und strategischer Situation am Markt, auch noch andere Entscheidungsgrundlagen, wenn z. B. der externe Anbieter, weil er die Schwierigkeiten einer Komponente nicht überblickt, ein Angebot abgibt, das auf einer Fehlkalkulation beruht. Man muss daher bei Verlagerung von Komponenten an externe Zulieferer genau prüfen, ob ähnliche Fertigungen bereits kostendeckend durchgeführt wurden und die geforderte Qualität eingehalten werden kann. Wichtig ist auch immer eine verlässliche eigene Kalkulation, um die Situation im Detail zu überblicken.

Eine weitere Abschätzung ist die Bereitschaft des Zulieferers, flexibel den Anforderungen des Marktes zu folgen. Ganz allgemein sollte das Wissen über den Zulieferer widerspruchsfrei und überzeugend sein.

Die eigenen Erfahrungen zeigten bei wirtschaftlichen Mengen und entsprechender Erfahrung, dass eine Eigenfertigung fast immer günstiger war als ein externer Bezug.

## Das erfolgreiche Unternehmen

Der Hauptgrund ist die weitgehende Spezialisierung auf eine schmale Palette von Komponenten, die im eigenen Haus gebraucht wird, während der Zulieferer aus Marktgründen eine derartige Spezialisierung kaum betreiben kann.

Aus genau diesem Grunde wurde im Laufe der Jahre in den meisten unserer Unternehmen die Verarbeitungstiefe ständig erhöht; sobald ausreichende Mengen vorlagen, um Fertigungsanlagen mehrschichtig kontinuierlich auszulasten.

Man sollte sich jedoch besser auf die Herstellung der Teile konzentrieren, die man mit höchster Wirtschaftlichkeit betreiben kann, und von externen Zulieferern die Teile beziehen, für die er bereits teure Spezialinvestitionen getätigt hat, deren höhere Ausnutzung einen günstigen Preis möglich macht.

Wenn man durch Eigenfertigung über die Kostenstruktur genau informiert ist, gelingt es häufig, sehr gute Einkaufskonditionen auszuhandeln, ohne den Lieferanten zu übervorteilen.

In der zentralen Planung sollte das gemeinsame Interesse aller Fertigungsbetriebe artikuliert werden. Dort erfolgen auch die notwendigen Koordinationen. Ein Grundsatz sollte jedoch immer beachtet werden (der im Übrigen durchgreifend in einem Unternehmen gilt): Nur die Aktivitäten sind im eigenen Haus zu leisten, die wirtschaftlicher erbracht werden können als in Spezialbetrieben. Man sollte sich im Zweifel immer für Lösungen entscheiden, die den Verwaltungsaufwand klein halten, die Zahl der Schnittstellen verringern und die spezifische Fachkompetenz nutzen.

Ein Unternehmen handelt immer zwischen zwei Polen, zum einen die Beachtung der notwendigen Planungssorgfalt und zum anderen die Bewahrung der Flexibilität, die der Markt fordert und häufig besonders prämiert. Es geht daher im Produktbereich nicht ohne kurzfristige Anpassung von Kapazitäten und Sonderaktionen,

Nach meiner Erfahrung ist am Ende eines Monats unbedingt eine Grundsatzbesprechung mit übergreifender Wirkung notwendig. Dort müssen im Beisein von Vertretern aller Fertigungsbetriebe, der Qualitätssicherung, des Einkaufs, des Verkaufs und des Betriebsrates, die grundsätzlichen Schwierigkeiten des auslaufenden Monats diskutiert und Maßnahmen für den nächsten Monat festgelegt werden.

Voraussetzung dafür, dass eine solche Besprechung etwas bewirkt, ist der Grad der Vorbereitung und die Aktualität der Daten. Die Besprechung sollte

## Das erfolgreiche Unternehmen

im Allgemeinen vom Leiter der Montage organisiert sein, der einen Soll-Ist-Vergleich durchführt über alle Montageprozesse und für den folgenden Monat die aus der Sicht der Kunden notwendigen Schritte vorschlägt. Am Ende dieser Besprechung müssen für den nächsten Monat alle notwendigen Maßnahmen zur Erreichung der Soll-Produktion auf dem geforderten Qualitätsstandard abgestimmt sein.

Es empfiehlt sich, dass bei dieser wichtigen Besprechung der Chef des Unternehmens anwesend ist. Bei einem gut laufenden Betrieb und sorgfältiger Vorbereitung benötigt es nicht mehr als zwei Stunden, um das Programm verbindlich festzulegen und die notwendigen Entscheidungen zu treffen, so dass alle Anwesenden danach wissen, was zu geschehen hat, um das vorgesehene Programm zu erfüllen.

In den einzelnen Fertigungsbetrieben sollte eine derartige Besprechung wöchentlich durchgeführt werden, und zwar am Donnerstagnachmittag. Zu diesem Zeitpunkt überschaut man, ob der nächste Wochenplan erfüllt werden kann oder ob für das Wochenende Zusatzschichten notwendig werden und an welchen Fertigungsplätzen das Gleitzeitkonto abgeschmolzen werden darf. Damit erfahren die Verantwortlichen für die wichtigsten Maschinengruppen, wie die Programme der nächsten Woche unter eventueller Nutzung des vorliegenden Wochenendes zu erfüllen sind. Man vermeidet so unvorhergesehene Überraschungen dort, wo es möglich ist. Damit kann man sich später auf die Überraschungen konzentrieren, die nicht voraussehbar sind, und so kurzfristige, teure Sonderaktionen minimieren.

Immer wieder wird von der Produktion die Forderung erhoben, dass der Verkauf möglichst genaue langfristige Pläne vorlegen müsse, damit man in der Produktion genügend Fertigungsstabilität erreichen könne. Nach vierzigjähriger Industrietätigkeit verweist man solche langfristigen, genauen Bedarfsplanungen in das Reich der Utopie, zumindest für die Mehrzahl von Unternehmungen.

Jedes Unternehmen agiert an einem Markt, der vielen Einflüssen unterliegt, sich ständig verändert und daher keine langfristige Sicherheit bieten kann. Man versucht natürlich, die Marktentwicklung so genau wie möglich vorauszuschätzen; trotzdem muss jede Produktion in der Lage sein, sich Marktentwicklungen kurzfristig anzupassen.

Nach meiner Erfahrung sollte jedes Unternehmen kurzfristig Produktionen um ± 15 % in der Menge verändern können. Hier helfen sehr die neuerdings häufig vereinbarten Arbeitszeitkonten, die bei richtiger Nutzung erfreuliche Spielräume eröffnen.

Am schwierigsten wird es im Dreischichtbetrieb, weil in den einzelnen Schichten keine Spielräume für Mehrarbeit vorhanden sind. In unseren Unternehmen haben wir, wie bereits gezeigt, in solchen Fällen an Samstagen und Sonntagen Sonderschichten von Mitarbeitern eingeführt, die je zwölf Stunden ausschließlich an Samstagen und Sonntagen arbeiteten, plus einige Stunden während der Woche. Sie beziehen für diese kürzeren Arbeitszeiten den gleichen Lohn wie die Mitarbeiter, die an fünf Tagen der Woche arbeiten.

Das ist ganz offensichtlich für eine Reihe von Mitarbeitern attraktiv, so dass keine Schwierigkeiten entstehen, Männer und Frauen für diese Wochenendarbeit zu gewinnen. Diese Lösungen werden notwendig, wenn die Auslastung einer Fertigungsmaschine über 5000 Stunden pro Jahr liegt. Dies gilt im Allgemeinen als Signal, dass hier investiert werden muss, da langfristig solche Jahresstundenzahlen aus vielerlei Gründen nicht zu überschreiten sind.

Über Investitionsregeln wurde schon an anderer Stelle im Detail gesprochen, so dass hier vielleicht nur einige Grundsatzüberlegungen zu behandeln sind.

Basis jeder Investition ist die Wirtschaftlichkeitsrechnung, die sich auf eine Reihe von Annahmen stützt, die unterschiedlich sicher sind. Bei Neukonstruktionen von Fertigungsanlagen muss man davon ausgehen, dass am Anfang Schwierigkeiten auftreten, die alle Planzahlen utopisch werden lassen. Daher wird man bei einer Kernproduktion nicht das Risiko eingehen, einen neuartigen Fertigungsprozess auf breiter Basis einzuführen. Selbst sorgfältige Vorabinformationen von anderen Nutzern solcher Anlagen ergeben kaum ein realistisches Bild, da jeder Anwender unterschiedliche Produktionsbedingungen hat.

Bei neu konstruierten Maschinen oder neuartigen Prozessen muss man daher besonders vorsichtig vorgehen, um sich nicht Lieferschwierigkeiten und erhebliche Kosten einzuhandeln. Besonders wenn die Leistungsunterschiede nicht allzu groß erscheinen, wird man auf bewährte Lösungen zurückgreifen und nur in Einzelfällen neuartige Prozesse mit der notwendigen Vorsicht einführen.

Oftmals versucht der Einkauf die Beschaffung von Anlagen allein wegen des Preises durchzudrücken. Auch hier sollte man sich, wenn der Preisunterschied nicht zu groß ist, für bewährte Anlagen entscheiden, die neben stabiler Fertigung geringeren Reparatur- und Wartungsaufwand versprechen. Außerdem wird so der Ersatzteilaufwand reduziert und die Fertigungssicherheit erhöht.

Ein ganz wichtiger Aspekt bei Maschinen ist die Abnahme, die aufzuteilen ist in eine Funktionsabnahme, möglichst schon im Herstellerwerk, und eine Langzeit-Abnahme am endgültigen Produktionsstandort.

Man sollte immer zur Funktionsabnahme das schwierigste vorgesehene Bearbeitungsteil einsetzen und vor allem ausreichende Mengen bereitstellen, um wenigstens drei Stunden lang unterbrechungsfrei produzieren zu können. Alle auftretende Probleme müssen sorgfältig protokollieren werden, wobei die Prozess-Streuung und der Trend aller wichtigen Fertigungsparameter zu erfassen sind. Qualität und Leistung müssen in den zugesagten Grenzen liegen, ansonsten muss Abhilfe geschaffen werden, und die Funktionsabnahme ist danach zu wiederholen.

Zur Funktionsabnahme müssen kompetente, grundsatzfeste Mitarbeiter abgestellt werden, die sich nicht zu Zugeständnissen überreden lassen. Sie müssen sich vollständig darüber im Klaren sein, dass die Schwierigkeiten, die nicht beim Hersteller behoben werden, später mit sehr viel mehr Aufwand und Ärger im eigenen Hause gemeistert werden müssen.

Nach meiner Überzeugung lohnt es sich manchmal, ein anspruchsvolles, spezielles, produktnahes Abnahmeteil zu entwerfen (als eine Art Normbearbeitung), mit dem von Zeit zu Zeit die Maschinen zu überwachen sind und neue Maschinen in Relation zu den vorhandenen beurteilt werden können. Man kann in erster Näherung auf diese Weise z. B. die dynamische und statische Steife einer Maschine sehr gut beurteilen.

Sehr wichtig ist die endgültige Abnahme am vorgesehenen Standort der Maschine. Häufig geht die Abnahme schon deswegen daneben, weil nicht genügend Teile vorhanden sind, z. B. wenn es sich um ein Neuprodukt handelt. Eine solche Abnahme ist aber wichtig, weil im Lebenszyklus einer Maschine zu Beginn und am Ende die meisten Ausfälle auftreten.

Schwerpunkte der Abnahme sind die statistische Toleranzhaltigkeit der Produktionsteile und die auftretenden Prozess-Störungen. Als überzeugende Regel gilt nach meiner Auffassung, dass alle gemessenen Werte innerhalb zwei Drittel der zulässigen Toleranz liegen müssen und Prozess-Störungen die aus ähnlichen Prozessen bekannten Störzeiten nicht überschreiten dürfen. Die Abnahmedauer sollte mindestens fünf Schichten betragen und würde erneut beginnen, wenn die Abnahmekriterien nicht erfüllt werden.

Die vorgesehene Leistung der Anlage, z. B. bei den Schnittdaten, sollte nicht überzogen gewählt werden, sondern 20 Prozent unter dem vorgesehenen Ziel liegen, weil Spitzenleistungen nur mit aufwändigen Optimierungen erzielt werden können.

Diese Aufgabe sollte man sich schon selbst stellen, um nicht über den Maschinenlieferanten dem Wettbewerber die eigenen Ziele bekannt zu geben.

Bei der Abnahme der Maschine sollte man immer abschätzen, welche Verbesserungen mit der Maschine realisiert werden können. Aus diesem Grund sind keine endgültigen Zeitvorgaben festzulegen, bevor diese Reserven gehoben sind.

Man sollte wissen, dass nach Hebung der ersten Leistungsreserven noch weitere Steigerungen zu erwarten sind, weil sich das Wissen um die Maschine erweitert und neue Vorrichtungen und Werkzeuge gefunden werden.

Das besondere Problem ist die mangelnde Bereitschaft von Mitarbeitern, dies anzuerkennen und bei festliegenden Zeitvorgaben Kürzungen zu akzeptieren.

Für jedes Unternehmen ist es sehr entscheidend, das Bewusstsein wach zu halten, wie wichtig für die erfolgreiche Zukunft des Unternehmens das Streben auf allen Ebenen ist, sich laufend zu verbessern. Da in der Produktion im Allgemeinen die höchsten Kosten des Produktes anfallen, ist hier die Pflege dieser Grundsatzüberzeugung am wichtigsten. Gerade in der Produktion steht jedoch eine statische Grundhaltung dem entgegen, die man verstehen sollte und die sich auf folgende Gründe zurückführen lässt:

1. Das Sicherheitsbestreben, weil man aus gutem Grund fürchtet, durch Veränderungen unnötige Risiken einzugehen
2. Lieb gewonnene Gewohnheiten, die keiner gerne aufgibt
3. Die Furcht, mehr Leistung erbringen zu müssen
4. Die Furcht, bei höherer Leistung weniger zu verdienen

Dem steht gegenüber, dass ein Unternehmen schon aufgrund der inflationären Entwicklung jedes Jahr den Mitarbeitern im Durchschnitt etwa 2 Prozent mehr bezahlen muss. Diese Mehrkosten können schon allein wegen des hohen Kostenniveaus in Deutschland in den Preisen meist nicht weitergegeben werden. Häufig wird der Kunde sogar noch eine jährliche Kostendegression in Höhe von mehreren Prozent des Stückpreises verlangen. Daher ist das Unternehmen gezwungen, wenigstens die jährliche inflationsbedingte Lohnerhöhung durch den Anstieg der Produktivität in gleicher Höhe auszugleichen, d. h. die Leistung zu steigern.

## Das erfolgreiche Unternehmen

Um auf der sicheren Seite zu sein, müsste ein erfolgreiches Unternehmen sich einen jährlichen Produktivitätsanstieg von mindestens 4 Prozent zum Ziel setzen.

Dieser würde sich zusammensetzen aus:

1. Produktivitätssteigernden Investitionen
2. Besserer Organisation
3. Produktivitätsfördernder Produktentwicklung
4. Verbesserung der laufenden Prozesse

Diese erwünschten 4 Prozent wären wahrscheinlich erreichbar, wenn es gelänge, allein mit der Verbesserung der laufenden Prozesse diejenigen Lohn- und Gehaltssteigerungen bezahlen zu können, die durch die Inflation begründet sind.

Dem stehen in erster Linie die starren Vorgabezeiten und in manchen Unternehmen eine sehr detaillierte Arbeitsplatzbeschreibung entgegen. Jede Arbeitsplatzbeschreibung hat sich als unpraktikabel und leistungshemmend erwiesen und sollte daher ersatzlos entfallen oder besser durch eine jährlich zu erneuernde Mitarbeiterzielvorgabe ersetzt werden, die z. B. diese 2 Prozent Produktivitätssteigerung enthalten könnte.

Änderungen der Vorgabezeiten sind schon schwierig, weil diese Zeiten mit Geld verknüpft sind, das der Mitarbeiter schon als Eigentum betrachtet. Lösbar scheint mir das Problem durch eine sinnvolle Verknüpfung der existierenden Zeitenvorgabe mit dem Verbesserungsvorschlagssystem. So könnte z. B. nach Einführung (und Bezahlung) der Verbesserung, die Vorgabezeit noch ein weiteres Jahr Gültigkeit besitzen, um danach korrigiert zu werden, wenn der betreffende Werker ausreichend Zeit hatte, die neue Methode zu lernen.

Wichtig ist vor allem, dass das Thema konsequent und mutig von der Führung angegangen wird und absolute Klarheit über den vorgesehenen Weg besteht. Die Mehrheit im Unternehmen muss von der Notwendigkeit überzeugt sein, vorgegebene Ziele zu erreichen. Leider werden die angeführten vier Punkte in den meisten Unternehmen vernachlässigt, und dadurch wird der Erfolg des Unternehmens gefährdet.

Manche Unternehmen versprechen sich einen Vorteil davon, dass die Entlohnung von der Zeitvorgabe entkoppelt wird. Scheinbar werden dadurch Rationalisierungshemmnisse beseitigt, die aber dann an anderer Stelle auftreten.

So würde ein Werker, dessen Lohn von der Auslastung der Maschine abhängt, immer bestrebt sein, die Leistung der Maschine nicht zu steigern, da damit nach aller Wahrscheinlichkeit die Auslastung der Maschine fallen wird.

Man sollte sich immer klar machen, wie viel Risiken und Schwierigkeiten damit verbunden sind, Leistungen schon bei stabilen Prozessen zu steigern. Mit diesem Risiko sollte man den Werker nicht belasten, sondern man sollte es dem Unternehmen übertragen. Andererseits sollte nicht der Bediener mehr leisten, sondern die Maschine.

Eine geschickte Verknüpfung des Verbesserungsvorschlagssystems mit der Prozessanalyse sollte die Bereitschaft für eine Prozessverbesserung erhöhen und den Willen zur Leistungssteigerung fördern.

So könnte man sich vorstellen, dass dem Bediener im Rahmen einer Projektarbeit jährlich eine Prämie zugesprochen wird, die von den Verbesserungen abhängt, die im Rahmen der routinemäßigen Prozessanalyse (z. B. jährlich) realisiert werden. Diese Prämie müsste sich jedoch deutlich erhöhen, wenn vorher ein entsprechender Verbesserungsvorschlag vom Bediener eingereicht wurde, bevor die Prozessanalyse sich dieses Arbeitsplatzes angenommen hat.

Grundlage eines solchen Vorgehens ist jedoch die Zielsetzung, dass jede Prozessanalyse neben der Sicherung, d. h. Parametrisierung des Prozesses als weitere Zielsetzung gemeinsam mit dem Betrieb eine 5-prozentige Leistungssteigerung erreichen sollte.

Hiermit muss also jeder Werker rechnen, wenn die Prozesse jährlich überprüft werden. Er wird zwar aufgrund dieser Leistungssteigerung seine Prämie erhalten, die er aber mit einem entsprechenden vorherigen eigenen Vorschlag deutlich hätte steigern können.

Damit könnte man unter Umständen erreichen, die Gedanken der Mitarbeiter vorwiegend auf eine Leistungserhöhung zu leiten und nicht auf die übliche Leistungsblockierung.

Bei der vorstehenden Überlegung wird wieder deutlich, wie wichtig es in einem Unternehmen ist, die technische Intelligenz der Mitarbeiter organisatorisch zu nutzen und nicht zu blockieren.

Ähnliches Vorgehen müsste auch in allen Verwaltungs- Entwicklungs- und Abwicklungsbereichen Eingang finden, da dort nach allen Erfahrungen sehr viel mehr Leistungsreserven liegen als im Produktionsbereich, der leistungsmäßig schon wegen der teuren Maschinen sehr viel länger unter Produktivitätsdruck steht.

Zum Teil auch aus diesem Grunde hat sich die relative Anzahl der in der Verwaltung tätigen Mitarbeiter in den letzten Jahrzehnten stark erhöht. Früher konnte man häufig ein Verhältnis der Mitarbeiter in der Produktion zu allen anderen Bereichen von 10 : 1 feststellen, während heute schon fast ein Verhältnis 1 : 1 als normal gilt.

Die Leistungsferne der Verwaltung und Produktentwicklung erkennt man auch an der relativen Zahl von Verbesserungsvorschlägen, die meisten im Produktionsbereich ungleich häufiger sind.

Es scheint daher immer ein lohnendes Vorhaben, den Leistungsgedanken in den Entwicklungs- und Verwaltungsbereich zu tragen, da dort im Allgemeinen wenig kreative Leistung gefordert wird, sondern es geht zu 80 Prozent um Abwicklungsroutinen, die geradezu nach Leistungsoptimierung rufen.

Entscheidend für den nachhaltigen Erfolg in der Produktion ist der Aufbau eines fördernden Rahmens zur Verbesserung von Leistung, der technischen Zuverlässigkeit der Prozesse, der Ordnung und der Qualität. Die positive Veränderung in all diese Richtungen muss gefördert und nicht behindert werden.

Ein solcher Rahmen darf keinesfalls starr sein, sondern muss Experimente zulassen und Anerkennung, auch materieller Art, anbieten. Dieser fördernde Rahmen ist sehr entscheidend für die dauerhafte Wettbewerbsfähigkeit der Produktion.

Innerhalb der Produktion ist es eine entscheidende Frage, wo Wartung und Instandhaltung eingeordnet werden.

Grundsätzlich gibt es drei Möglichkeiten:

1. Sie durch den Bediener der Maschine vornehmen zu lassen,

2. sie dezentral nach Fachbetrieben oder

3. überbetrieblich zentral zu organisieren.

Je nach Ausbildungsstand des Maschinenbedieners sollte man so viel wie möglich vor Ort erledigen lassen. Hier kann es sich jedoch nur um einfache Wartungen, Austausch von Kleinteilen und Kleinreparaturen handeln, die mit fachlicher Überwachung des für den Fachbetrieb zuständigen Instandhalters ablaufen sollten. Diese fachbereichlich zuständige Instandhaltung ist die zweitbeste Lösung und sollte auf jeden Fall dem zuständigen Betriebsleiter unterstehen und mit dem üblichen Spezialwerkzeug und notwendigen Hilfsmitteln unterstützt werden.

Vorteile einer solchen Lösung sind die enge Betriebsverbundenheit, das Verständnis für die betrieblichen Leistungsziele und die kurzen Wege.

Bei größeren und schwierigen Reparaturen ist die zentrale Instandhaltung gefordert, die aufwändigere Mittel einsetzen kann, um fachgerecht schwierige Probleme zu lösen.

Bei Hinzuziehung eines externen Spezialisten sollte die zentrale Instandhaltung immer die Zustimmung darüber erteilen, was zu tun ist und wer eingeschaltet werden sollte.

In der Praxis hat sich bewährt, die relativen, durch Reparaturen begründeten Stillstandszeiten und die gesamten Instandhaltungskosten bezogen auf die Anschaffungswerte der Maschinen zu erfassen.

Es gelten in etwa folgende Richtwerte (einschl. Werkzeugausfall) für das Verhältnis gesamte jährliche Instandhaltungskosten bezogen auf den Anschaffungswert der Maschinen bzw. für das Verhältnis Stillstandzeit zur verfügbaren Zeit.

|  | A in % | B in % |
|---|---|---|
| Hochwertige Zerspanung | < 3 | < 15 |
| Hochwertige Kaltumformung | < 5 | < 25 |
| Hochwertige Härterei | < 7 | < 20 |
| Hochwertige Gießerei | < 9 | < 20 |

A. Instandhaltungskosten relat. zum Anschaffungswert

B. Stillstandszeit relativ zur verfügbaren Zeit

Diese Werte sind erreichbar und lassen sich durch intelligente technische und organisatorische Maßnahmen noch unterbieten.

Wenn Werte über den in der Tabelle aufgeführten Grenzen liegen, sollte man sich über den Zustand des Prozesses Gedanken machen und angemessene Maßnahmen einleiten.

Bei einer solchen Betrachtung erhebt sich nochmals die Frage, inwieweit eine vorbeugende Instandhaltung sinnvoll erscheint. Darüber wurde schon in einem früheren Abschnitt diskutiert. Danach sollte eine vorbeugende Instandhaltung im klassischen Sinn – also Instandhaltung nach festliegenden Laufzeiten – nur bei Anlagen durchgeführt werden, bei denen die Sicherheit im Vordergrund steht und bei deren Ausfall Personenschäden befürchtet werden müssen. In allen anderen Fällen wird es ausreichen, wie gezeigt, die anfallenden Reparaturkosten zu überwachen und außerdem die Qualität der Produkte auf der betreffenden Maschine sorgfältig zu beobachten. Ändern sich hier die wichtigen Parameter (Mittelwerte, Streuung und Trend), muss eingegriffen werden.

Viele Unternehmen haben die Instandhaltung vollständig an Externe verlagert. Ich würde so etwas nur machen, wenn einzelne Spezialisten dabei notwendig sind, die ansonsten nicht ausgelastet wären – ein Fall, der selten vorkommen dürfte, da man Spezialisten natürlich auch mit anderen Aufgaben betrauen kann. Häufig muss man daher bei der externen Vergabe der Instandhaltung Managementfehler befürchten oder ganz besondere Verhältnisse voraussetzen.

Ein wesentliches Problem der Instandhaltung ist die möglichst gleichmäßige Auslastung. Der Betriebsleiter muss sich also Gedanken machen, wie er diese Experten besonders im zentralen Bereich einsetzt, wenn gerade kein akuter Reparaturfall vorliegt. Für einen aufmerksamen Beobachter ist das sicherlich kein Problem, da in jedem Betrieb genügend Arbeit vorhanden sein dürfte, die nicht an den Produktionsrhythmus gebunden ist.

Schwieriger ist die gleichmäßige Auslastung der zentralen Instandhaltung, die im Allgemeinen Überkapazität vorhalten muss, um Reparaturarbeiten auch bei Spitzenbedarf schnell erledigen zu können.

Hier gibt es grundsätzlich zwei Möglichkeiten. Eine Möglichkeit ist die Einschaltung eines externen Spezialisten, meist der Lieferant der Maschine, zumal dieser die Maschine genau kennen dürfte. Aber dabei treten häufig Terminschwierigkeiten und höhere Kosten auf, insbesondere, wenn es sich um weniger aufwändige Reparaturen handelt.

Die zweite Möglichkeit wurde in dem von mir geführten Unternehmen durchgeführt, indem diese zentrale Instandhaltung dem Sondermaschinenbau zugeordnet wurde, der schnell verfügbar war und aus den Fehlern bei den Auslegungen der eigenen Maschinen lernen konnte. Für diese Sonderaufgabe muss der Sondermaschinenbau natürlich entsprechend ausgerüstet sein und moderat vergrößert werden.

Damit stellt sich die Frage, ob ein Unternehmen überhaupt einen Sondermaschinenbau benötigt. Dies ist mit Nachdruck zu bejahen, sofern ein Unternehmen auf „Vorsprung durch Technik" aus ist, der nicht sofort an den Wettbewerber abfließen soll.

Das erfolgreiche Unternehmen

Ausschlaggebend für den Erfolg des Sondermaschinenbaus ist das Vorhandensein eines kreativen Kopfes mit Sinn für wirtschaftliche Umsetzung, ganz besonders bei den üblichen engen Terminvorstellungen. Es geht in diesem Sondermaschinenbau im Wesentlichen um Montageanlagen, Beschickungsanlagen und Mess- und Prüfstationen, die in dieser speziellen Form nicht am Markt angeboten werden. Der vorhandene Serienmarkt sollte immer der Maßstab bleiben, ob Sonderanlagen gebaut werden. Sie sollten außerdem so weit wie möglich aus handelsüblichen Bauteilen erstellt werden, die ab Lager verfügbar sind.

Man sollte dabei nicht den Spezialisierungseffekt übersehen. Jedes Unternehmen hat nur einen begrenzten Ausschnitt von Produkten, die damit den Sondermaschinenbau spezialisieren. Als optimale Lösung fanden sich folgende Grundsätze:

1. Nur bauen, was der Markt im gleichen Maße technisch wie wirtschaftlich nicht anbietet

2. Die Einzelkomponenten bei spezialisierten Zulieferern bestellen

3. Die Verknüpfung mit Elektronik, Hydraulik und Mechanik selbst durchführen

Als Ergebnis dieser Bemühungen entstanden oftmals große wirtschaftliche Vorteile gegenüber der Konkurrenz, die wir häufig deswegen erkennen konnten, weil deren externe Sondermaschinenbauer uns die Lösung der Konkurrenz anboten, noch bevor sie dort angelaufen waren.

Es stellt sich automatisch die Forderung an den externen Sondermaschinenbauer, nicht die Konkurrenz des Kunden zu beliefern. Solche Forderungen sind nur schwierig durchzusetzen. Es mag aber sinnvolle Ausnahmen von der Regel geben, keinen Sondermaschinenbau zu betreiben, wenn z. B. zu dem externen Sondermaschinenbauer in der unmittelbaren Nachbarschaft ein vertrauensvolles Verhältnis besteht und die betreffenden Anlagen nur an Nichtwettbewerber geliefert werden.

Mehrere Analysen in unserem Hause ergaben jedenfalls, dass die eigenen Sondermaschinen um etwa 30 Prozent billiger arbeiteten als die der externen Anbieter. Es bestand in jedem Einzelfall ein erheblicher Produktivitätsvorsprung zur Konkurrenz. Durch die Verknüpfung des Sondermaschinenbaus mit der zentralen Instandhaltung ergab sich ein zusätzlicher Kostenvorteil.

Sowohl für den Sondermaschinenbau, die Instandhaltung und den Betrieb müssen Vorräte an Hilfs- und Betriebsstoffen sowie Ersatzteile gehalten werden. Das ist organisatorisch eine besonders anspruchsvolle Aufgabe. Sie verlangt zunächst Normung und rechnergestützte Verwaltung. Schwierigkeiten machen vor allem die notwendigen Einzelteile und Kleinmengen.

Dieses Thema wurde in einem früheren Kapitel schon behandelt und wird hier aus der Sicht der Unternehmensleitung in etwas anderer Form betrachtet.

Man sollte wie folgt vorgehen:

- Verpflichtung des Maschinen- oder Werkzeuglieferanten, ein entsprechendes Lager wenn nötig mit eigener Kostenbeteiligung zu halten.
- Festlegung der Vorratsstrategie auf Grund der Lieferfähigkeit der Zulieferer.
- Mit Hilfe des Rechners lassen sich Lösungen finden, die im Bedarfsfall automatisch Bestellungen auslösen.

Das Problem sind die notwendigen Sicherheitsmengen, die im Durchschnitt am Lager liegen müssen. Sie hängen, ähnlich wie im PPS-System, von der realen Lieferzeit und der Schwankungsbreite des Verbrauchs ab. Nähere Beschreibungen dazu sind im Anhang 5.6 zu finden.

Schwierig wird die Beschaffung der Einzelteile, die zur Aufrechterhaltung der Produktion dringend kurzfristig notwendig sind. Hier werden normalerweise nur ein oder zwei Teile auf Lager liegen, die sofort eine Bestellung auslösen müssen, wenn sie abfließen. So etwas sollte vorher entschieden sein und nicht erst, wenn der Bedarf eintritt.

Wichtig ist die jährliche Überprüfung des Lagers auf Ladenhüter und vor allem die Entscheidung, was mit den überzähligen Teilen zu geschehen hat. Meist lassen sich bei einigem Nachdenken andere Anwendungen finden. Auf jeden Fall sollte man diese Teile sofort separieren und abwerten, damit das Lager wertgerecht und überschaubar bleibt.

Wichtig ist auch, bei jeder Position den Abgang des letzten Vierteljahres dem Lagerbestand gegenüberzustellen, und zwar in drei Kategorien. Maßstab ist der Vorratsbestand zu monatlichem Verbrauch:

- der Vorrat ist größer als ein Zwölfmonatsbedarf
- der Vorrat ist größer als ein Zwei- aber kleiner als ein Zwölfmonatbedarf
- der Vorrat ist kleiner als ein Zweimonatsbedarf

## 3.4 Qualitätssicherung

Im Rahmen der Überlegungen zur Produktentwicklung und Produktion wurden schon eine ganze Reihe Anregungen eingebracht, um die Produktqualität zu sichern und zu steigern. Für diesen Bereich wurden die Voraussetzungen diskutiert, um die notwendigen Eigenschaften der hergestellten Produkte zu garantieren.

Die Qualitätssicherung hat zu überwachen, ob die festgelegten Methoden zur Sicherung des Qualitätsstandards angewandt werden und ob sie ausreichen. Außerdem ist der Bereich Qualitätssicherung das Außenorgan des Unternehmens, um die auftretenden Qualitätsfragen bei den Kunden aufzunehmen und im Unternehmen einer Beantwortung zuzuführen. Die Qualitätssicherung muss also Sorge tragen, dass das vom Kunden gewünschte Qualitätsniveau auch beim Kunden glaubhaft bestätigt wird und dass über die Qualitätserfassungskriterien zwischen Lieferant und Kunden Einigkeit herrscht. Die Qualitätssicherung bestimmt also in hohem Maße das Vertrauen des Kunden in die Qualität des Unternehmens.

In dem Sinne ist die Qualitätssicherung Schiedsrichter zwischen Produktentwicklung und Produktion und Bindeglied zwischen Produktion und Kunde.

Nach diesem Verständnis beschränkt sie sich mehr auf die planerische Aufgabe und weniger auf die eigentliche Messaufgabe. Es erscheint trotzdem sinnvoll, die Messräume der Qualitätssicherung zu unterstellen. Insbesondere komplexe Messaufgaben für eine Erstabnahme müssen innerhalb der Qualitätssicherung angesiedelt sein.

Welche Probleme treten im Rahmen der Qualitätssicherung im Unternehmen auf?

Zunächst muss die Spezifikation, im Allgemeinen die Zeichnung der Produktentwicklung, so gefasst sein, dass sie eindeutig ist. Außerdem sollte die Spezifikation in der Produktion wirtschaftlich einhaltbar sein.

Die damit verbundenen Konflikte sollten zunächst direkt zwischen Produktion und Produktentwicklung ausgetragen werden. Die Qualitätssicherung sollte sich dabei auf eine Vermittlerrolle zurückziehen und zur Lösung der Probleme zusammen mit der Produktion entwickelte Standards anbieten, die Erfassungsgenauigkeit, Erfassungskriterien und Erfassungsmethodik betreffen. Abweichungen von diesen vereinbarten Standards sollte nur mit Genehmigung der

Geschäftsleitung möglich sein, um Risiken zu vermeiden und auch die Kosten zu begrenzen, und gegebenenfalls zu neuen Standards führen.

Insbesondere in der Massenproduktion ist die statistische Verarbeitung der Daten erforderlich, um die Abmaße der Werkstücke möglichst um die Mittentoleranz zu konzentrieren und eine Überschreitung der vorgegebenen Toleranzgrenzen auszuschließen. Wie so etwas geschehen kann, wurde vorstehend schon diskutiert und ist im Anhang 5.5 theoretisch begründet.

Die Qualitätssicherung sollte für die Schulung der Mitarbeiter in der Erfassungsmethodik verantwortlich sein, wie auch für die Auswahl und die Ausführung der Erfassungsgeräte, damit die festgelegten Standards übergreifend im ganzen Unternehmen Gültigkeit haben. Auch die Wartung, die Überwachung und Eichung sollte in der Verantwortung der Qualitätssicherung liegen.

Damit sind im Wesentlichen die Hauptaufgaben der Qualitätssicherung nach innen beschrieben.

Nach außen wirkt sie in zwei Richtungen: Zum Lieferanten und zum Kunden.

Die gemeinsam mit Produktion und Produktentwicklung abgesprochenen Spezifikationen müssen dem Lieferanten erläutert werden. Noch vor der Bestellung von Rohteilen muss sich die Qualitätssicherung beim vorgesehenen Lieferanten überzeugen, ob dieser bereits ähnliche Spezifikationen erfüllt hat und so in der Lage sein wird, die abgesprochenen Spezifikationen einzuhalten. Er sollte zu diesem Zweck ähnliche Teile der Serienproduktion mit Messprotokollen vorlegen, die dann gegenzuprüfen wären.

Bestehen Zweifel in der Lieferfähigkeit, müssen Produktion und Qualitätserfassungsmethoden kritisch vor Ort überprüft und notwendige Änderungen abgesprochen werden.

Bei der Lieferung der ersten kleineren Vorserie sollte ebenfalls ein Messprotokoll mit den wichtigsten und notwendigen Messwerten vom Lieferanten vorgelegt werden, die gegenzuprüfen sind.

Die ersten Serienlieferungen müssen besonders sorgfältig überwacht werden, damit keine Überraschungen auftreten. Mit der Zeit wird bei gutem Qualitätsstandard des Lieferproduktes die Prüfschärfe reduziert bis auf halbjährliche Erfassung, die dann lediglich die erstklassige Qualität bestätigen soll und vor allem feststellt, ob irgendwelche gravierenden Veränderungen aufgetreten sind, die vielleicht nicht durch die Spezifikationen gedeckt werden, aber die

Funktion des Teiles nachteilig beeinflussen können (z. B. Änderung des Produktionsverfahrens, Grat, Oberflächenverletzungen).

Der Lieferant muss verpflichtet werden, Änderungen in seinem Prozess vorher zu melden und entsprechend zu bemustern, wobei die dann neu einsetzende Prüfschärfe nach dem zu erwartenden Risiko zu bemessen ist.

Unter dem Qualitätsgesichtspunkt halte ich die anschwellenden Audits nach festen Zeitabschnitten für unsinnig. Audits sollten für Fälle reserviert bleiben, wo ernste, nicht umgehend abzustellende Qualitätsprobleme auftreten.

Solche Audits dürften auch nicht formal ablaufen, sondern müssen sich gezielt mit dem spezifischen Fall befassen. Gerade als Kunde sollte man bemüht bleiben, den bürokratischen Aufwand des Lieferanten nicht unnötig zu steigern und damit dessen Wirtschaftlichkeit zu gefährden. Man sollte daher auch nicht unbedingt auf eigene Normen bestehen, wenn die fremde Norm die geforderte Qualität sichert.

Umfangreicher sind die Aufgaben der Qualitätssicherung in Richtung auf den Kunden. Vor der ersten Lieferung müssen die eigenen Spezifikationen und die Prüfmethoden mit dem Kunden abgestimmt werden. In bestimmten Fällen sollte eine Eichung der entsprechenden Geräte beider Unternehmen erfolgen, und insbesondere ist ein klärendes Treffen mit dem Bereich notwendig, in dem das gelieferte Produkt benötigt wird. Gemeinsam sind Einbauverhältnisse und eventuelle Probleme im Vorfeld zu klären. Neben der technischen Abklärung ist es sehr wichtig, dass sich die in Zukunft handelnden Personen gegenseitig kennen lernen und der „kurze Draht" entsteht, der vor allem bei der Behebung kleinerer Beanstandungen so wertvoll ist, bevor die große bürokratische Maschinerie beider Häuser anläuft.

Die Vorschriften der jeweiligen Kunden für die Erstabnahme und erste Serienlieferung werden verschieden sein, trotzdem sollte sich die Qualitätssicherung bemühen, möglichst wenig von den eigenen Normen abzuweichen. Meistens ist mit gutem Willen auf beiden Seiten ein akzeptabler Kompromiss möglich.

Die Qualitätssicherung hat mindestens halbjährlich ihre Kunden zu besuchen, um sich über eventuelle Probleme zu informieren und Vertrauen aufzubauen bzw. zu erhalten.

Des Weiteren trägt die Qualitätssicherung die Verantwortung für die ordnungsgemäße Abwicklung der verschiedenen geforderten Qualitätsaudits. Sie hat sich ein modulares System aufzubauen, um diese Audits mit einem Minimum an Aufwand bei den verschiedenen Interessenten zu überstehen.

Eine besondere Aufgabe der Qualitätssicherung ist das Drängen auf Ordnung und Sauberkeit in der Fertigung, damit keine Verwechslungen und Fehlleitungen von Werkstücken auftreten können oder bereits ausgeschiedene fehlerhafte Teile ungewollt wieder in die Fertigung einfließen. Auch dürfen keine Prozess-Schritte vergessen werden.

Bedenklich ist der negative Einfluss von Routinen, der besonders kritisch wird, wenn Prozesse jahrelang ohne jede Beanstandung laufen. Hier muss nach bestimmten Zeiträumen immer wieder die Aufmerksamkeit durch Aktionen geschärft werden, die durchaus einen gewissen Unterhaltungswert haben dürfen.

Besonders gefordert ist die Qualitätssicherung bei auftretenden Kundenreklamationen, die sich einteilen in

- Beanstandungen vor oder beim Einbau,
- vorzeitige Ausfälle während der Funktion des Bauteils.

Diese Ausfälle sind je nach dem wirksamen Risiko in Kategorien einzuteilen:

1. Stört den Komfort
2. Erzeugt Ausfall des Produktes
3. Gefährdet Menschen

Jede dieser Beanstandung ist möglichst schnell abzustellen, wobei der Handlungsdruck insbesondere für den letzten Punkt extrem hoch wird.

Die Qualitätssicherung sollte in enger Zusammenarbeit mit Produktentwicklung und Produktion eine überzeugende Ursache und eine noch überzeugendere Lösung des Problems beim Kunden präsentieren können. Je nach Ursache sollte die Qualitätssicherung begleitet werden von der verursachenden Fachabteilung.

Wie bereits vorstehend erläutert, sollte ein Sprecher auftreten, der die Taktik des Vorgehens bestimmt. Es sollte eine Sprachregelung festgelegt werden, der sich alle Mitglieder des eigenen Hauses zu unterwerfen haben. Die Sprachregelung dient nicht der Verschleierung irgendwelcher Ursachen, sondern soll in erster Linie das Auftauchen abstruser, unlogischer Gründe verhindern, die keine Klärung, sondern nur Verwirrung beim Kunden stiften.

Wichtig ist es, die Abstellmaßnahme überzeugend und rasch einzuleiten, damit für alle Beteiligten der Schaden minimiert werden kann.

Wenn ein Ausfall des Endproduktes des Kunden droht oder gar Menschenleben gefährdet werden, muss unbedingt ein Mitglied der Geschäftsleitung auftreten, und die Verhandlungsführung übernehmen.

Der Bereich Qualitätssicherung sollte in regelmäßigen Abständen den Qualitätsstandard des Unternehmens statistisch erfassen, und einen Bericht über die Kosten der Qualitätssicherung erstellen.

Nach meinen Erfahrungen dürfte die Qualitätssicherung höchstens 3 Prozent der Produktionsmitarbeiter beschäftigen, sofern die Qualität vom Werker vor Ort selbst überwacht wird.

Man sollte sich einige Grundsätze immer wieder deutlich machen, um keine unnötige Qualitätsbürokratie zuzulassen:

- Nur ein über Wirkparameter eindeutig beschriebener Prozess garantiert sicher Toleranzhaltigkeit
- Die Qualitätssicherung legt die Erfassungsmethodik der Qualitätsdaten fest
- Die Qualitätssicherung ist zuständig für die Erfassungsmethoden
- Die Qualitätssicherung überwacht die Zulieferqualität
- Die Qualitätssicherung vertritt die Produktqualität nach außen

## 3.5 Vertrieb

Diese Aufgabe ist wichtiger als der von seiner Aufgabe überzeugte Techniker wahrhaben möchte. Sie wird schwieriger durch die Fülle der Wettbewerbsangebote, Substitutsprodukte und durch die zunehmende Globalisierung. Eins sollte man von vornherein klarstellen: Es kann für einen Vertrieb nicht darum gehen, ein schlechtes Produkt gutzureden. Ein Verkauf kann nur seine Aufgabe erfüllen, wenn er ein erstklassiges, möglichst dem Wettbewerb überlegenes Produkt anbieten und sich auf ein kosten- und leistungsbewusstes Unternehmen stützen kann, dem es gelingt, flexibel, schnell und kostengünstig den Markterfordernissen zu folgen.

Ein Verkauf kann also nur wirklich erfolgreich sein, wenn das Unternehmen auch in allen anderen Aspekten gut ist und als tragende Basis ein marktfähiges Produkt besitzt.

Als entscheidendes Bindeglied zwischen Produkt und Kunden muss sich der Verkauf bemühen, dem Unternehmen ein klares Bild von dem zu bieten, was der Markt benötigt, und sich konstruktiv für entsprechende Voraussetzungen im Unternehmen einsetzen. Er muss außerdem auf neue, für den Markt geeignete Produkte drängen.

Immer wieder konnte ich erleben, dass der Verkauf nur vage Vorstellungen vom Markt besaß und sich häufig hinter der Behauptung verschanzte, die im Angebot befindlichen Produkte seien nicht gut zu verkaufen, weil insbesondere einige exotische Randprodukte der Produktpalette fehlten, mit denen zusammen man die ganze Palette besser verkaufen könne. Nischenprodukte sind im speziellen Fall natürlich einfacher zu verkaufen, bieten im Allgemeinen aber eine zu schmale Deckungsbasis.

Häufig fallen dem Verkauf auch Prognosen über die Marktentwicklung schwer; sie stimmen selten. Ich habe drei eklatante Vorgänge in Erinnerung, die die Schwierigkeiten von Marktvoraussagen deutlich machen.

In den sechziger Jahren war ich Werksleiter in einem Stahlunternehmen, in dem monatlich eine Marktbesprechung mit den Verkäufern ablief. Manchmal waren die Prognosen so falsch, dass statt des angekündigten Booms noch im laufenden Monat Kurzarbeit notwendig wurde. Wir Produktionsleute hatten das mit allen üblen Konsequenzen auszubaden. Mir wurde damals deutlich, wie wenig sich die Marktleute um entsprechende Kenngrößen wie Lagerbestand beim Kunden, Baugenehmigungen etc. in der Industrie bemüht hatten, ja wie sie geradezu hilflos agierten und sich im Wesentlichen auf die Aussage von Vertretern stützten.

Ein zweiter Fall ereignete sich in den siebziger Jahren bei VW, wo damals der Diesel für Kleinwagen aus einem Otto-Motor entwickelt worden war. Die Marketingabteilung hatte ungefähr 125 Stück pro Tag vorausgesagt. Der Markt verlangte nach kurzer Anlaufzeit stürmisch mehr als 1000 Stück pro Tag. Jahrelang gab es bei den entsprechenden Zulieferern riesige Engpässe und dadurch auch Qualitätsprobleme, weil die Verkaufsprognosen um den Faktor 10 falsch gelegen hatten.

Einen dritten Fall habe ich bereits geschildert, als damals die Kostenlage unserer Wettbewerber utopisch falsch eingeschätzt wurde.

Ich bin daher längst zu der Überzeugung gelangt, dass man solchen Prognosewerten aus dem Marketingbereich nicht die Bedeutung beimessen darf, die sie beanspruchen, sondern versuchen muss, die Kapazitäten des Unternehmens so zu steuern, dass ohne große Schwierigkeiten mehr als etwa 15 Prozent vom Prognosewert zu produzieren sind. Sehr viel mehr als 15 Prozent Reserve ist organisatorisch und kostenmäßig kurzfristig nicht zu verkraften, so dass man zumindest diese Genauigkeit von den Marketing-Verantwortlichen verlangen müsste. Wir liegen jedoch leider immer noch weit von dieser „Genauigkeit" entfernt, und auch in der Zukunft scheint das nicht wesentlich besser zu werden.

Ich bin daher der Auffassung, dass der Aufwand für Prognosen klein gehalten werden sollte, weil hohe Genauigkeit nicht zu erzielen ist und die Meinung eines fundierten Marktkenners meist jeder wissenschaftlichen Feinarbeit überlegen ist.

Der Verkauf sollte auch nicht die Abwicklung von Aufträgen zwischen Produktion und Kunden übernehmen, sondern sich einzig und allein um die Gewinnung von neuen Aufträgen bemühen und daran arbeiten, das Bild des Produktes und des Unternehmens beim Kunden positiv zu gestalten.

Er sollte aufzeigen, wo der Service, d. h. die Hilfestellung beim Kunden um das Produkt herum, nicht stimmt, Vorschläge machen, wie man es verbessern kann und dem Kunden je nach Situation zusammen mit den technischen Experten die Vorzüge des eigenen Produktes nahe bringen.

Der Verkauf hat in diesem Sinne die Aufgabe, den Kunden vom Nutzen des Produktes zu überzeugen. Ganz besonders sollte darauf geachtet werden, dass man dem Kunden keine Schwierigkeiten und Probleme bereitet, sondern es ihm leicht macht, die Produkte zu beziehen.

Sofern der Verkauf bei technisch komplexen Produkten nicht selbst die Präsentation beim Kunden durchführt, sollte er sich bemühen, auf die Präsentation im Hinblick auf die Darstellung und Argumentationsart Einfluss zu nehmen.

Techniker haben die Neigung, sich zu sehr in die Entwicklungsschritte zu verlieben und zu vergessen, dass im Allgemeinen beim Kunden nicht der überragende Experte sitzt, sondern der Nutzen des Produktes interessiert. Er will nichts hören von überstandenen Schwierigkeiten und komplizierten Optimierungsschritten, sondern allein den Nutzen des neuartigen Produktes für ihn selbst und für das von ihm vertretene Unternehmen erfassen, z. B. funktional, im Einbau und in der Dauerhaltbarkeit. Diese Themen will der Kunde hören und an seine Vorgesetzten weitergeben, die noch sehr viel weniger Detailexperten sind.

Auf diesem Feld sollte der Verkauf überlegt und überlegen agieren und immer wieder mahnend die Stimme erheben, wenn die Kundenausrichtung fehlt.

Sehr wichtig ist der Aufbau des persönlichen Vertrauens im Einkauf und den anderen Anlaufstellen des Kunden. In erster Linie gründet sich Vertrauen darauf, dass keine Zusagen gemacht werden, die nicht gehalten werden. Wie oft wird hier, z. B. bei Terminen, gesündigt!

Man sollte sicher nicht ungefiltert über die eigene Unternehmenssituation beim Kunden berichten. Man darf etwas vergessen, sollte aber nie etwas bewusst Falsches sagen oder nicht haltbare Versprechungen machen. Solche Erfahrungen werden kaum jemals aus dem Gedächtnis des Kunden verschwinden.

Diese notwendigen persönlichen Vertrauensbeziehungen lassen bei einem Großkunden nur eine wirksame Verkaufsorganisation zu, den Key-accounter, der alle verkäuferischen Aktivitäten des Unternehmens in seiner Person bündelt. Ihm zur Seite müsste bei entwicklungsintensiven Unternehmen der technische Key-accounter stehen. Sie gemeinsam vertreten beim jeweiligen Kunden die kaufmännische und technische Seite. Man würde möglichst keine gegenseitige Unterstellung definieren, aber beide in einem Büro vereinen, so dass zwangsläufig eine enge Kommunikation entstehen muss. Sie sollten sich auch gegenseitig in einfachen Vorgängen vertreten und repräsentieren gemeinsam das ganze Unternehmen beim Kunden, kaufmännisch und technisch. Sie berichten dem jeweiligen Fachvorgesetzten, den sie auch beim Kunden repräsentieren. Dieser sollte möglichst der für das jeweilige Gebiet zuständige Geschäftsführer sein.

Sehr entscheidend sind die jährlichen Preis- und Konditionsverhandlungen beim Kunden, die gründlich vorbereitet werden müssen und die möglichst der kaufmännische Key-accounter unter Assistenz des Technikers führt.

Solche Gespräche sind immer schwierig, weil hier zwei Grundrichtungen der Interessen aufeinander prallen; der Kunde will so günstig wie möglich einkaufen und der Lieferant so teuer wie möglich verkaufen.

Die meisten Verkäufer vergessen immer wieder die Tatsache, dass der Kunde nicht dann am besten gestellt ist, wenn der ausgehandelte Preis den niedrigsten denkbaren Wert erreicht, sondern wenn die Kosten des Einkaufs einschließlich der Kundenzufriedenheit, d. h. auch die Qualität, optimal sind. Es gelten neben dem nackten Preis eine ganze Reihe von Faktoren, die zweckmäßigerweise in zwei Zeithorizonte zu gliedern sind:

Das erfolgreiche Unternehmen

## 1 Kurzfristig

Ganz im Vordergrund steht zunächst die Liefersicherheit, d. h. die Lieferung erfolgt pünktlich zum vorgesehenen Termin. Ebenso wichtig ist die Flexibilität, d. h. der Lieferant ist in der Lage, sich kurzfristig auf Mengenschwankungen des Marktes einzustellen. Am wichtigsten erscheint die Qualität des Produktes, d. h. das Produkt besitzt in jedem Falle die zugesagten Eigenschaften in Funktion, Einbaufähigkeit und Dauerfestigkeit und bringt keine unangenehme Überraschungen mit sich.

Nicht zu vernachlässigen ist der Service, dessen Ziel es sein sollte, bei Entwicklung, Lieferung und Gewährleistung dem Kunden ein Minimum an Schwierigkeiten und Verzögerungen zu bereiten, also das Geschäft für den Kunden reibungslos zu gestalten.

Alle diese kurzfristigen Maßnahmen werden schwierig, wenn das Unternehmen weder allein auf Klein- noch Großserie ausgerichtet ist, also keine Strategie im Hinblick auf die zu fertigende und zu vertreibende Losgrößen definiert hat.

Es ist in Kostenrechnungen kaum möglich sowohl die Groß- als auch Kleinserien jeweils genau zu erfassen. Meist stimmen die Werte einigermaßen für die Großserie, jedoch nicht für die Kleinserie, bei der die Kontinuität des Produktionsflusses fehlt und Improvisation herrscht.

In dieser Situation kann man entweder eine rigorose Programmbereinigung durchführen, oder alternativ das Programm jeweils für die Klein- bzw. Großserie produktionstechnisch und organisatorisch aufsplitten. Dabei sind die Preise konsequent den spezifischen Kostengegebenheiten anzupassen.

In den meisten Fällen machen 20 % der Großserienprodukte etwa 80 % des Umsatzes und häufig sogar mehr als 90 % des Gewinnes aus. Hier hat der Verkauf wichtige, häufig unbequeme Entscheidungen zu treffen, die etwa lauten könnten:

1. Verzicht auf die Lieferung der Kleinserie
2. Rigorose Anpassung der Preise an die tatsächlichen Kleinserienkosten
3. Verrechnung von Auftragsfixkosten für Kleinbestellungen
4. Verzicht auf die Lieferung von Großserie
5. Verzicht auf Programmteile und Kooperation mit einem Spezialisten.
6. Auffindung von bezahlbaren Zusatznutzen bei der Lieferung von Kleinteilen

Das Unternehmen hat in dieser Situation noch weiteren Entscheidungsbedarf.

1. Aufsplittung des Ablaufs der Organisation und Fertigung in Klein- und Großserie.

2. Verlagerung von Teilbereichen auf einen kostengünstigen anderen Standort.

3. Umkonstruktion von Programmteilen, um kostengünstige Großserienkomponente für Kleinserien nutzen zu können (Baukastenprinzip).

4. Kooperationsabsprachen mit Wettbewerbern.

Es ist immer wieder überraschend, welche Erfolge erzielt werden können, wenn das Mengenproblem nur systematisch, logisch, realistisch und psychologisch geschickt angegangen wird und vom Verkauf nicht die Bequemlichkeit herrscht, leicht verkäufliche Ware, wie z. B. nicht Kosten deckende Kleinserien, zu bevorzugen.

## 2 Langfristig

Aus dieser Sicht spielt die Zukunft die entscheidende Rolle. Der Lieferant muss auf der Basis eines erstklassigen Tagesgeschäftes beim Kunden die Überzeugung vermitteln, dass er die positive Entwicklung des Kunden mit ganzer Kraft fördert und unterstützt. Er muss mit seinem Produkt dem Kunden erkennbar helfen, dessen Produkten Marktvorteile zu verschaffen, immer wieder rechtzeitig Verbesserungsmöglichkeiten in der Lieferkette aufzeigen und in dieser Richtung gemeinsame Projekte anregen, die vor allem anderen den Kundennutzen zum Ziel haben. Man sollte z. B. daran arbeiten, gemeinsam die Logistikkette und die Entwicklungskooperation zu verbessern, in dem Sinne, dass Doppelarbeit vermieden wird und Verantwortungen dorthin delegiert werden, wo wirklich die Möglichkeit besteht einzugreifen.

Schwierig wird es, wenn der Kunde aus falsch verstandener Prestigesucht oder aus Irrtum Forderungen stellt, die eine Verschlechterung der Wertschöpfungskette verursacht.

Man sollte auf jeden Fall zunächst an einer entscheidungsfähigen Stelle des Kunden die entsprechenden sachlichen Argumente vortragen und solche Besprechungen unter Wiederholung der wichtigen Argumente aktenkundig machen, natürlich nicht in einem besserwisserischen Ton, sondern als bedenkenswerte Alternative mit möglichen Vorteilen für den Kunden.

An diesem Punkt muss mit Nachdruck auf häufiges Fehlverhalten hingewiesen werden. Bei begründeten und insbesondere folgenreichen Meinungsverschiedenheiten zwischen Kunde und Lieferant wird häufig nur telefoniert, und man lässt die Sache dann auf sich beruhen. Wenn der Kunde nicht überzeugt wurde, muss die begründete Ansicht schriftlich zur Kenntnis gebracht werden, allerdings in der dafür geeigneten Verpackung, möglichst ohne einen Gesichtsverlust des Kunden zu bewirken.

Das hat zwei wichtige Gründe:

1. Vielleicht denkt er nochmals nach oder scheut danach die alleinige Verantwortung und lenkt ein.
2. Die Verantwortungslage beim eventuell späteren „Hochkochen" des Problems ist eindeutig.

Insbesondere in der Technik wird so etwas häufig vergessen. Es ist Aufgabe des Verkaufs, eine solche Grundhaltung im ganzen Haus einzuüben.

Immer wieder ein leidiges Thema, selbst für den kundenbewussten Verkaufsbereich, ist die rasche Beantwortung von An- oder Nachfragen und darauf bezogene eindeutige und klare Aussagen. Es kommt häufig vor, dass aus nahe liegenden Gründen kurzfristig eine Frage nicht beantwortet werden kann. Dann ist es eine Angelegenheit der Höflichkeit und Glaubwürdigkeit, eine kurze Mitteilung an den Kunden zu richten mit einer Aussage, warum keine kurzfristige Beantwortung möglich ist und wann diese verbindlich zu erwarten ist. Man sollte dabei auf keinen Fall ein großes Risiko eingehen, sondern realistische Terminvorgaben abgeben. Vertrauen und Glaubwürdigkeit sind hohe Güter in der Kundenbeziehung und sollten mit großer Umsicht gepflegt werden.

Der Verkauf muss laufend Termine angeben, für die er in der internen Einhaltung nicht zuständig ist. Häufig beugt sich der entsprechende Verkäufer den Kundenwünschen, ohne auch nur die vage Sicherheit zu haben, dass diese Termine im Unternehmen eingehalten werden.

Zunächst ist ein Verkäufer sehr selten gezwungen, Termine ad hoc zu bestätigen. Er kann meistens einen Aufschub erreichen, um solche Termine im eigenen Hause abzustimmen. Dies würde sogar seine Glaubwürdigkeit gegenüber dem Kunden verbessern. Für Routineangelegenheiten sollte er sich möglichst auf eine allgemeine Absprache aller Bereiche verlassen können, die man als übliche Terminzusage definieren könnte. Hier müssen aber im ganzen Haus das Verständnis und die Überzeugung verbreitet sein, dass auch solche Termine unbedingt zu halten sind.

## Das erfolgreiche Unternehmen

Sollte ein Termin bei allem gutem Willen und sorgfältigem Bemühen daneben gehen, muss der Kunde so früh wie möglich unterrichtet und ein verbindlicher neuer Termin abgestimmt werden, der dann auf jeden Fall zu halten ist.

Besondere Aufmerksamkeit sollte man Konjunkturzyklen schenken, die besonders negativ wirken, wenn nationale Branchen- und Firmenkonjunkturen aufeinander fallen und der Lagerzyklus nicht richtig von der Unternehmensleitung gehandhabt wurde.

Dann läuft das betreffende Unternehmen mit vollen Lagern in den Konjunkturabschwung und lässt sich mit leeren Lagern vom Konjunkturaufschwung überraschen. Ich habe so etwas immer wieder auf dem Markt beobachten können, wo diese Erscheinung mehr oder weniger stark ausgeprägt zu nicht immer logischen Reaktionen führte.

Die Auswirkungen einer solchen Situation sind grundsätzlich Marktverlust und Förderung von Wettbewerbern, die ohne schwierige Liefersituationen nie eine Chance bekommen hätten.

Als einziges Gegenmittel ist der Aufbau eines durchdachten Dispositions- und Lagersystems, verbunden mit risikobewusstem Handeln, vorstellbar (siehe Anhang 5.6). Am Tiefpunkt der Konjunktur muss man den notwendigen Sicherheitsbestand vergrößern, um ihn für den Konjunkturaufschwung zu nutzen und den wachsenden Bedarf decken zu können.

Außerdem sollte man sich auch bei Investitionen antizyklisch verhalten. Dazu benötigt das Unternehmen einen Verkauf, der systematisch an die Probleme herangeht und Sinn für strategische, risikobehaftete Entscheidungen entwickelt, auch wenn die derzeitige Marktlage schlecht erscheint.

Leider ist meine Erfahrung meist gegenteilig gewesen, wenn Verkaufsbereiche gezwungen werden, Prognosen zu erstellen, d. h. an langfristig wirkenden, risikobehafteten Entscheidungen mitzuwirken. Sie neigen häufig dazu, solchen Prognosen auszuweichen oder in Extreme zu verfallen. Wenn der Markt „unten ist" neigen sie zu schwarzem Pessimismus, und wenn er „oben ist" zu überschwänglichem Optimismus. Die Grundhaltung hängt auch noch stark davon ab, wie sehr der Verkaufsbereich seine Zahlen wirklich verantworten muss. Ich gebe zu: Einen klaren Kopf zu behalten, wenn der Markt „ausrastet", ist nicht immer einfach und benötigt viel Übersicht, Risikobereitschaft und profunde Marktkenntnisse.

Das erfolgreiche Unternehmen

Tatsache ist in jedem Fall, dass der Markt ganz selten Sprünge macht und sich plötzlich verändert. Dies geschieht meist nur im Rahmen der allgemeinen Wachstumsbedingungen. Offensichtliche Sprünge gibt es, abgesehen von Spezialmärkten, nur dann, wenn Fehldispositionen künstlich die Situation scheinbar verschärfen. So erhöhen Lieferanten von lagergängigen Produkten plötzlich mit einem Schlag die Lieferzeiten, ohne zu bedenken, dass auch der Differenzzeitraum zwischen alten und neuen Lieferzeiten beliefert werden muss.

Ob solche Situationen von Lieferengpässen erfolgreich gemeistert werden, bestimmt in hohem Maße die Wachstumschancen von Unternehmen.

Unternehmen geraten gelegentlich in große Schwierigkeiten und können sogar daran zu Grunde gehen, wenn einzelne Großaufträge über zwei Jahre die Kapazität binden. In solchen Fällen werden die normalen Stammkunden nicht mehr angemessen bedient und müssen zu anderen Lieferanten wechseln. Nach Abwicklung des Großauftrages, der meistens auch längere Nachwehen hat, ist dann ein Großteil der Stammkunden verschwunden und kaum zurückzugewinnen.

Ein Unternehmen sieht gelegentlich auch potenzielle Aufträge gefährdet, für die ein Konkurrent Zusagen macht, die wirtschaftlich und manchmal auch technisch-physikalisch nicht zu realisieren sind. Hier hat der Verkauf eine schwierige Position, insbesondere wenn es sich um bisher seriöse Mitbewerber handelt, die sich verkalkuliert oder sonst wie verrechnet haben. Nach meinen Erfahrungen sollte man versuchen, den Kunden auf Grund der eigenen fachlichen Reputation sachlich von den wahrscheinlichen Fehlern zu überzeugen.

Man wird damit meist wenig Erfolg haben, weil der Kunde oft ein geringeres Expertenwissen besitzt. Meistens ist es richtig, auf den Auftrag unter eindeutiger Offenlegung der Fakten zu verzichten, nicht jedoch ohne den zuständigen Entscheider beim Kunden vorsichtig auf sein persönliches Risiko aufmerksam zu machen.

Manchmal sollte man auch bei nicht zu erfüllenden technischen Forderungen den Auftrag annehmen mit der Aussage, auf jeden Fall den heutigen technischen Standard garantieren zu können und es gemeinsam mit dem Kunden zu versuchen, ihn zu übertreffen.

Man muss diesen Weg unter Umständen einschlagen, wenn der Kunde nach angelaufener Entwicklung kaum noch auf einen Wettbewerber umschwenken kann weil die Zeit nicht ausreicht. Er ist einfach gezwungen, dann die technisch-physikalischen Gesetze anzuerkennen. Deswegen sollte man einen solchen Auftrag immer dann annehmen, wenn man sicher sein kann, dass das Teil bei Gültigkeit der technisch-physikalischen Gesetze funktionieren wird.

Wir haben jedenfalls in früheren Jahren wegen des Bestehens auf den physikalisch-technischen Grenzen zwei große Aufträge unwiederbringlich verloren, obgleich die Begründung absolut richtig war. Wir hatten zunächst ein schönes Gefühl, später vielleicht auch eine erhöhte technische Reputation beim Kunden, jedoch fehlten die lukrativen Aufträge, von denen wir geträumt hatten. Eine unbefriedigende Situation.

Für jedes Unternehmen ist es wichtig zu wissen, welches Potenzial die Wettbewerber haben, wo ihre Stärken und Schwächen liegen. Es ist in erster Linie Aufgabe des Verkaufs, diese möglichst objektiven Informationen zu beschaffen und daraus für das eigene Unternehmen Vorschläge zu machen, wo Veränderungen notwendig sind – nicht im Sinne von „Benchmarking", also so gut zu sein wie der Beste, sondern deutlich besser als der Wettbewerber zu werden.

Am einfachsten ist dies erreichbar, indem man sich bemüht, die eigenen Schwächen zu erkennen. Mit dem Ablegen solcher Schwächen ist am wirkungsvollsten eine Verbesserung zu erzielen, da in der Beziehungs- und Wertschöpfungskette das schwächste Glied bestimmend ist.

Hilfreich ist auch, Angebote der Wettbewerber durch eng befreundete Firmen oder Personen einzuholen.

Ein etwas heikler, aber notwendiger Schritt ist es, das Ansehen beim Kunden zu erfragen. Als Automobilzulieferer hat man beispielsweise mit vielen Anlaufstellen in einem Unternehmen zu tun, die kompetent und aussagewirksam befragt werden müssen. Dies sollte auf keinen Fall das eigene Haus versuchen, sondern ein Fremder, der jedoch gute Beziehungen zu dem betreffenden Kunden hat. Da eine Befragung auf mehreren Entscheidungsebenen erfolgen sollte, ist die entsprechende Person nicht einfach zu finden. Die Fragesystematik ist dabei von erheblicher Bedeutung. Vielleicht wäre hier eine gerade pensionierte Person, die aus dem betreffenden Haus stammt, einem professionellen Kundenbefrager vorzuziehen, der das wahrscheinlich zu sehr routiniert abwickeln würde.

Solche Befragungen könnte man auch in die Form von Diplom- oder Studienarbeiten kleiden, weil damit die Befragung wissenschaftlicher und weniger subjektiv auftritt. Eine solche Befragung darf nicht für die Akten durchgeführt werden, sondern sollte zu Handlungen führen.

Das erfolgreiche Unternehmen

Ein Kernpunkt in der Verkaufstätigkeit ist immer die Verhandlung. Viele Fachleute führen Verhandlungen ohne ausreichende Vorbereitung. Sie lassen sich gleichsam von der zufälligen Stimmung tragen, wobei die Verhandlungsergebnisse dementsprechend ausfallen dürften.

Es gibt genügend Spezialliteratur hierzu, so dass ich mich auf einige wichtige Grundsätze beschränken kann.

Zunächst muss jeder vor der Verhandlung ein Ziel definieren, möglichst ein Maximalziel mit einer Toleranz, schon um einen Verhandlungsspielraum nutzen zu können. Die Qualität des Verkaufs zeigt sich vor allem darin, wie nahe er dem Maximalziel kommt.

Sehr wichtig sind auf Fakten gestützte Argumente. Es hat sich erwiesen, dass es falsch ist, zu viele Argumente zu benutzten. Benutzen Sie nur die besten, und halten Sie die anderen in Reserve.

Sprechen Sie möglichst nicht von Ihrem eigenen Nutzen, sondern allenfalls von dem gemeinsamen. Bemühen Sie sich immer um die Sicht des Kunden.

Wenn Ihnen ein großer Kreis gegenüber steht und seine Meinung äußert, werden Sie im Allgemeinen zu keinem abschließenden Ergebnis kommen. In solchen Fällen müssen Sie aufschiebend verhandeln, um dann bei dem Entscheidungsträger unter Umständen unter einem Vorwand möglichst ein Vier-Augen-Gespräch zu erreichen.

Vielleicht sind solche vorklärenden Gespräche unter vier Augen schon im Vorfeld sinnvoll, damit Sie in der Verhandlung die Teilnehmer, ihr Verhaltensspektrum und ihre Entscheidungsfähigkeit einschätzen können.

Vor jedem Gespräch sollte eine Art Rollenspiel durchgeführt werden, in dem der mögliche Ablauf der Verhandlung abgeschätzt und festgelegt wird, wer die Argumente vorzubringen hat.

In manchen Verhandlungen geht es um große Summen, bei denen die gründliche Vorbereitung eine Selbstverständlichkeit sein müsste.

Ein schwieriges Thema ist das Preisgespräch mit dem Kunden. Basis für dieses Gespräch ist die Kalkulation auf der einen Seite und die Vorstellung des Kunden auf der anderen Seite, die sich begründet durch die Wettbewerbslage, die eigene Kalkulation oder die Ertragssituation speziell beim betreffenden Produkt.

Nach allen Erfahrungen ist es äußerst riskant, bei Verkäufern mit Deckungsbeitragsrechnungen zu operieren. Schon psychologisch hört sich 20 Prozent

Deckung viel zu positiv an gegenüber vielleicht 6 Prozent Verlust für das betreffende Produkt. Man sollte den Preis immer den gesamten Vollkosten gegenüberstellen. Bewährt hat sich ein Sollverkaufspreis, der sich aus den Herstellungskosten (Vollkosten) über einen Faktor ergibt, der den Gewinnanteil, Kosten für Verwaltung, Entwicklung, Vertrieb und Risiko enthält.

Diesen Faktor sollte die Geschäftsleitung gemeinsam erarbeiten und vertreten, und er muss sich in schwierigen Fällen variieren lassen, aber nur mit Zustimmung der Geschäftsleitung. Die Durchsetzung dieses Faktors spiegelt im besonderen Maße die Leistung des Verkaufs, der möglichst nicht die eigenen Kalkulationsfaktoren offen legen sollte.

Die Fixkostendeckungsüberlegung hat nur in der Unternehmensleitung ihre Berechtigung. Da die allgemeinen Fixkosten nicht objektiv genau auf die Kosten des Produkts umzulegen sind, ergeben sich niemals eindeutige Werte. Die in der betriebswirtschaftlichen Rechnung notwendigen Umlageschlüssel sind strategische oder taktische Hebel, um bestimmte Umsatz- und Ertragsziele zu erreichen.

Wegen der zwangsläufigen Unsicherheit bei der Handhabung von Umlageschlüsseln lohnt es sich nicht bei der Zuordnung von Kosten eine hohe Differenziertheit anzustreben. Eine objektive Fehlerrechnung würde schnell beweisen, wie unsicher jede Einzelkalkulation ist.

Eindeutig ist die Tatsache, dass jedes Unternehmen seine Fixkosten decken muss, um darüber hinaus Erträge zu erwirtschaften. Man sollte daher klare, nachvollziehbare Schlüsselungen vornehmen und lediglich die dem Produkt eindeutig zurechenbaren Kosten mit Blick auf die Wirtschaftlichkeit erfassen und ansonsten den Aufschlagsfaktoren vertrauen.

Der Verkauf sollte sich auch immer darüber im Klaren sein, dass 2 Prozent Preisnachlass meistens 25 bis 50 % Gewinneinbuße bedeutet. Insbesondere bei schmalen Margen ist die Verantwortung des Verkaufs beachtlich, da er die Preismaßstäbe am Markt mit festlegt.

Es muss daher immer das Bestreben sein, von den reinen Preismaßstäben in der Verhandlung wegzukommen und sich intensiv dem hoffentlich vielfältigen Zusatznutzen des betreffenden Angebots zuzuwenden. Neben den produktbezogenen Argumenten ist auf keinen Fall in der Verhandlung die wünschenswerte Stabilität des eigenen Unternehmens zu vergessen und dessen notwendige finanzielle Fähigkeit, hohe Investitionen und teure Entwicklungen zu verkraften.

Das erfolgreiche Unternehmen

Gelegentlich, wenn auch leider nicht sehr häufig gelingt es einem Unternehmen durch gute Ideen oder Übertragung eines neuartigen Prozesses auf ein bestehendes Produkt einen bedeutenden Kostenvorsprung zu erzielen. Ein guter Verkäufer und Unternehmer wird diesen Vorteil niemals ohne Gegenleistung voll dem Kunden weitergeben. Man sollte diese Möglichkeiten überlegen.

- Dem Kunden von einer Idee berichten, die zu einem niedrigen Preis führt aber Umstellungen und Versuche hervorrufen, die selbstverständlich Geld kosten. Man bietet daher, wenn die gesamte Kosteneinsparung 30 % beträgt, in den nächsten 5 Jahren jährlich einen Preisnachlass in Höhe von 6 % an, der nach der Zinseszinz-Berechnung bei einem Niveau von 73,4 % enden würde, also bei 26,6 %.

- Der Einkäufer legt seinem Vorgesetzten mit Sicherheit voll Stolz den Endpreis vor und es wurde eine zeitabhängige deutliche Innovationsprämie für den Lieferanten gerettet.

- Ein solcher Nachlass sollte auch gleichzeitig dazu dienen den Lieferanteil zu vergrößern und vielleicht auch sonstige bisher gültige unangenehme Regelungen wie Skonto, Zahlungsziele und Versandvorschriften im positiven Sinne zu ändern

- Wichtig wäre auch in diesem Zusammenhang Kosten sparende und Funktionsverbessernde konstruktive Änderungen einzufordern und an deren Realisierung die vorgesehene Kostensenkung zu binden.

- Schließlich sollte man über einen solchen, dem Kunden gebotenen Vorteil versuchen in Zukunft an passende Entwicklungsprojekte zu partizipieren, die das eigene Programm "sinnvoll" ergänzen.

Eine günstigere Position erhält der Verkauf, sofern durch Patentschutz oder Kostenvorteile der Preisspielraum vergrößert wird. Es gilt natürlich grundsätzlich die Regel, dass der auf dem Markt erzielbare Preis und nicht die eigenen Kosten die Maßstäbe setzen. Jedoch sollten Überlegungen angestellt werden, die Preispolitik in Richtung auf die Zukunft strategisch zu nutzen. Bei existierendem Patentschutz sollte man den Ertrag moderat halten, um den Wettbewerb nicht zu reizen, in diese scheinbar so ertragreiche Nische zu expandieren. Bei Kostenvorteil sollte man versuchen, den Wettbewerb durch ebenfalls moderate Gewinnfestlegung in scheinbar preisattraktive Nebenmärkte (Kleinserien) abzudrängen.

## Das erfolgreiche Unternehmen

Die Möglichkeit, dies zu erreichen, ist deswegen groß, weil durch das System der statistisch wirkenden Kostenrechnung Kleinserien meist viel zu billig und Großserien zu teuer kalkuliert werden. Eine Kleinserie kann dabei sehr leicht um den Faktor zwei bis fünf teurer werden und erleidet in Wirklichkeit hohe Verluste, obgleich die Kalkulation noch Gewinne ausweist.

Es ist daher meist nicht sehr sinnvoll, Klein- und Großserien auf den gleichen Anlagen zu produzieren, weil die optimalen Prozesse mengenabhängig sind und die tatsächlichen Kosten durch die Nachkalkulation verzerrt werden.

Sofern eine Trennung nicht möglich ist, muss auf jeden Fall eine spezielle Sonderuntersuchung Klarheit schaffen.

Bei Preisgesprächen sollte man sich sehr genau vorher über die eigene taktische und strategische Situation im Klaren sein, um die angemessenen Unternehmensziele sachgerecht vertreten zu können.

In vielen Unternehmen beobachtet man die Tendenz, dass der Chef des Unternehmens auch die Preise bei den Kunden verhandelt. Nach meinen leidvollen Erfahrungen ist das falsch. Preisverhandlungen sollten Spezialisten nach klaren Vorgaben führen. Der oberste Chef sollte erst ganz am Schluss bereitstehen, um einzugreifen, falls die festgelegten Ziele nicht erreicht werden. Der Chef sollte dann in seiner Verhandlung mit dem auch vorher aktiven Spezialisten auftreten und möglichst niemals die vorher gestellten Forderungen in der Verhandlung aufgeben. Er entmachtet den Spezialisten für alle Zukunft und degradiert sich zum schlechten Verkäufer, der die Gewinne des Unternehmens verschleudert.

Wenn die Verhandlung zum Abschluss gekommen ist und Sie Ihr Ziel erreicht haben, sollten Sie sich sehr bald verabschieden oder (weniger gut) vollständig das Thema wechseln, um auf keinen Fall das erzielte Verhandlungsergebnis noch durch weitere Diskussionen zu gefährden.

Eine immer wiederkehrende Frage ist die nach der Wirkung von Werbung. Es ist sicher ein weiches Thema, was nur schwer mit Fakten zu belegen ist und sich auch sehr nach der Art des Produkts sowie dessen Benutzer richten muss.

Grundsätzlich heißt Werbung, die eigene Kompetenz für das Produkt und den Nutzen des Produkts für den Kunden darzustellen und die Kunden über die eigene Präsenz aufzuklären und darüber, welchen Vorteil Ihr Produkt allgemein bietet, sowie über die vorhandenen Vertriebskanäle. Darüber hinaus gilt es, eine günstige Atmosphäre für die Kunden-Lieferanten-Beziehung zu schaffen, die das Geschäft begünstigt. Hier gilt, wie überall, die Kosten-Nutzen-Überlegung mit der Einschränkung, dass der Nutzen nur schwierig zu ermitteln ist.

Nach dem Gesetz „Die ersten Aktionen bringen den größten Nutzen" (der Nutzen wird also mit den folgenden Aktionen abnehmen) heißt es, möglichst viele Felder zu besetzen, aber den Aufwand klug zu begrenzen. Mit hoher Wahrscheinlichkeit lassen sich erhebliche Kosten durch Kreativität ersetzen, um den Kunden positiv zu stimmen und ihm die angemessenen Informationen zu beschaffen. Wenig zielführend sind sicher aufwändige Hochglanzprospekte, die Eigenliebe beweisen, aber kaum Nutzen für den Kunden bringen. Denken Sie auch bei werblichen Maßnahmen kreativ über Kundennutzen nach. Es lohnt sich und spart unnötige Kosten.

So können technische Kolloquien von besonderem Nutzen für Zulieferer sein. Man kann darin die eigenen Produkte in einem fachlich angemessenen Umfeld glänzen lassen und schafft im Rahmenprogramm Voraussetzungen, wichtige Kontakte dauerhaft zu knüpfen.

Werbung festigt aus dieser Sicht die Bindung zwischen Lieferant und Kunden (dazu gehört übrigens auch eine lesbare Fahrtroutenbeschreibung).

## 3.6 Einkauf

In den meisten Unternehmen konzentrieren sich die Informationen über den Zuliefermarkt im Einkauf, der daher einen sehr guten Überblick haben sollte über die das Unternehmen interessierenden Zuliefermärkte, d. h. die Stärken und Schwächen der Marktteilnehmer. Da diese Märkte auch meistens den Wettbewerb mitversorgen, lassen sich auf diesem Wege zusätzlich nützliche Informationen über den Wettbewerb gewinnen; sie sollten vertraulich dem interessierten Unternehmensbereich zur Verfügung gestellt werden.

Den Beschaffungsmarkt kann man ganz grob in drei Bereiche aufteilen:

1. Rohmaterial und Komponenten für die Serienproduktion

2. Werkzeuge, Maschinen und Anlagen

3. Hilfs- und Betriebsstoffe und Energie

Bei ausreichenden Mengen hat sich folgende Einkaufsstrategie bewährt:

- Der leistungsfähigste Lieferant (Stammlieferant) liefert zwei Drittel des Bedarfs.
- Ein anderer, der diesem möglichst nahe kommt, liefert das restliche Drittel.
- In fast jedem Falle sollte eine dritte Quelle aufgetan werden, um einen der beiden Stammlieferanten bei nachhaltigen Schwierigkeiten ersetzen zu können.

Über diese drei Lieferanten kann nunmehr das Einkaufsspiel ablaufen mit dem Ziel, eine sichere, preisgünstige, qualitativ hoch stehende und termintreue Belieferung zu erreichen. Das Spiel hat eigene Gesetze, sollte jedoch fair, möglichst offen und vertrauensbildend ablaufen. Ein Stammlieferant sollte bei Fehlern immer eine zweite Chance eingeräumt bekommen. Man sollte ihm deutlich verständlich machen, dass die Entscheidungen des Unternehmens ausschließlich auf Fakten basieren. Es ist daher notwendig, ihm solche Fakten, wie Preiswürdigkeit, Qualitätsstand, Liefertreue und Flexibilität, vorlegen zu können und sie in den Rahmen anderer Lieferanten einzuordnen.

Einen jahrelang zuverlässigen Lieferanten, der kaum Nebenkosten, wie Rückversand, Sortierung und Verschiebung der Produktion, verursachte, wird man nicht wegen 2 Prozent Preisunterschied verlieren wollen, sondern man wird kreativ daran mitarbeiten, diesen Preisunterschied zu eliminieren.

Hilfreich ist auf jeden Fall ein Gespräch zwischen Produktionstechnikern des Lieferanten und den eigenen Produktentwicklern, die häufig Maße und Toleranzen den eingesetzten Fertigungsverfahren des Lieferanten anpassen können. In solchen Gesprächen müssen auch Lagerhaltung, Losgrößen, Verpackung und Anlieferungsart diskutiert werden, damit ein grundsätzliches gegenseitiges Verständnis erzielt wird, um reibungsarme, kostengünstige Belieferung zu erreichen.

Eine wichtige Entscheidung für jedes produzierende Unternehmen ist die über Eigenproduktion oder Zulieferung von Dritten. Die Entscheidung ist leicht, falls die benötigte Menge eine Fertigungsanlage kaum mehrschichtig auslasten wird. Hier sollte man immer versuchen, einen Spezialisten zu finden, der diese Auslastungsprobleme nicht hat.

Auch wenn eine Fertigungsanlage mehrschichtig voll genutzt wird, sind noch Zweifel angebracht, ob die Technologie erstklassig beherrscht wird, ob die Anlage nachhaltig ausgelastet ist und ob die notwendige Infrastruktur vorgehalten werden kann. Wahrscheinlich wird man in der Mehrzahl der Fälle von einer Eigenproduktion absehen. Sollte jedoch der Bedarf in Zukunft mit hoher Wahrscheinlichkeit steigen und mehrere Anlagen auslasten, muss man sich ernsthaft mit der Eigenfertigung befassen.

Wenn eine sorgfältige Kalkulation ergibt, dass mit nachhaltigen Einsparungen von mehr als 20 Prozent zu rechnen ist, auf der Basis der eigenen Vollkosten, ist nach Berechnung der Wirtschaftlichkeit (siehe Anhang 5.4) die Entscheidung für Eigenfertigung immer eindeutig, wenn entsprechendes Know-how und die notwendige Infrastruktur gegeben oder leicht aufzubauen sind. Bei fast allen bisherigen Entscheidungen in Richtung Erhöhung der Verarbeitungstiefe wurden in unseren Betrieben spezifische Kostensenkungen von mehr als 30 Prozent erzielt, und gleichzeitig wurde die eigene Flexibilität deutlich gesteigert.

Besondere Möglichkeiten erfährt ein Unternehmen, das die Infrastruktur aufbauen kann, in einem kostengünstigen Auslandsstandort. Dahin sollte man jedoch nur Produktionen verlagern, die im Stammunternehmen schon laufen und sicher beherrscht werden. Man muss hier besonders vorsichtig vorgehen, um das technische Risiko in Grenzen zu halten. Im positiven Fall sind sehr erhebliche Kostenvorteile zu realisieren.

Normalwerkzeuge und serienmäßig verfügbare Maschinen wird man auf jeden Fall von auswärts kaufen. Hier hat der Einkauf sich darauf einzustellen, dass der Preis dieser Produkte nicht allein entscheidend ist, sondern dass sehr stark die Funktionsfähigkeit der Maschinen im Vordergrund steht. In jedem Falle sollte zunächst der Preis die Basis der Entscheidung bilden, die dann zu verändern ist, wenn durch Fakten nachgewiesene Funktionsvorteile vorliegen.

Entscheidend können auch manchmal weiche Faktoren wie z. B. nicht nachzuweisende Dauerhaltbarkeit und eine riskante Neukonstruktion einer neuartigen Maschine sein. Hat man dem gegenüber gute Erfahrungen mit existierenden Maschinen und Werkzeugen, sollte erst nach sorgfältigen eigenen Dauertest und entsprechenden Referenzen die Entscheidung für die Neukonstruktion fallen. Solche Neukonstruktionen haben uns in der Vergangenheit viele Schwierigkeiten und hohe Kosten verursacht und können aus Kapazitätsgründen nur schwer nachträglich aus der Produktion ausgegliedert werden.

Bei Werkzeugen stehen neben dem Preis und der Qualität die Flexibilität der Lieferung sowie günstige Lieferzeiten im Vordergrund, so dass, wenn eben möglich, Normwerkzeuge eingesetzt werden sollten, die kurzfristig vom Lager verfügbar sind. Hier sollte man an Einkaufskooperationen mit anderen Verbrauchern denken, um die Verfügbarkeit erhöhen und die Preise senken zu können.

Bei Maschinen, Anlagen und auch Werkzeugen spielen die Ersatzteile eine nicht zu unterschätzende Rolle, weil sie zum einen teuer sind, da sie meistens nicht dem Wettbewerb unterliegen, und weil andererseits die Verfügbarkeit eine entscheidende Rolle spielt. Die teuerste Lösung ist, immer ein einzelnes kostspieliges Ersatzteil auf Lager zu führen, dessen Einsatz in ungewisser Ferne liegt, das jedoch im entscheidenden Fall verfügbar sein muss, um die Funktion der Maschine nachhaltig zu sichern. Die bessere, wenn auch weniger sichere Lösung wäre, wenn das betreffende Ersatzteil beim Lieferanten auf Lager liegt, um für eine ganze Anzahl von Kunden verfügbar zu sein. Die Verfügbarkeit muss in bestimmten zeitlichen Abschnitten kontrolliert werden.

Dieses Verfahren muss man unter allen Umständen vor dem Kauf der neuen Maschine verhandeln, weil die Bereitschaft für ein solches Entgegenkommen nach dem Kauf sinken wird. Aus genau dem gleichen Grund sollte auf Normung der Ersatzteile, besonders der elektrischen Aggregate gedrungen werden. Ein fortschrittliches Unternehmen hat für die Beschaffung von Anlagen, Maschinen und Werkzeugen einen Normenkatalog, um die Lagerhaltung von Ersatzteilen zu reduzieren und die Wiederbeschaffung zu erleichtern.

Diese Normung ist bei Hilfs- und Betriebsstoffen noch notwendiger, um die Zahl der Lagerpositionen in Grenzen zu halten und günstige Beschaffungsmöglichkeiten zu gewinnen. Hier besonders bietet sich eine Einkaufskooperation mit ähnlich strukturierten Unternehmen an, die sich auf eine gemeinsame Einkaufsliste einigen sollten. Nach meiner Vorstellung kann sich eine solche Kooperation nur auf den Listenteil beschränken, für den in Ausführungsform und Qualität Einigkeit erzielt werden kann.

Im Bereich Hilfs- und Betriebsstoffe ist „Schwund" und Vergeudung häufig anzutreffen, und man sollte daher eine Verbrauchsstatistik führen, die monatlich einen Soll-Ist-Vergleich zeigt und Ausreißer ausweist. Das ist allerdings nicht so sehr das Problem des Einkaufs als das der Verbraucher, die jedoch in der Datenaufbereitung vom Einkauf zu unterstützen sind.

Ein besonderes Problem ist das Ziel, neue Lieferquellen zu erschließen. Ich habe häufig beobachten können, dass bei neuartigem Bedarf der Einkäufer aus den einschlägigen Nachschlagewerken eine Rundum-Anfrage losschickt und damit die eigentlichen Produzenten gar nicht trifft. Hätte er die Firmen zusätzlich im „Hoppenstedt – Handelsbuch der Unternehmen" nachgeschlagen, hätte er bei der dortigen guten Auskunft über das Produktprogramm der Unternehmen gezielter und effektiver vorgehen können.

Es wäre besser, wenn der Sachverstand des Einkäufers so weit ginge, dass er für das gesuchte Produkt die potenziellen Anwender sucht und dort im Einkauf telefonisch nachfragt, welche Lieferquellen man dafür erschlossen hat. Solche Querüberlegungen sind immer dann notwendig, wenn es um die Beschaffung von „Exoten" für das eigene Unternehmen geht.

Das erfolgreiche Unternehmen

Neue Lieferanten sind immer schwierig und müssen mit Geduld zielstrebig entwickelt werden. Meistens entstehen die Anfangsspannungen aus Missverständnissen und fehlender Routine. Es sind bei einem neuen Lieferanten durchweg längere Entwicklungszeiten erforderlich, um eine richtige Verzahnung zwischen Lieferanten und Kunden und Verständnis füreinander zu erreichen.

Wichtig ist jedoch, ob, neben dem geeigneten Maschinenpark, eine entsprechende Organisation besteht und ob vor allem der Wille des Lieferanten vorhanden ist, den Wünschen des Kunden zu entsprechen.

Im Allgemeinen werden 40 bis 50 % des Umsatzes eines produzierenden Unternehmens zugekauft. Dies zeigt schon die ganze Bedeutung der Zulieferer. Vor allem lohnt sich immer eine intensive gemeinsame Diskussion, in welcher Weise Rationalisierungsreserven zum Vorteil beider Unternehmen ausgeschöpft werden können. Folgende Fragen sollten zwischen den entsprechenden Fachabteilungen beantwortet werden:

- Sind die Spezifikationen so notwendig?
- Widersprechen sich Spezifikationen?
- Nehmen die Spezifikationen auf das vorliegende Fertigungsverfahren genügend Rücksicht, ohne die Funktion des Teils zu gefährden?
- Sind die Leistungen in der Wertschöpfungskette optimal abgestimmt?
- Ist die Anlieferung im Hinblick auf Termin, Losgröße und Verpackung optimiert?
- Tragen beide Seiten, Kunde und Lieferant, dazu bei, sich in der Vorratswirtschaft (Lagerhaltung) zu unterstützen?
- Sind die Gewährleistungsfragen eindeutig geklärt?
- Werden Doppelarbeiten und bürokratischer Aufwand bei der Abwicklung der Lieferung vermieden?

In den letzten Jahren hat sich der sehr nützliche Begriff der Wertschöpfungskette gebildet. Diese muss zum einen so kurz und effektiv wie notwendig aufgebaut sein, zum anderen jedoch auch Risiko ausgleichen, d. h. nicht immer bis an die Reißgrenze gespannt sein. Gerade dieser letzte Gesichtspunkt wird übersehen, und es sind daher häufig hohe Kosten notwendig, um kurzfristige Reaktionen zu ermöglichen. Aus der Simulation im Anhang 5.6 wird deutlich, dass ein gewisser Mindestvorrat (in etwa Zwei- bis Vier-Wochen-Durchschnittsbedarf) kostenoptimal wäre.

Manchmal scheitert die so dringend notwendige gute Beziehung in dem täglichen Miteinander zwischen Kunde und Lieferant an Verständnisschwierigkeiten, meist weil die falschen Leute miteinander reden, die z. B. die gewünschten Schritte nicht selbst veranlassen können und verantworten müssen.

## 3.7 Personalarbeit

Das wichtigste Kapital jedes Unternehmens sind die Mitarbeiter. Daraus leitet sich sofort die ganze Bedeutung des Personalbereiches her, der eine ganze Reihe sehr unterschiedlicher Aufgaben erfüllen muss:

1. Beschaffung von Personal
2. Ausbildung von Personal
3. Personalverwaltung, Lohnbuchhaltung, Steuern, Versicherungen, Arbeitsordnung
4. Soziale Betreuung
5. Zusammenarbeit mit dem Betriebsrat

Diese Aufgaben werden in den Unternehmen wegen ihrer grundsätzlichen Verschiedenheit meist unterschiedlich gut wahrgenommen, da die konkrete Leistung sehr stark von den Begabungen und Eigenschaften der Fach- und Führungskräfte abhängt. Am wichtigsten wird der Chef dieses Bereiches sein, der ihn prägen wird.

Eine Feststellung sei vor allen anderen getroffen. Der Chef des Personalbereichs sollte nur in seinem Fachbereich, auf keinen Fall jedoch darüber hinaus, Führungsaufgaben übernehmen, da dies die Führungskraft aller anderen Bereiche schwächen würde und außerdem die Neutralität der Personalleitung gegenüber der Führung des Unternehmens gefährdet.

Nach meinem Verständnis von Personalarbeit sollten die Führung und die Mitarbeiter des Unternehmens eine neutrale Beratung in Konfliktfällen erwarten dürfen, die die jeweiligen Interessenlagen richtig abwägt, zum langfristigen Wohl aller.

Bei allen Ratschlägen und Entscheidungen ist sehr wohl zu unterscheiden zwischen kurz- und langfristigem Wohl des Unternehmens, die in manchen Fällen gegeneinander stehen können.

Als Hauptaufgabe und Basis der Personalabteilung muss die allgemeine Verwaltung gelten, die zunächst einmal Ordnung und Überschaubarkeit in die doch sehr komplizierten Abläufe bringen muss. Sie werden im hohen Maße bestimmt von gesetzlichen Auflagen, in einer Fülle wie sonst nirgendwo. Der Staat hat eine Menge seiner ureigensten Aufgaben ohne Kostenerstattung an die Unternehmen weiterdelegiert, in weiser Voraussicht der Schwierigkeit dieser Aufgaben, wie z. B. Steuereinzug, Einzug von Versicherungsbeiträgen, und ähnliches. Außerdem wurden die Unternehmen mit sozialen Gesetzen und Verordnungen so zugedeckt, dass kaum ein Unternehmen sicher ist, alle diese Vorschriften zu kennen und erfüllen zu können. Der demokratische Staat hat im sozialen Bereich ein Feld gefunden, wo er scheinbar zum Wohle der Mitbürger seine Regelungssucht frei laufen lassen kann, mit dem Ergebnis, dass die Wirtschaftsleistungen immer teurer werden und die Arbeitslosigkeit in den letzten Jahren in früher noch unvorstellbare Höhen gestiegen ist.

Ein gut laufendes, stabiles Unternehmen mag alle diese staatlichen Auflagen gerade noch erfüllen. Wie sieht es aber bei den verbal so erwünschten Jung- und Kleinunternehmen aus? Hier ist der Würgedruck des Staates fast tödlich, sofern der Jung- oder Kleinunternehmer sich nicht entschließt, die für ihn unerfüllbaren Gesetze und Verordnungen einfach zu ignorieren.

Was vom Staat beim Setzen seiner sozialen Standards übersehen wird, ist der Wettbewerb um Mitarbeiter, insbesondere fähige Mitarbeiter, der jedes Unternehmen zwingt, sich so zu verhalten, dass es für Mitarbeiter und Bewerber attraktiv bleibt, sich für das betreffende Unternehmen zu entscheiden. Der Staat dagegen sollte soziale Probleme möglichst in einer Form lösen, dass er Hilfe zur Selbsthilfe anbietet und nicht, wie heute in den meisten Fällen, Selbsthilfe bestraft oder in die Illegalität drängt.

Die Personalabteilung muss diese staatlichen Auflagen und die eigene Verwaltung meistern, in einer Form, die von den Mitarbeitern als kompetent, sachbezogen und verständlich wahrgenommen wird. Der Mitarbeiter, von dem auf seinem Fachgebiet hohe Leistungen verlangt werden, kann die gleiche Professionalität von der Personalabteilung verlangen. Sie muss in Zweifelsfällen kompetenten Rat geben und den Mitarbeiter gegenüber der Behörde schützen. Gleichzeitig muss die persönliche Abrechnung schnell, übersichtlich und korrekt erfolgen, was insbesondere bei dem in der Industrie weit verbreiteten Leistungslohn nicht immer einfach ist. Die Personalabteilung hat hier besonders im Interesse des Unternehmens und der Mitarbeiter die Durchschaubarkeit und damit Glaubwürdigkeit der Abrechnung zu sichern. Mit Hilfe von hoch entwickelten Computerprogrammen lässt sich das theoretisch durchaus gut bewältigen, sofern die Organisation und die Datenerfassung gut aufgebaut sind; ein komplexes Thema, das übergreifend über viele Bereiche wirkt, und daher nicht einfach zu bewältigen ist. Am besten erledigt man so etwas über ein Projekt, in dem Anwender, Nutzer und Spezialisten miteinander die beste Lösung erarbeiten müssen (siehe Anlage 5.4, "Projektarbeit").

Der Personalbereich ist ein Servicebereich, der zwar die wichtige Aufgabe der Verwaltung effektiv und kostenbewusst erfüllen muss, dabei aber immer den einzelnen Mitarbeiter im Auge behalten sollte, der möglichst wenig von der aufgezwungenen Bürokratie merken darf und sich so auf sein Fachgebiet konzentrieren kann.

Tatsächlich wird mit einer guten Verwaltung schon eine Menge sozialer Betreuung geleistet. Daneben fällt jedoch noch vieles andere an, wie z. B. die innerbetriebliche Verpflegung, die Unfallvorsorge, der ärztliche Werksdienst, das Verbesserungsvorschlagswesen, die Werkskontrolle für ein- und ausgehende Personen und Sachen.

Das alles hat in jedem Unternehmen seinen gewachsenen geschichtlichen Rahmen, der zur unterschiedlichen und mehr oder weniger starken Ausbildung dieser Aktivitäten führt. Jedoch sollten diese Aktivitäten auf bestimmte Grundüberlegungen beruhen, die mögliche Konflikte klein halten und eine gewisse Richtung vorgeben.

Hierzu einige Beispiele:

Sofern eine Werksküche existiert, stellt sich zunächst die Frage, ob diese Küche in Eigenregie oder von einem externen Unternehmen betrieben werden soll. In jüngster Zeit ist deutlich der Trend zu spüren, externe Unternehmen einzuschalten, die als Spezialisten und wegen der Mengendegression vielleicht gewisse Vorteile bieten. Ab einer gewissen Größe (1000 Mitarbeiter) neige ich allerdings mehr zum Eigenbetrieb, sofern es gelingt, einen guten Koch anzustellen. Man könnte dann mit dem Betriebsrat vereinbaren, dass die Rohstoffe der Küche von den Mitarbeitern bezahlt werden und die Zubereitung vom Unternehmen, um mögliche Konflikte einzugrenzen. Eine solche Lösung hat sich in meinem früheren Unternehmen sehr bewährt.

Über einen sehr kleinen Küchenausschuss, bestehend aus Koch, einem Vertreter des Betriebsrats und einem Vertreter der Geschäftsführung, z. B. einem Einkaufsspezialisten, werden dann die Vorgänge der Küche überwacht und die Benutzer beipielsweise so eingeschaltet, dass je nach Anzahl der von den Benutzern gewählten Gerichte, das am wenigsten populäre Gericht regelmäßig vom Speisezettel verschwindet und durch ein neues Gericht ersetzt wird. Diese

Das erfolgreiche Unternehmen

Prozedur müsste alle zwei bis drei Monate ablaufen und die Speisezettel in Bewegung halten. Gleichzeitig könnte man über einen Rezeptwettbewerb die Mitarbeiter stärker einbinden.

Man erkennt an diesem Beispiel, welche Möglichkeiten immer existieren, selbst über die Küche den Mitarbeiter für „sein Unternehmen" zu interessieren.

Ein weiteres Beispiel ist der ärztliche Werksdienst, dessen alleinige Aufgabe es sein sollte, die Mitarbeiter gesund zu erhalten. Fast in jedem Beruf ergeben sich spezifische Haltungsschäden, die es zu verhindern gilt. Neben ergometrischen Anregungen werden von dem werksärztlichen Dienst Vorschläge für Ausgleichssport erwartet und begründete Hinweise auf eine möglichst gesunde Lebensführung. Wahrscheinlich sind zwei Drittel aller Krankheiten selbstverschuldet – durch falsches Verhalten gegenüber den natürlichen Belastungs- und Ernährungserfordernissen des Menschen, die sich in Millionen Jahren herausgebildet haben. Hier und in der Bekämpfung kleinerer, aber lästiger Alltagsbeschwerden sollte der Schwerpunkt des werksärztlichen Dienstes liegen, jedoch keinesfalls im Wettbewerb zur örtlichen Ärzteschaft. Der Werksarzt sollte jedoch sehr wohl wissen, wo ein Patient aus der Betriebsgemeinschaft in der Umgebung ärztlich am besten versorgt wird, und die Patienten dorthin lenken. Damit fördert er das Wohl des Mitarbeiters wie des Unternehmens.

Ziel eines werksärztlichen Dienstes und der Führung sollte sein, die Krankheitsrate eines Unternehmens im Jahresdurchschnitt auf unter 2,5 Prozent der effektiven Arbeitszeit zu bringen. Eine Zielmarke, die seltsamerweise in USA, Brasilien und Großbritannien leicht erreicht wird, nicht aber unter dem Sozialsystem Deutschland. Trotzdem sind wir dieser Zahl 2,5 Prozent schon sehr nahe gekommen, zumindest in Betrieben, die gut geführt wurden. Dazu gehört, dass man für kleinere Unfallschäden Schonarbeitsplätze ausweist und die Mitarbeiter auch tatsächlich dort einsetzt.

Unter sozialer Betreuung haben wir auch verstanden, unsere Mitarbeiter fachlich und sachlich durch Spezialisten kostenlos beraten zu lassen: bei Steuerproblemen, Fragen der Altersrente, sozialen Konflikten und Versicherungsfragen, um ihnen so Probleme, die sie möglicherweise von den beruflichen Aufgaben ablenken, und zusätzliche Kosten zu ersparen.

Das Ganze ist als Ideal einer Betriebsgemeinschaft zu verstehen, das die Führung des Unternehmens verpflichtet, dem, der sich für das Unternehmen voll einsetzt, neben der normalen Entlohnung auch eine besondere Zuwendung zu geben, als ein Dankeschön für Leistungsbereitschaft.

Besonders gilt dies für Mitarbeiter oder deren Angehörige, die in Not geraten sind, sei es durch schwere Krankheit oder durch Unglücksfälle. Hier sollte das Unternehmen, jenseits von allen vereinbarten Regeln, Zeichen setzen in der Hilfsbereitschaft und durch Taten beweisen, dass es keinen abstürzen lässt, der sein Bestes in seiner Berufsarbeit leistet. Eine solche Haltung gibt jedem Einzelnen das Gefühl, bei der Unsicherheit des Lebens wenigstens im Unternehmen einen relativ sicheren Hafen zu finden.

Diese Hilfsbereitschaft des Unternehmens sollte allerdings nicht allein Aufgabe der Personalabteilung sein, sondern ist in erster Linie Aufgabe der Führungskräfte, die darin nicht von der Personalabteilung behindert werden sollten.

Der Chef der Personalabteilung sollte zwar nicht in anderen Bereichen führen, aber sehr wohl seine Kollegen in Führungsfragen beraten und auf offenkundige Führungsfehler und Fehlverhalten vertraulich hinweisen. Er sollte bei solchen Hilfen Diskretion nach allen Seiten bewahren, um sich das notwendige Vertrauen zu erhalten.

Fehlentwicklungen im Unternehmen werden oftmals in der Personalabteilung am frühesten deutlich und sollten zu entsprechenden Informationen an die Kollegen oder den Chef führen. Das hat natürlich in sachlicher, auf Fakten gestützte Weise zu erfolgen, möglichst mit konkreten Verbesserungsvorschlägen.

Wie in einem anderen Zusammenhang schon erläutert, bilden die für bestimmte Aufgaben besonders geeigneten Begabungen das wichtige Potenzial des Unternehmens. Bei der Analyse und dem Auffinden solcher Begabungen sollte die Personalabteilung Hilfestellungen und Methodiken liefern, mit dem Ziel, möglichst alle nutzbaren Begabungsreserven zu heben und an die geeignete Position zu bringen. Das wäre schon die Aufgabe bei der Neueinstellung von Personal, da im Allgemeinen der Personalbereich als Dienstleister die Beschaffung von Personal übernimmt. Hier erhält der Bewerber das erste Bild vom Unternehmen, wie es sich präsentiert und wie es reagiert. Die gute Personaldienstleistung sollte sowohl dem Bewerber als auch dem Bereich, der einen solchen Bewerber sucht, nützen. Nur wenn der richtige Kandidat gefunden wird, haben beide Vorteile und sind zufrieden.

In dem von mir geführten Unternehmen hatten bei Einstellungen sowohl der Personalbereich als auch die Fachabteilung Vetorecht, obgleich das wohl mehr theoretisch war, weil man sich im Allgemeinen einigte. Bei Beschaffung von Mitarbeitern ist Kreativität besonders gefragt, um den besten Weg zu finden, den richtigen Kandidaten herbeizuschaffen und für das Unternehmen zu interessieren. Die häufig eingesetzten „Headhunter" sind zwar Profis im Vermitteln, ihre Stärke liegt leider meist nicht im Erkennen der geeigneten Person. Das musste ich mehrmals bitter erfahren und beurteile seitdem den Einsatz von Headhuntern in mancher Hinsicht skeptisch. Viele von ihnen denken nicht so sehr an erstklassige Arbeit, sondern eher an schnelles Geld. Die wirklich guten Erfahrungen waren eher selten, obgleich ich mich im Erfolgsfall nie über hohe Vermittlungsgebühren geärgert habe. Die richtige Person am richtigen Platz ist ihr Geld wert.

Was man als Kunde eines Headhunters wirklich benötigte, wären Informationen und Fakten über den Kandidaten. Wie hat er z. B. in der letzten Position gewirkt? Wie wurde seine Arbeit beurteilt von seinen direkten Vorgesetzten, seinen Kollegen, seinen Untergebenen und vom Betriebsrat? Ich habe noch keinen Headhunter gefunden, der eine solche, umfassende Auskunft heranschaffen konnte. Sie tragen ihre Meinung als unbeweisbares Glaubensbekenntnis, meist wie Künstler, vor sich her. Wahrscheinlich kann man so am besten andere Leute überzeugen.

Ich habe mehrmals versucht, solche Informationen – natürlich diskret – zu beschaffen, und stieß auf den erbitterten Widerstand dieser Headhunter, die offensichtlich nichts mehr fürchten als umfassende Informationen.

Diese Informationen sind umso wichtiger, je höher die Position angesiedelt ist, weil der wahre Erfolg einer neuen Führungskraft erst nach mehreren Jahren sichtbar wird, wenn es sich nicht um eine Rettungsaktion handelt, wo Abbau oder Verkauf von Teilbereichen eines Unternehmens im Vordergrund stehen. Wenn ein junger Mensch schnell, über mehrere Stufen Karriere machte, hat er häufig vom Vorgänger oder vom Zufall profitiert und war für die kurzzeitige, unter seiner Führung verlaufende Entwicklung meist nicht verantwortlich.

Besonders kritisch wirkt das Peter-Prinzip. Ein fachkundiger Mensch wird solange befördert, bis er eine Stufe der Inkompetenz erreicht hat und überfordert ist. Es kann aber auch passieren, dass dem Kandidaten gerade die höhere Position besser liegt als seine vorhergehende.

Im Allgemeinen wird beim Aufstieg die Verantwortung wesentlich breiter und muss auch wirklich gewollt und getragen werden. Auch wenn vieles delegiert werden kann, so muss man das Wichtige vom Unwichtigen unterscheiden lernen und trotzdem die Fäden in der Hand halten. Hier scheitern dann manche, weil sie das nicht können, sich mit falschen Leuten umgeben oder unrealistische Dinge versprechen, die sie als Phantasten ausweisen.

Wichtig ist, sich eine übergeordnete Sicht des Aufgabenbereichs zu verschaffen, um zu wissen, wohin man steuern muss. Außerdem müssen Menschen informiert werden, wenn sie wirklich geführt werden sollen.

Headhunter vermitteln gerne Leute, die eine gleiche Position schon ausgeübt haben, weil ihnen dabei das Peter-Prinzip nicht in die Quere kommt. Von Seiten des suchenden Unternehmens wäre es im Allgemeinen interessanter, einen Kandidaten zu finden, für den die neue Position ein echter Aufstieg bedeutet, aber ein solcher Kandidat verursacht wegen des Peter-Prinzips ein größeres Risiko.

Eine Möglichkeit, breit angelegte Führungskräfte zu entwickeln, wäre eine gezielte Ausbildung hin zu fachfremden Führungsaufgaben im Training on the Job. Das ist schon schwierig genug bei der Ausbildung von fachbezogenen Experten und zumindest bei mittleren Unternehmen nur sehr schwer vorstellbar.

Die vom Personalbereich zu verantwortende Weiterbildung muss sich daher mit Hilfe der Fachabteilungen zunächst weitgehend um die fachliche Leistung bemühen und um spezielles Training mit Zielrichtung auf Führungsverhalten, Verhandlungsführung, Verkäuferverhalten und Projektarbeit. Für diese Weiterbildungsvorhaben kann man Leute aus allen Fachbereichen zusammenziehen, und gleichzeitig hat man so die Möglichkeit, die besten Universalbegabungen zu erkennen.

Das Problem solcher Weiterbildung ist die Schwierigkeit, didaktisch begabte Ausbilder zu finden und eindeutige Weiterbildungsziele mit einer entsprechenden Leistungskontrolle zu definieren.

Die weniger Begabten werden von diesen Weiterbildungsmaßnahmen nicht allzu viel profitieren; deutlich größere Vorteile haben die spezifischen Begabungen, die sich in solchen Veranstaltungen erkennbar profilieren.

Zu viele solcher Weiterbildungsveranstaltungen sind für Unternehmen eher schädlich, da die Teilnehmer doch stark von ihrer eigentlichen Aufgabe abgehalten werden. Außerdem lernt jeder am effektivsten und meisten on the Job, und daher ist die beste Ausbildung eine gezielte Rotation durch verschiedene Fachgebiete, um die notwendigen Kenntnisse und Erfahrungen zu erwerben. Der Aufenthalt in jedem Fachgebiet darf auf keinen Fall zu kurz sein, um die gewonnenen Erfahrungen und das Wissen zu festigen.

Nochmals sei hier auf eine Möglichkeit hingewiesen, auf neuen Gebieten oder in Randgebieten notwendige Kenntnisse über die Ausbildung bei Fremdunternehmen zu gewinnen, mit denen entsprechende Vereinbarungen möglich er-

## Das erfolgreiche Unternehmen

scheinen. Vielleicht kann man für das vorgesehene Fremdunternehmen auch Vorteile aufzeigen, z. B. über zur Verfügung gestelltes Spezialwissen oder Gegenausbildung. Voraussetzung ist natürlich, dass auf dem Markt kein Wettbewerbsverhältnis besteht.

Grundsätzlich erscheint es sinnvoll, die Initiative für Aus- und Weiterbildung bei den einzelnen Fachbereichen anzusiedeln und die Durchführung mit der administrativen Unterstützung des Personalbereichs zu realisieren.

Ein Schwerpunkt der Ausbildung wird immer die Lehrlingsausbildung sein, die leider in zunehmendem Maße darunter leidet, nicht genügend Bewerber zu finden, weil die staatliche Bildungspolitik in erster Linie auf den Akademiker zielt und damit die gesunde Basis aller Berufstätigkeiten gefährdet.

Mit diesen Bedingungen muss jedes Unternehmen fertig werden und trotz der existierenden Schwierigkeiten entsprechende Bewerber finden, die Freude an den Ausbildungsberufen entwickeln. Kontakte zu Eltern und Schulen sind wichtig in Verbindung mit der attraktiven Präsentation einer hervorragenden Ausbildung als überzeugende Basis eines dauerhaften Berufserfolges.

Unser Unternehmen hat die Lehrlingsausbildung wie folgt erfolgreich organisiert:

1. Die Auswahl der Lehrlinge erfolgt über einen Test, der nicht so sehr das vorhandene Wissen als mehr die Begabung und Neigung misst.

2. Die ausgewählten Lehrlinge besuchen für ein Jahr auf ihre Kosten eine einjährige Fachschule, wo ihnen die fachlichen Grundkenntnisse in enger Abstimmung mit dem Betrieb vermittelt werden. Sie bilden dort eine eigene Klasse.

Nach diesem Jahr wird aufgrund des Schulerfolges und des vorliegenden Testergebnisses eine endgültige Entscheidung über die Berufsrichtung getroffen.

Die weitere Ausbildung findet weitgehend im Betrieb statt, unter Assistenz der entsprechenden Facharbeiter, die den Lehrling zu beurteilen haben und auch vom Lehrling beurteilt werden.

In größeren Abständen finden in der Lehrlingswerkstatt Tests statt, die sich nach den Prüfungsrichtlinien der IHK richteten, um auch diesen Aspekt des Lehrzeugnisses zu beachten. Außerdem werden von Spezialisten Kurse auf Gebieten wie Hydraulik, Pneumatik und Lagertechnik durchgeführt.

In Einzelfällen wird mit einem anderen Unternehmen im Austausch von Spezialwissen kooperiert.

Es gelang so, erstklassige Fachkräfte zu gewinnen, sie sehr gut in das Unternehmen zu integrieren, wertvollen Nachwuchs aufzubauen und eine Ausbildung auf dem neuesten Stand der Technik zu halten.

Sehr geholfen hat uns dabei ein selbst erstelltes interaktives Lehrprogramm für das technische Basiswissen der Lehrlinge, das weltweit in allen Tochterunternehmen in verschiedenen Sprachen Anwendung findet und von einem Kooperationspartner vertrieben wird.

Wichtig war, dass die Leitung der Lehrlingsausbildung etwa alle zehn Jahre wechselte, um dem Lebensgefühl der Lehrlinge nahe zu bleiben und das Wissen der Ausbilder auf modernstem Stand zu halten.

Es gehört keine große Prophetie dazu, den ehemaligen Lehrlingen eine glänzende Zukunft vorauszusagen mit einem Lebenseinkommen, das über dem eines durchschnittlichen Akademikers liegt. Letzten Endes wird der Markt über Angebot und Nachfrage das Berufseinkommen bestimmen und nicht ein Tarifkartell.

Der Personalbereich ist der natürliche Partner des Betriebsrates, der in meinen Augen in jedem Unternehmen ein wertvoller Partner der Geschäftsleitung ist, wenn er die Fähigkeit besitzt, das auszudrücken, was die Mehrheit der Mitarbeiter denkt und fühlt und sich nicht von Einzelnen oder, noch schlimmer, von außen gängeln lässt.

Im Laufe der Jahre machte ich die Erfahrung, dass jedes Unternehmen den Betriebsrat erhält, den die Geschäftsleitung verdient. Bei einer schwachen Geschäftsführung wird meistens der Betriebsrat stark und meist auch schwierig, weil Betriebsprobleme auftauchen, die es ihm schwer machen, sich gegenüber der Belegschaft zu behaupten. Also wird er sich mit der Geschäftsleitung anlegen, um erkennbare Defizite in der Geschäftsführung, die zu diesen Problemen führten, mit seinen eingeschränkten Mitteln und Einsichten zu beheben.

Wichtig ist zunächst einmal, dass die richtigen Leute den Betriebsrat bilden. Diese gewinnt man nur, wenn die Geschäftsleitung eine positive Einstellung zum Betriebsrat zeigt und geeignete Leute eher bestärkt als abhält, sich der Wahl zum Betriebsrat zu stellen. Die gesunde Betriebsgemeinschaft hat ein feines Empfinden für gute Leute und lässt sich kaum von Krakeelern und Windbeuteln beeindrucken. Die meisten Wahlen werden diese Ansicht bestätigen.

Ein besonderes Problem sind die freigestellten Betriebsräte, denen man im Rahmen sozialer Aufgaben im Personalbereich Arbeiten zuweisen sollte, die sie etwa einen halben Tag beschäftigen. Das ist besonders wichtig für den freigestellten Betriebsrat und auch im Hinblick auf die Wähler, die eher einen tätigen Betriebsrat schätzen werden.

In jedem Betrieb gibt es notorische Meckerer, die in der Anzahl unter fünf Prozent liegen, aber versuchen, dem Betriebsratsvorsitzenden „die Stimme des Volkes" zu verkünden, die in Wirklichkeit ganz anders klingt. Darauf sollte man immer wieder hinweisen, wenn der Betriebsratsvorsitzende droht, der Versuchung „auf die Meckerer zu hören" zu erliegen.

Im Prinzip findet man – wie in der Politik – auch bei den Betriebsratsmitgliedern in ihrer Meinungsbildung eine Widerspiegelung ihrer subjektiven Situation, und die meisten werden bei Entscheidungen zunächst an sich selbst und danach erst an die Allgemeinheit denken. Deswegen sollte man im Umgang mit dem Betriebsrat immer beachten, dass man die Vorteile von Projekten für die Allgemeinheit so erläutert, dass alle letzten Endes persönlich davon profitieren.

Bei jedem anstehenden Problem sollte man bei dem Betriebsrat ein Problembewusstsein erzeugen, bevor man an die Lösung herangeht. Dies erfordert ein wenig Zeit und einen gewissen Aufwand, der sich aber bestimmt lohnt.

Wie im ganzen Unternehmen, findet man auch beim Betriebsrat häufig die Unsitte zu vieler und zu langer Besprechungen, durch die wertvolle Fachleute von ihren eigentlichen Aufgaben abgehalten werden. Es ist sicher notwendig, deutlich darauf hinzuweisen und praktisch zu demonstrieren, dass die Häufigkeit und die Länge einer Sitzung von der guten Vorbereitung des Vorsitzenden auf das Thema abhängen.

Letzten Endes ist die Arbeit mit dem Betriebsrat Vertrauenssache, die das einfordert, was die Zusammenarbeit vorher aufgebaut hat: Verlässlichkeit, Klarheit und Glaubwürdigkeit. Halbjährlich sollte der Leiter des Unternehmens vor dem Betriebsrat auftreten und vorher von der Personalabteilung gut beraten werden. Er sollte sich jedoch darüber im Klaren sein, dass er an dieser Stelle keine Vertraulichkeiten ausplaudern darf. Diese würden sehr bald im Unternehmen bekannt. Vertrauliche Mitteilungen sind allein dem Gespräch mit dem Betriebsratsvorsitzenden vorbehalten.

Persönlich halte ich sehr viel von gegenseitigem Vertrauen. Daher sollte sowohl die Unternehmensleitung als auch der Betriebsrat externe Einflüsse, wie vom Arbeitgeberverband oder von der Gewerkschaft, im Miteinander ausklammern. Ich habe das immer so gehalten und in einer vierzigjährigen Industrietätigkeit jeden Streik verhindern können, z. B. auch in Betrieben der Montanmitbestimmung, in denen alle anderen streikten.

## 3.8 Betriebswirtschaft

Dieser Bereich ist im Allgemeinen dem Finanzbereich zugeordnet und hat die Aufgabe, über die buchhalterische, bilanzielle Zielsetzung hinaus, im Detail zahlenmäßig das Geschehen im Unternehmen zu verfolgen und zu bewerten, um der Unternehmensleitung verlässliche Zahlen zu verschaffen, auf deren Grundlage rational begründbare Entscheidungen fallen können. Dieser letzte Halbsatz ist ausgesprochen wichtig, um zu verhindern, dass die Zahlen Selbstzweck werden und in Zahlenfriedhöfen enden.

Das Grundsatzproblem jeder betriebswirtschaftlichen Aussage ist die Genauigkeitsfrage. Man muss sich darüber im Klaren sein, dass in vielen Fällen aus Gründen des Erfassungsaufwandes, aber auch der Erfassungsmöglichkeiten, nur sehr unsichere Werte zur Verfügung stehen. Als Grundsatz sollte jedoch immer gelten:

- Dort, wo ohne großen Aufwand genau zu erfassen ist, muss es geschehen.
- Man muss vorher abschätzen, wo und in welchem Maße Ungenauigkeiten auftreten werden.

Man sollte sich auch keine falschen Vorstellungen über die Genauigkeit aller betriebswirtschaftlicher Zahlen machen. Im Allgemeinen sagen Ihnen diese Zahlen nicht, was Sie tun müssen, um das Unternehmen zu verbessern, sondern sie zeigen Ihnen den zeitlichen Verlauf von Veränderungen oder, im Vergleich zu anderen Unternehmen, wo Kennziffern abweichen.

Trotz dieser Nachteile benötigt man unbedingt betriebswirtschaftliche Zahlen, um z. B. Preise festlegen, interne Aktionen zur Kostenreduzierung bewerten und Wirtschaftlichkeitsrechnungen durchführen zu können.

Die Basis jeder Kostenrechnung sind die Begriffe Kostenarten, Kostenstellen und Kostenträger. In diesen Begriffen wird deutlich, dass man, um den Rechenaufwand zu reduzieren, die jeweiligen Kosten in Gruppen zusammenfasst, die in sich möglichst homogen sein sollten. Dabei werden die Kostenarten gesammelt und direkt oder über sinnreiche Schlüssel den Kostenstellen zugeschrieben. Über die Nutzungsrate der Kostenstelle durch die Kostenträger erhält man die Nutzungskosten des Kostenträgers, die zusammen mit den Materialeinsatzkosten die Herstellkosten ergeben.

Das Problem jeder Kostenrechnung ist die Erfassung der Kosten und die richtige Zuordnung auf den Verursacher. Dabei sind bestimmte Regeln zu beachten, um den Aufwand in Grenzen zu halten:

- Möglichst die Daten mitbenutzen, die aus der Finanzbuchhaltung oder anderen Quellen zur Verfügung stehen.
- Die Kostenarten und Kostenträger nur so weit differenzieren, wie sie von den Menschen noch im Unternehmen wahrgenommen werden können.
- Die Schlüsselzahlen so wählen, dass sie einen logischen Sinn und die Genauigkeit ergeben, die auch andere Kostenfaktoren erreichen.
- Es ist also mit Überblick, Sachkenntnissen und Kostenbewusstsein vorzugehen und mit dem Wissen, dass eine absolute Genauigkeit nie möglich sein wird, weil keiner im Unternehmen genau wissen kann, wem die Fixkosten, wie z. B. Leitungs- Stabs-, Entwicklungs- und Erhaltungskosten, zuzurechnen sind.

Im Allgemeinen geht es darum, die Abgrenzungen und Schlüssel pragmatisch zu wählen, die Erfassung der Daten zu erleichtern und laufend zu kontrollieren, ob richtig erfasst wurde. Den Rest erledigt dann schematisch der Computer, der Auswertungen in jeder Form ermöglicht.

Grundlage einer brauchbaren Kostenrechnung ist eine durchsichtige, verlässliche Zeit- und Materialwirtschaft. Liegt sie vor, verursacht die Kostenrechnung erstaunlich geringen Aufwand. So genügten zwei Kostenrechnungsspezialisten, um einen Produktionsumsatz von 1 Milliarde pro Jahr mit mehreren tausend Einzelteilen zu erfassen. Dieses Ergebnis war nur zu erzielen, weil der betriebliche Ablauf klar und übersichtlich organisiert war und man nicht versucht hatte, unrealistische und nur scheinbare Genauigkeiten zu erreichen.

Das Ergebnis dieser Kostenrechnung gipfelte in der Aufstellung Selbstkosten im Verhältnis zum Preis für jedes Produkt, basierend auf dem Durchschnitt aller Daten im laufenden Jahr bis zum jeweiligen Stichtag. Da jährlich die Preise verhandelt werden, ergab sich hier eine sinnvolle Darstellung der Situation unter Beachtung der vorbehandelten Prämissen.

Ziel eines jeden Unternehmens muss sein, alle Produkte mit Gewinn zu verkaufen. In wichtigen Einzelfällen sollte eine differenzierte Betrachtung angestellt werden, indem man sich z. B. bemüht, alle Daten über einen kürzeren Zeitablauf genau zu erfassen.

Es kann nicht Aufgabe dieses Buches sein, einen Methodenstreit der Erfassung und Zurechnung der Kosten zu beginnen. Für die verschiedenen Verfahren mag es jeweils gute Gründe geben. Hier soll jedoch der Blick dafür geschärft werden, dass sich der Aufwand in Grenzen zu halten hat und Aufwand und Nutzen gegeneinander abzuwägen sind.

Ich habe im Laufe meiner Berufstätigkeit viele Ergebnisse von aufwändigen Kostenrechnungen gesehen, die unlogisch und offensichtlich falsch waren und zu falschen Entscheidungen geführt hätten, wären die Ergebnisse als Entscheidungsbasis herangezogen worden.

Häufig spielt der zeitlich verschobene Kosten- und Ertragsanfall eine Rolle wie z. B. von Entwicklungskosten, die vor oder während der Anlaufphase eines Produktes anfallen und danach stark abnehmen. Dann gibt es z. B. Entwicklungskosten, die für ein neues Produkt anfallen und einem alten Produkt zuzurechnen sind, da es mit dem neuen Produkt substituiert wird. Außerdem gibt es Grundlagenentwicklungen, wo das Unternehmen sich neue Entwicklungskompetenzen erarbeiten muss, die allen zukünftigen Produkten zugute kommen. Insofern arbeitet man wohl am besten mit Durchschnittsaufschlägen für die Entwicklungskosten, die man bei älteren oder neueren Produkten mit unterschiedlichen Faktoren belegen könnte, um diese zeitlichen Kostenveränderungen wenigstens in Grenzen zu berücksichtigen.

Hilfreich ist es auch, von Zeit zu Zeit eine Sonderrechnung für eine ganze Produktgruppe anzustellen, die z. B. über zehn Jahre zeigt, wie sich die Entwicklungskosten rentieren.

Wichtig ist in einem Unternehmen nicht die höchste Genauigkeit der Kostenrechnung, sondern der Nutzen des Kostenwissens und die Berücksichtigung spezieller Verhältnisse für die Preispolitik.

Den Entwicklungsaufwand für Produkte im Verhältnis zum Jahresumsatz kann man in etwa wie folgt abschätzen:

| unter 3 Prozent | wahrscheinlich zu wenig |
|---|---|
| zwischen 3 und 6 Prozent | üblich |
| über 6 Prozent | relativ hoch |

Dies gibt natürlich eine sehr grobe Wertung, wird aber im Normalfall in erster Näherung gelten.

Große Schwierigkeit einer korrekten Kostenerfassung treten in der Entwicklung besonders bei Kleinserien auf, die meistens mit abnehmenden Mengen sehr teuer werden. Übliche Mindermengenaufschläge zwischen 10 und 20 % sind fast immer zu niedrig. Spezielle Untersuchungen zeigen meist Kosten, die das Zwei- oder Dreifache der Großserienkosten ergeben, besonders wenn sie auf den Großserienanlagen produziert werden. Die korrekten Kosten zu benennen, scheitert an der Schwierigkeit der exakten Erfassung.

Kostenrechnungen benötigt man dringend für die Preispolitik, die allerdings nicht allein auf Kosten beruhen darf, sondern ganz wesentlich durch die Unternehmensstrategie und -taktik mitbestimmt wird, immer mit dem großen Ziel, dem Unternehmen langfristig eine erstklassige Verzinsung des betriebsnotwendigen Kapitals zu sichern.

Insofern ist eine durchsichtige, anerkannte Kostenrechnung in jedem Hause von großer Bedeutung, verschafft sie doch den Beteiligten ein erstes, wichtiges Kriterium für das zu erreichende Preisniveau und gibt so Anstöße für entsprechende Kostensenkungsaktionen und neue Produktentwicklungen.

So notwendig Kostenkontrolle sein mag, darf sie niemals die Hauptrolle spielen. Entscheidend sind die dagegen stehenden Leistungen bei Produktentwicklung, Produktion, Einkauf und Verkauf, die ganz wesentlich das Preis-/Kostenverhältnis bestimmen. Allein Kosten und Leistungen aller Bereiche bestimmen das Unternehmensergebnis. Die Kostenrechnung ist gegenüber der Erbringung von Leistung eine Hilfsaktivität, wenn auch eine sehr wichtige.

Ein Thema der Preisfindung ist die Betrachtung der Deckung von Fixkosten. Nach meiner Erfahrung dient sie allein als Instrument der obersten Unternehmensleitung, aber niemals zum Gebrauch im gesamten Unternehmen. Jeder Verkäufer schließt ein Geschäft ab mit 20 Prozent Deckung, selbst wenn der Gewinn 10 Prozent geringer sein sollte. Ein Geschäft mit 10 % Gewinnabzug würde er ohne diese Deckungsaussage nie abschließen. Ich bin der Ansicht, dass die Fixkostendeckungsrechnung viele Unternehmen in den Ruin getrieben hat, so logisch sie auch scheinen mag.

Es ist deshalb davor zu warnen, den Verkauf mit Deckungspreisen zu beglücken, anstatt in jedem Fall die Preisfindung über die Vollkosten des guten alten Betriebsabrechnungssystems vorzunehmen.

## 4 Einzelfragen der Unternehmensführung

### 4.1 Berater

Ausgehend von den USA, haben sich in Europa die Berater zu einer starken Wirtschaftsmacht entwickelt. Sie sind in allen wirtschaftlichen Feldern tätig. Am augenfälligsten werden ihre Dienste, wenn es heißt, ein in Schwierigkeiten geratenes Unternehmen wieder flott zu machen. Die bekannten turn-around-Manager beschäftigen dann auch bei einer neuen Aufgabe gleich mehrere Beratungsgesellschaften, wenn auch mit wechselndem Erfolg.

In meinem Berufsleben habe ich nur wenige, manchmal renommierte, Beratungsgesellschaften eingesetzt und war häufig enttäuscht. Meistens entstand diese Enttäuschung, weil die Beratung darauf hinauslief, ein von der Gesellschaft erarbeitetes „Werkzeug", also eine Methode, auf einen Fall anzusetzen. Es ging z. B. um zwei Beratungen über Unternehmensstrategie und drei Wertanalyse-Projekte. Das Ergebnis war ein Zustand, der deutlich schlechter war als vor diesen aufwändigen Aktionen. Nach Vorliegen der Ergebnisse wurde weniger oder nichts in die Praxis umgesetzt, weil die gefundene Lösung deutliche Nachteile hatte.

Die Projekte scheiterten, weil

- das Werkzeug auf den speziellen Fall nicht passte,
- zu wenig spezifischer Fachverstand vorlag,
- die Projektgruppe falsch zusammengesetzt war,
- außerdem bei manchem Projektleiter der Realitätssinn fehlte.

All die mit den Projekten angegangenen Probleme wurden später mit Hausmitteln erstklassig gelöst, wobei einzelne Ergebnisse aus den Vorarbeiten vorteilhaft eingebracht werden konnten.

Sehr häufig werden die Beratungsgesellschaften mit der Aufgabe eingesetzt, im Unternehmen die Möglichkeit der Rationalisierung zu ermitteln. In meiner Berufstätigkeit habe ich mich darauf nie verlassen, jedoch sorgfältig beobachtet, mit welchem Resultat sich die Berater aus anderen Unternehmen verabschiedeten.

So wurde in einem in der Nähe liegenden Großkonzern nach mehrjähriger Arbeit eine Produktivitätssteigerung von 12 bis 15 % erzielt, während das von mir geleitete Unternehmen im Durchschnitt jährlich die Produktivität um

## Einzelfragen der Unternehmensführung

8 Prozent steigerte. Wir hatten zeitweilig eine Produktivität, die das Doppelte des Branchendurchschnittes erreichte. Im Gegensatz zu dem besagten Großunternehmen, das sich nach „überstandener" Rationalisierungsaktion befriedigt zurücklehnte und erst einmal Pause machte, wurde in unserem Unternehmen ständig und konsequent an dem Thema Produktivitätssteigerung gearbeitet. Gleichzeitig sparten wir die nicht niedrigen Beratungskosten.

Es gibt noch einen weiteren Bereich, wo der Erfolg einer externen Beratung zweifelhaft erscheint. Es handelt sich um den Versuch, den Mitarbeitern Eigenschaften anzutrainieren, die sie eigentlich nur mit einer entsprechenden Begabung erwerben können. Am besten kann man sich das an einem Schoßhund verdeutlichen, dem man die Eigenschaften eines Jagdhundes antrainieren möchte. Jedem, der mit einigermaßen gesundem Menschenverstand gesegnet ist, leuchtet ein, wie absurd das erscheint. Bei Führungsseminaren glaubt man jedoch an derartige Möglichkeiten.

Nicht anders verhält es sich bei den bekannten Kreativitätsseminaren. Auch hier werden keine kreativen Persönlichkeiten erzeugt, sondern der bereits kreative Mensch wird vielleicht darin geschult, mit seiner Kreativität wirkungsvoller umzugehen.

Die meisten dieser Trainer kommen übrigens aus der ehemaligen DDR, wo man aus guten Gründen einen eklatanten Mangel an Kreativität beklagte und durch Schulung ohne überzeugenden Erfolg beheben wollte. Die Kreativität ist zum einen eine Frage der Begabung, zum anderen eine Frage des geeigneten Umfeldes. Gängelei, Parteifunktionäre, Zentralismus und Risikoscheu ersticken mit Sicherheit jede Kreativität.

Trotz dieser Sachverhalte wären Führungs- und Kreativitäts-Seminare wertvoll. Sie müssten sich auf Folgendes beschränken:

- Erkennen echter Begabungen
- Vermittlung der Basismethoden, damit sich Kreativität entfalten kann.

Eine besonders negative Erfahrung machte ich mit der Auswahl von Lehrlingen. Nachdem wir bisher immer unsere Lehrlinge über einen einfachen Test ausgewählt hatten, der im Wesentlichen die Grundbegabungen aufzeigte, entschlossen wir uns trotz bisher guter Erfahrungen mit unserem Test, ein psychologisches Institut mit der Auswahl der Kandidaten zu betrauen. Pro Kandidat sollte das 50 EUR kosten.

Einzelfragen der Unternehmensführung

Das Ergebnis war schrecklich. Wir hatten noch nie einen schlechteren Lehrlingsjahrgang ausgewählt als mit diesem Versuch.

Auch eine objektive Marktanalyse und deren Durchführung durch eine Beratergesellschaft, sollte kritisch betrachtet werden. Oft ergeben sich durch wenig anspruchsvolle Fragen nur mittelmäßige Resultate, und selbst professionelle Berater werden in der Regel vom Befragten abgelehnt, wenn offensichtlich ist, dass der Berater das spezifische Thema nicht beherrscht.

In der Vergangenheit führte meistens einer von den zwei aufgezeigten Wegen erfolgreich zum Ziel:

- Die Marktanalyse wurde als Diplomarbeit von einem älteren Studenten durchgeführt
- Ein pensionierter Fachmann, der in der Branche einen unbestrittenen Ruf hat, führte sie durch

Wofür man sich auch entscheidet, man muss sich in jedem Fall sehr kritisch mit der Fragesystematik auseinandersetzen, um gezielt auf den Kernpunkt des Problems zu kommen. Wichtig sind außerdem einige Kontrollfragen, die zeigen, ob ehrlich geantwortet wurde.

Beratungsfälle werden offensichtlich immer dann schwierig, wenn es darum geht, auf ein Unternehmen beraterspezifische Systeme zu übertragen, die sich nicht mit der Arbeitsweise des Unternehmens vertragen.

Ganz andere und durchweg bessere Erfahrungen konnten mit Einzelberatern gemacht werden, deren ausgewiesene Spezialkenntnisse die Fachkenntnisse und den Erfahrungsstand des Unternehmens deutlich verbesserten. Leider stießen wir bisweilen an Grenzen, weil manche, insbesondere die jüngeren Mitarbeiter offensichtlich eine Fachdiskussion mit einem ausgewiesenen Fachmann vermeiden, vielleicht weil sie sich scheuen, Wissensmängel zu zeigen.

Wir hatten diese Einzelkämpfer meist rekrutiert aus Großunternehmen, die sich nach 1992 offensichtlich von ausgemachten Experten befreiten, um der Jugend eine Chance zu geben, die damals bei diesen Firmen nur beschränkt neue Stellen fand.

Diese Experten hatten wir angesetzt auf Themen, die keine Kernkompetenzen in unserem Unternehmen waren, aber trotzdem fachgerecht nach dem Stand der Technik behandelt werden sollten. Wir hatten zeitweilig bis zu zehn Berater unter Vertrag, von denen Einzelne bereits zehn Jahre ihre Aufgabe hervor-

## Einzelfragen der Unternehmensführung

ragend erfüllten. Wir schließen mit den Experten einen recht losen Vertrag, der jederzeit von beiden Seiten kündbar ist, sobald kein Nutzen mehr zu erkennen ist.

Die Auswahl dieser Berater ist nicht einfach. Meist haben wir mit ihnen früher schon zusammengearbeitet, manchmal bekamen wir auch nur durch ein Gerücht von der Existenz dieses „großen Experten" Kenntnis. Auch bei diesen Entscheidungen sollte man sich immer an das Bibelwort halten: „An den Früchten sollt ihr sie erkennen" und nicht am schönen Schein.

Ein Beispiel zeigt, wie das gemeint ist. Ein bekannter Produktionsvorstand wurde dafür gewonnen, bei uns einen Vortrag darüber zu halten, wie er die Produktivität und die Qualität in seinem Unternehmen gesteigert hatte. Nach dem glänzenden Vortrag waren meine Mitarbeiter begeistert und wollten unbedingt dieses Wunderunternehmen sehen. Ich organisierte den Besuch, von dem eine desillusionierte und enttäuschte Mannschaft heimkehrte. Sie sagten nur, wenn die Mitarbeiter bei uns so arbeiten würden wie in diesem Wunderunternehmen, würden sie nicht mehr lange im Unternehmen sein.

Trotzdem war der Besuch wichtig. Wir lernten noch einige Schwachstellen bei uns kennen, konnten uns vor allem in der Branche besser einordnen und hatten die Kraft des Wortes kennen gelernt.

In einem anderen Fall waren wir von einem anderen fachlichen Berater geblendet worden. Ein ehemaliger Einkaufsleiter für Produktionsteile sollte zumindest theoretisch den Überblick über alle, für die Produktion eingekauften Komponenten und Rohmaterialien Bescheid wissen. Wir versprachen uns mit ihm die Marktkenntnis im Einkauf zu erweitern. Ihm fehlte jedoch das nötige spezifische Detailwissen, und so trennten sich unsere Wege wieder.

Obgleich ich mich aus dem Finanzbereich meistens heraushielt, weil dies ein Mitarbeiter sehr viel besser machte als ich, hatte ich doch einige Kontakte, die zeigten, dass die Banken in Industrie- und Wirtschaftsfragen nur in Ausnahmefällen den vorausgesetzten hohen Sachverstand besitzen.

So war ich mit einem bekannten Investmentbanker in London, um eventuell unseren englischen Wettbewerber zu kaufen, der in einer schlechten wirtschaftlichen Verfassung war. Nach der Begrüßung eröffnete der Banker das Gespräch mit der Bemerkung, wie wohlhabend das von mir geführte Unternehmen sei und dass der Kaufpreis wohl keine entscheidende Rolle spielen werde. Bei soviel Blauäugigkeit ging dann das Gespräch schnell zu Ende.

Eine kostspielige, aber gleichwohl positive Beratung wurde von einem „Verkaufsguru" in der Schweiz geleistet. Nachdem ich vorab einen 2-Tages-Kurs bei ihm absolviert hatte, war ich fest davon überzeugt, dass er unseren etwas spröden Ingenieuren, die im Kundenkontakt standen, das notwendige Handwerkszeug im Umgang mit Kunden vermitteln werde. Er hatte sich ein verbales System erarbeitet, das zunächst für echte Verkäufer an der Theke oder Haustür gedacht war. Ich versuchte zunächst, den Guru zu veranlassen, sein System etwas auf die Situation unserer Firma umzubauen, was nicht so richtig gelang. Von dem anschließenden Firmenseminar waren trotzdem alle verkäuferisch interessierten Mitarbeiter begeistert, bis auf einige Techniker, die kategorisch dieses „Theater" ablehnten. Man erlebte hier die vorher schon diskutierte Erkenntnis, wie wichtig die Begabung für den Erfolg bestimmter Tätigkeiten ist.

Für den Auftritt beim Kunden war dieses Seminar von hohem Wert, und es hat dem Unternehmen sicher sehr genutzt, hat es doch besonders eine Reihe naturwissenschaftlich geschulter Ingenieure davon überzeugt, wie wichtig das Emotionale und Soziale im geschäftlichen Miteinander sind.

Sehr effektive Beratungen können zustande kommen, wenn man sich Spezial-Know-how aus nicht konkurrierenden Unternehmen einkaufen kann. Das findet nur viel zu selten statt.

In diesem Beispiel möchte ich aufzeigen, dass es sich lohnt, das Basis-Wissen für ein branchenfremdes Produkt anzueignen. Es handelt sich hierbei um die Entwicklung eines automatischen stufenlosen Kraftfahrzeuggetriebes, dessen Herz eine extrem belastete Kette im Ölbad war.

Schnell fand ich Parallelen zur Sägekette und besuchte die Produktionsfirma in der Schweiz. Ich erläuterte die Situation, die einen Wettbewerb ausschloss und vereinbarte einen Know-how-Vertrag.

Das Geld war gut angelegt. Wir haben über Jahrzehnte gewonnene Erfahrung über das Basismaterial, sowie dessen Warm- und Oberflächenbehandlung eingekauft, und konnten auf dieser Basis weiterentwickeln.

Zusammenfassend lässt sich wohl über den Einsatz von Beratern folgende Aussage machen:

Einzelfragen der Unternehmensführung

1. Ein einzelner, ausgewiesener Experte, der auf die richtige Aufgabe angesetzt ist, kann dem Unternehmen hohen Nutzen bringen.

2. Ein Berater, der sein System einführen will, wird im Allgemeinen nur Erfolg haben, wenn das Thema für das Unternehmen neu ist, eine strenge Systematik verlangt und das System sich mit dem vorhandenen Umfeld verträgt.

3. Durch Beratung entstehen keine Begabungen. Man kann sie allenfalls entdecken.

4. Strategie- und Rationalisierungsberatungen sind mit Vorsicht zu betrachten. Besser ist es in jedem Fall, mit den eigenen Insider-Kenntnissen selbst die Probleme anzugehen.

## 4.2 Betriebsklima

Für jedes Unternehmen spielt das so genannte Betriebsklima eine nicht zu unterschätzende Rolle. Es bezeichnet die emotionelle und soziale Gemeinsamkeit des Unternehmens und bestimmt ganz wesentlich die allgemeine Bereitschaft, sich mit den Zielen des Unternehmens zu identifizieren. Darüber hinaus hängt von diesem Betriebsklima ab, wie miteinander umgegangen wird und ob die Bereitschaft besteht, in schwierigen Fällen etwas Besonderes zu leisten.

Nach meiner Auffassung wird das Betriebsklima sehr stark von dem „Chef" bestimmt. Grundlage ist zunächst dessen anerkannt erstklassige berufliche Leistung, die den Mitarbeitern vermittelt, dass man sich einem guten Führer anvertraut hat, dessen Wirken dem Unternehmen nützt und damit jedem Einzelnen im Unternehmen.

Dazu gehören jedoch noch weitere Verhaltensmerkmale, um als Chef für ein erstklassiges Betriebsklima zu stehen. Er muss in der Lage sein, sich mit allen Schichten der Hierarchie austauschen zu können, und sollte im Unternehmen überall präsent sein. Darunter ist zu verstehen, dass der Chef sich in den wesentlichen Bereichen des Unternehmens mindestens wöchentlich sehen lässt und an den dortigen Aufgaben sichtlich Anteil nimmt. Er sollte jedoch niemals „aus der Hüfte" am Tatort Entscheidungen über den Kopf des zuständigen Vorgesetzten hinweg fällen. Jedoch sollte er sich sehr wohl vor Ort ohne den zuständigen Vorgesetzten informieren. Manches sollte er dabei vertraulich behandeln, weil er sonst in Zukunft von jeder kritischen Information abgeschnitten würde.

## Einzelfragen der Unternehmensführung

Wichtig ist auch die Verlässlichkeit eines Chefs, der niemals sein Wort brechen darf. Wenn dies einmal geschieht, ist das Vertrauen der ganzen Mannschaft gefährdet. Dieses notwendige Vertrauen, das für die Führung so wichtig ist, bedingt auch die Forderung an den Chef, seine eigenen Probleme nicht vor seinen Mitarbeitern auszubreiten Er sollte stets den überzeugenden Eindruck vermitteln, alles im Griff zu haben.

Besonders negativ ist das öffentliche Klagen über die mangelnde Leistung von Mitarbeitern. Immerhin ist es der Chef, der seine Mitarbeiter aussucht.

In jedem Unternehmen gibt es auf bestimmten Positionen Mitarbeiter, die ihre Aufgabe nicht erfüllen und daher den Kollegen und dem Unternehmen deutlich schaden. Hier muss man kreativ und geschickt Lösungen finden, um dem betreffenden Mitarbeiter eine neue Aufgabe zu übertragen, oder man muss sich in anständiger Form von ihm trennen. Sollte es ihm mit Hilfe des Chefs gelingen, in einem anderen Unternehmen eine geeignete Position zu finden, wird er für diese Hilfe in den meisten Fällen dankbar sein.

Ganz wichtig ist bei entsprechenden Leistungen das deutliche Lob, das jedoch niemals übertrieben ausfallen sollte.

Hat ein Team von Mitarbeitern z. B. sehr erfolgreich ein Projekt abgeschlossen, sollte man eine Feier genehmigen, die das Team zu organisieren hat. Bei einer solchen Feier erwartet man vom Chef eine kurze, möglichst launige Rede.

Hier sind wir bei dem Komplex der Betriebsfeiern angelangt, die sicher eine gewisse Rolle für das Betriebsklima spielen. Ich halte solche Betriebsfeiern für wertvolle Möglichkeiten, bereichsübergreifend ein positives Gemeinschaftsgefühl zu erzeugen. Die beste Erfahrung hatte ich mit solchen Feiern, wo auf der Bühne Vertreter bestimmter Bereiche oder Führungskräfte sportlich wetteifern, z. B. beim Baumstammsägen oder bei Geschicklichkeitsübungen, und die Mitarbeiter sich mit den Protagonisten identifizierten. Da wir nahe dem Rhein liegen, haben wir bei Gelegenheit eine Tagestour mit einem Passagierschiff gemacht. Dieser Tagesausflug hatte einen überwältigenden Erfolg, weil auf dem mehrstöckigen großen Schiff die Mitarbeiter ganz nach ihren Vorlieben agieren konnten.

Solche Ereignisse werden mit weiteren Aktionen verbunden, wie z. B. Auslosung eines Preises unter den Mitarbeitern, die Verbesserungsvorschläge gemacht haben. Man hat also viele Möglichkeiten diese Gemeinschaftsfeier zu

## Einzelfragen der Unternehmensführung

einem großen Erlebnis zu machen, von dem viele Mitarbeiter noch lange zehren und reden werden.

In unserem Unternehmen mit Produktionsstätten in der ganzen Welt war es besonders schwierig, ein Firmenklima über alle Nationalitäten hinweg zu erzeugen. Wir haben das dadurch geschafft, dass viele unserer ausländischen Mitarbeiter für mehr als ein Jahr im Hauptunternehmen tätig waren, und dann auch durch Sportfeste, bei denen jedes Unternehmen nach einem, von der Größe unabhängigen, Modus und nach seinem Beitrag zum Festabend bewertet wurde. Es entstand ein erstaunliches Gemeinschaftsgefühl, zu dem die Brasilianer den Festrausch, die Südafrikaner die Spielfreude, die Amerikaner den Sportgeist und die Deutschen die Organisation beisteuerten.

Überhaupt haben wir immer wieder zu gemeinsamen Aktionen im Unternehmen aufgerufen, und manche sind zu einer Institution geworden, wie die Blütenwanderung, die jedes Jahr zur Zeit der Obstblüte durch die rosa-weiße Blütenpracht führt und an der jeder teilnehmen kann. Meistens sind es etwa 15 Prozent der Mitarbeiter, die sich mit Freuden einfinden, um im Kreise ihrer Kollegen und Kolleginnen gemeinsame Stunden zu verbringen. Eigentlich sind das nicht sehr viele, aber es sind die, die die Atmosphäre des Unternehmens bestimmen und überall durchweg aktiv sind.

Diese Feste und Feiern sind natürlich nicht entscheidend für das Betriebsklima, sondern nur eine Art Sahnehäubchen auf dem, was sich täglich im Unternehmen abspielt. Wichtiger für das Klima sind dann schon die gemeinsamen Erfolge, die das Unternehmen erzielt und hoffentlich auch gemeinsam erlebt. Entscheidend ist das tägliche Arbeitsleben, wie man miteinander umgeht und sich gegenseitig stützt. Zu allem gehört eine große Portion Disziplin, wie die Einhaltung der Betriebsordnung, die nur dann das Betriebsklima fördert, wenn sie ohne Ansehen der Person für alle gilt. Manchmal gehört auch dazu, dass ein Vorgesetzter „durch die Finger sieht" und damit eine Verletzung der Betriebsordnung einfach übersieht, statt sie zu billigen.

Ein besondere Gefahr für das Betriebsklima ist ausufernde Bürokratie, die den Fachmann daran hindert, das zu tun, was er besonders gut und gerne tut, sondern ihn vielmehr zwingt, sich mit Dingen zu befassen, die seine Arbeit behindern und den Erfolg des Unternehmens gefährden.

Bürokratie entsteht meist aus übertriebener Vorsicht und tiefem Misstrauen gegen alle Mitarbeitern, denen man nicht über den Weg traut. Das spürt ein jeder Mitarbeiter intuitiv. Damit ist die Bürokratie der Totengräber jedes guten Betriebsklimas.

Ein weiterer wichtiger Punkt ist die gegenseitige Offenheit im Betrieb. Man muss mit allen Mitteln verhindern, dass Intrigen und Positionskämpfe sich ausbreiten und das Betriebsklima vergiften. Im Allgemeinen liegt die Ursache in der Führungsschwäche des Chefs begründet, der seine Position absichern möchte durch die Methode des Ausspielens von Mitarbeitern gegeneinander, und in einer portionierten und selektiven Informationspolitik. Besser ist, offen das auf jeder Ebene Notwendige und sogar ein wenig mehr mitzuteilen. Jedem sollte auch deutlich gemacht werden, dass er niemals die Position seines Vorgesetzten erhalten wird, dass sich aber für ihn genügend Aufstiegschancen bieten werden. Über mögliche Aufstiegsszenarien muss mit jedem Interessenten offen gesprochen werden.

Zum Schluss dieses Abschnittes sei auf die Fürsorgepflicht des Unternehmens hingewiesen. Die besteht nicht für Drückeberger und Leute, die das Unternehmen ausnutzen, aber sehr wohl für die Mehrheit treuer Mitarbeiter, die mit dem und für das Unternehmen leben. Für diese Menschen muss das Unternehmen sich einsetzen, wenn sie in Schwierigkeit sind, und auch ansonsten besondere Leistungen, wie Beratungsdienste, anbieten.

Als etwas ganz Besonderes ist eine Ergebnisbeteiligung einzuschätzen, wie sie früher bereits erläutert wurde und im Anhang 5.1 behandelt wird. Eine solche Ergebnisbeteiligung verbessert das Betriebsklima jedoch nur, wenn sie richtig gehandhabt wird, ansonsten kann sie sogar das Gegenteil bewirken.

## 4.3  Beirat – Aufsichtsrat

Im deutschen Gesellschaftsrecht ist der Aufsichtsrat verankert als Aufsichtsorgan über den Vorstand. Für die GmbH ist er gesellschaftsrechtlich nicht zwingend vorgeschrieben, wohl aber im Mitbestimmungsgesetz, so dass zwischen Gesellschaftsrecht und Sozialrecht eine Diskrepanz besteht. Viele GmbHs haben daher keinen Aufsichtsrat. Er wäre auch ein etwas merkwürdiges Organ, da seine Kompetenzen gesetzlich nicht festgeschrieben sind; außerdem würde er den Einfluss der Eigentümer vermindern. Statt dessen haben viele GmbHs einen Beirat.

Praktisch wird eine Vielzahl von Unternehmen von Aufsichtsräten oder Beiräten kontrolliert. Immer wieder wird in der Wirtschaftspresse geklagt über die mangelnde Kontrolle, die solche Räte ausüben, die ja nicht in das Tagesge-

## Einzelfragen der Unternehmensführung

schäft eingreifen sollen. Sie müssen sich informieren durch Berichte des Unternehmens, durch gezielt aufgearbeitete Kennzahlen, Einzelgespräche im Unternehmen und Informationen bei Kunden und Lieferanten.

Häufig hat nicht der Eigentümer den Aufsichtsrat ausgewählt, sondern die Geschäftsleitung. Ein solcher Aufsichtsrat ist natürlich der Geschäftsleitung hörig und damit bequem und unkritisch.

Während meiner aktiven Zeit war ich in drei Beiräten, jedoch niemals parallel in mehreren Beiräten. Aus Zeitgründen habe ich einen zweiten Beirat immer abgelehnt.

Im ersten Beirat waren wir zu dritt, jeweils einer als Vertreter für einen Anteilseigner. Einer dieser Herren war der Wirtschaftsprüfer der Gesellschaft und gleichzeitig Berater eines Anteilseigners. Er hatte damit offenbar keine Probleme.

Die Geschäftsführung übte ein nicht zur Familie gehörender Herr aus, der 20 Prozent Anteile besaß und der das Unternehmen zu großem Erfolg geführt hatte. Er hatte meist klare, kaum zu verändernde Vorstellungen, die durchaus nicht immer mit meinen übereinstimmten. Ich habe in diesen Fällen meine Meinung gesagt, aber keinen Protest erhoben, wenn gegen mich entschieden wurde. Das Unternehmen lief gut, verdiente ausreichend Geld, und es handelte sich meist um nicht wesentliche Entscheidungen. Eigentlich war der Beirat überflüssig, weil der Geschäftsführer erfolgreich das tat, was er wollte, und sich nicht davon abbringen ließ.

Meine zweite Beiratsfunktion übte ich auf Wunsch des Besitzers im Aufsichtsrat eines renommierten Automobil-Zulieferbetriebes aus. Das Unternehmen hatte einen aus der Großindustrie bekannten Aufsichtsratsvorsitzenden, der von mittelständischer Industrie keine rechten Vorstellungen besaß. Das Unternehmen war in keiner guten Verfassung und wurde von der Geschäftsführung, insbesondere von deren Vorsitzenden, schlecht geführt. Nach einiger Zeit hatte ich mir durch Betriebsbesichtigungen und Vor-Ort-Gespräche die notwendigen Informationen besorgt und eine eindeutige Meinung gebildet. Der Besitzer wollte sich jedoch nicht von dem Vorsitzenden der Geschäftsführung trennen, deshalb schied ich aus. Die weitere Entwicklung des Unternehmens gab mir nach nicht allzu langer Zeit Recht.

Mein letzter Beirat war wieder in einem Familienunternehmen, in dem sich gerade ein Generationswechsel vollzog. Hier entstand mit der Zeit eine Situation, wo nicht mehr klar war, welche Verantwortung die Geschäftsleitung, die Familie und die einzelnen Beiräte trugen. Manches spielte sich in informellen

Grauzonen ab, aus denen heraus überraschende Entscheidungen bekannt wurden. Es menschelte so sehr, dass ich den Beirat verließ.

Diese Erfahrungen haben mich veranlasst, darüber nachzudenken, wie sich ein erfolgreicher Beirat zusammensetzen und wie er arbeiten sollte.

Im Wesentlichen müssten die Mitglieder Branchenkenntnisse auf unterschiedlichen Fachgebieten haben und mit dem Unternehmensstil vertraut sein. Der Beirat sollte aus maximal fünf Mitgliedern bestehen.

- Die wichtigste Verantwortung des Beirats bezieht sich auf die Auswahl einer fähigen Geschäftsleitung.
- Der Beirat darf nicht von der Geschäftsleitung berufen oder auch nur empfohlen werden.
- Der Beirat sollte sich auf eine nicht zu große Anzahl von Kennwerten untereinander und mit der Geschäftsleitung einigen, über die man das Unternehmen kontrolliert. Der Beirat sollte das Recht haben, die Erstellungssystematik der Kennwerte überprüfen zu lassen.
- Jedes Beiratsmitglied ist für einen gesonderten Geschäftsbereich zuständig, sollte dessen Tätigkeit genau beobachten und die notwendigen Informationsgespräche führen.
- Der Beirat kann spezielle Sonderuntersuchungen mit Mehrheit veranlassen.
- Es sollte ein besonderes Beiratsbüro eingerichtet sein, über das die Beiratsadministration läuft. Es sollte von dem üblichen Geschäftsbetrieb streng getrennt sein.

## 4.4 Prognosen

Eine Vielzahl von Entscheidungen eines Unternehmens beruht auf Prognosen, die im eigenen Hause erstellt oder von außen übernommen wurden. Private, halbstaatliche und staatliche Institutionen wetteifern untereinander, um die wirtschaftliche Zukunft vorauszusagen. Auch auf anderen Gebieten sind Kräfte am Werk, um den Bürgern vorauszusagen, was sich in Zukunft ereignen wird. Insbesondere in den sechziger Jahren stand die Zukunftsforschung in hoher Blüte. Man denke nur an die Bücher des Professors Kahn oder in Deutschland an das Buch des Physikprofessors Fuchs „Formeln zur Macht". Nicht eine der veröffentlichten Voraussagen traf ein; es sei denn, der Prophet hatte zufällig recht, wie das jedem normalen Menschen hin und wieder passiert.

Einzelfragen der Unternehmensführung

Damit unterscheiden sich die Zukunftsforscher keineswegs von ihren geschichtlichen Vorgängern, den Propheten der Bibel. Auch ihre Voraussage war nur treffend, so lange sie sich auf die eigene Lebenszeit bezog. Sobald der Prophet gestorben war, stimmte keine Voraussage mehr. Für alle Menschen bleibt also die Zukunft dunkel und verhangen, was man allenfalls bedauern, aber nicht ändern kann.

Selbst ausgesprochene Experten irren auf ihrem Spezialgebiet manchmal blamabel. So entstand im Jahre 1970 eine Studie der Firma Shell über den künftigen Weltenergiebedarf. Man verschätzte sich schon für die nächsten zehn Jahre um den Faktor 2. Man hatte einfach nicht mit einer Energiekrise gerechnet.

Noch viel ärger erging es den Politikern, die das Jahrhundertereignis „Deutsche Wiedervereinigung" regelrecht verschliefen. Die westdeutsche SPD erarbeitete noch 1988 mit großem Eifer Gemeinsamkeiten mit der SED, um vielleicht eine Möglichkeit der Annäherung zu finden. Damals war der wirtschaftliche Zusammenbruch der DDR mit den Händen zu greifen. Nur die Politiker standen im tiefen Dunkel.

Als ich 1986 ein paar Tage mit Freunden in Thüringen wanderte und dort Land und Leute studierte, war ich erschrocken, wie heruntergekommen das Land sich präsentierte, das sich zum Teil nur mit den Intershops versorgen konnte, also mit gespendetem oder geschenktem „Westgeld". Meine Rückfrage bei der zuständigen Bundesbehörde in Bonn erbrachte lächerliche Auskünfte, obgleich ich dann in einem Buch Zahlen fand, die sich nach der Wiedervereinigung als nahezu richtig herausstellten.

Man erkennt aus diesem Beispiel das Blockade-Problem fast aller Menschen, die sich nicht vorstellen können, dass das derzeit wirksame Muster jemals seine Geltung verlieren kann. Damit sind sie nicht in der Lage, objektiv wirksame Fakten richtig zu interpretieren.

Genau das ist auch der Grund, weil so viele ehemals erfolgreiche Unternehmen die Zukunft verschlafen. Es fehlt ihnen an Phantasie, Mut und Initiative, um sich auf neue Bedingungen konsequent umzustellen und damit überlebensfähig oder, besser noch, erfolgreich zu werden.

Ein Unternehmen hat sich in Kenntnis dieser Zusammenhänge besonders auf drei Fälle einzustellen:

Einzelfragen der Unternehmensführung

1. Kurze, meist nicht voraussehbare Marktschwankungen,

2. mittel- oder langfristigen Strukturwandel, wie er sowohl durch Erfindungen als auch durch Substitutionsprodukte eintreten kann, und

3. langfristige Marktveränderung durch Veränderung von Kundenbedürfnissen.

Zu 1. Es handelt sich hier unter anderem um Streiks, Ausfall eines Wettbewerbers und Schwierigkeiten bei einem größeren Kunden.

Man muss hier in zwei Richtungen vorsorgen. Zum einen sollte das Unternehmen so organisiert sein, dass kurzfristig die Produktion um ± 15 % oder besser noch um ± 25 % ohne hohe Zusatzkosten verändert werden kann, zum anderen sollte man sich möglichst nie von einem Kunden oder einem Lieferanten allein abhängig machen, um kritische Umsatzeinbrüche erst gar nicht entstehen zu lassen.

Sehr hilfreich zur Erreichung von Flexibilität sind heute die überall eingeführten Arbeitszeitkonten, die leider noch zu wenig genutzt oder falsch angewendet werden. Unangenehm sind immer Streiks. Ich habe schon an einer anderen Stelle gesagt, dass ein guter Unternehmensleiter ganz sicher in einem mittleren Unternehmen Streiks verhindern kann.

Zu 2. Deutlich schwieriger ist die Einstellung auf die mittel- und langfristige Entwicklung im Hinblick auf das Produkt, weil man immer auf unsichere Prognosen angewiesen ist.

Wichtig ist zunächst einmal, keiner noch so wissenschaftlich daherkommenden Prognose zu trauen. Sie kennen Ihren Markt und Ihre Bedingungen am besten. Tun Sie das, wovon Sie tief überzeugt sind. Seien Sie jedoch kritisch, und diskutieren Sie offen und progressiv mit Fachleuten alle Möglichkeiten am Markt und in der technischen Entwicklung. Wenn sich dabei keine K.o.-Kriterien zeigen, gehen Sie das Projekt an, das Ihnen vorschwebt. Sie sollten jedoch dafür Sorge tragen, dass Ihre Finanzen dazu ausreichen und die richtigen Kompetenzen zur Verfügung stehen.

Ein Projekt kostet erst großes Geld, wenn man sich auf die Serienfertigung zu bewegt. Man hat also vorher sehr wohl die Gelegenheit, ein breites Feld von Möglichkeiten, z. B. in Konzeptphasen, zu untersuchen, um dann weniger überzeugende Konzepte fallen zu lassen.

Sie sollten Ihren Weg konsequent verfolgen, wenn Sie eine gute, funktionelle und preiswerte Lösung erkennen. Noch vorhandene kleinere technische Mängel können ganz sicher im Laufe der künftigen Entwicklung behoben werden.

Was bei diesen Wegen bleibt, ist immer ein beachtliches Risiko, das allein wegen der Prognoseunsicherheit nicht zu vermeiden ist. Allein schon aus diesem Grunde benötigt ein Unternehmen eine erheblich höhere Verzinsung des Kapitals als dies bei festverzinslichen Wertpapieren üblich ist und eine entsprechende Eigenkapitalquote.

Zu 3. Es bleibt hier nur eine ständige, sorgfältige Beobachtung des Marktes und der Kunden. Ansonsten muss man solchen Entwicklungen begegnen, indem man sich an die Spitze der Evolution setzt und entsprechende Produktentwicklung betreibt und sich verhält wie auch schon unter Punkt 2. diskutiert.

## 4.5  Finanzen und Banken

Ein Unternehmen bedient einen Markt und steht in den meisten Fällen im Wettbewerb mit anderen, die gleiche oder ähnliche Produkte herstellen. Damit geht jedes Unternehmen ein beträchtliches Risiko ein und besitzt im Allgemeinen eine überschaubare Lebensspanne. Aus Sicherungsgründen sollte sich der Gewinn dieses Unternehmens deutlich über dem Ertrag von festverzinslichen Wertpapieren bewegen, und das Eigenkapital sollte höher liegen als bei 50 Prozent der deutschen Unternehmungen, die, wie die Deutsche Bundesbank in ihren jährlichen Berichten aufzeigt, ungenügend mit Eigenkapital ausgerüstet sind (die Hälfte der Gesellschaften im bearbeitenden Gewerbe hat weniger als 15 Prozent bezogen auf die Bilanzsumme).

Seit vielen Jahren erstaunt mich das Verhalten vieler Unternehmungen, die jährlich stolz ein beträchtliches Umsatzwachstum ausweisen, jedoch ganz offensichtlich Schwierigkeiten haben, einen entsprechenden Gewinn auszuweisen, um den Umsatzanstieg finanzieren zu können. Dadurch reduziert sich die Eigenkapitalquote mehr oder weniger schnell und kann zu guter Letzt kritisch werden. Wenn eine solche Entwicklung über mehrere Jahre geduldet wird, zeigt das ein eindeutiges Versagen der Geschäftsleitung.

Es gibt einen eindeutigen Zusammenhang zwischen Unternehmens-Wachstum und Gewinn, der von folgenden Voraussetzungen ausgeht: Das Eigenkapital sollte bei 40 Prozent der Bilanzsumme stabilisiert werden und sich mit 10 Prozent vorab verzinsen. Der Rest dient nach Bezahlung der Steuern der Anpassung des Eigenkapitals.

## Einzelfragen der Unternehmensführung

Die Abhängigkeit ist in folgender Tabelle dargestellt:

| Mindestgewinn vor Steuern in Prozent vom Umsatz | | | | | |
|---|---|---|---|---|---|
| Umsatzwachstum | % | 15,0 | 10,0 | 5,0 | 2,5 |
| Mindestgewinn vor Steuern | % | 10,0 | 8,0 | 6,0 | 5,0 |

Bitte vergleichen Sie die Zahlen der Tabelle mit Zahlen Ihnen bekannter Unternehmen, und Sie werden erkennen, wie häufig Unternehmen gegen diese Grundforderung verstoßen und eine unsolide Wachstumspolitik betreiben. Dies erstaunt mich auch deswegen, weil fast durchweg hochkarätige Bankenvertreter in den Beiräten oder Aufsichtsräten agieren. Die Bankenvertreter mögen große Experten auf dem Gebiet von Geld, Kapital und Finanzierungsfragen sein, aber ob die meisten von Industrie und Gewerbe so viel verstehen, um unternehmerischen Rat geben zu können, kann man mit einiger Berechtigung bezweifeln. Das Problem wird noch etwas deutlicher, wenn man sieht, wie viel verschiedene Räte diese Bankvertreter beglücken. Über die zweifelhafte Qualität einer solchen Multiberatung kann man sich kaum wundern. So kommen auch riesige Fusionen und Zukäufe zustande, die sich schönen Schlagworten unterordnen und rationeller Überlegung nur schwer zugänglich sind.

Ein kluger Unternehmensleiter versucht, den Einfluss der Banken auf sein Unternehmen dadurch zu begrenzen, dass das Eigenkapital des Unternehmens mindestens 50 Prozent höher liegt als die Summe aller Bankkredite. Notfalls muss er diese Relation herstellen, indem das Unternehmen zeitweilig auf Wachstum verzichtet und sich konsolidiert, was aus meiner Erfahrung vielen Unternehmen in mehrfacher Hinsicht gut tun dürfte.

Im Prinzip ist die Bank ein Zulieferer, den man auch entsprechend behandeln sollte. Nach meiner vorher aufgestellten Regel sollte die Stammbank zwei Drittel des Finanzierungsvolumens abwickeln und das restliche Drittel eine zweite Bank. Gleichzeitig sollten mit einer dritten Bank einzelne Transaktionen eingeleitet werden, um gegebenenfalls eine Ausweichmöglichkeit zu besitzen. Auf diese Weise wird man gute Konditionen erhalten, man hat Ausweichmöglichkeiten und kann gegebenenfalls drei Banken mit verschiedenen Schwerpunkten einsetzen.

Ein sehr wichtiges Thema ist die Spekulation mit Währungen. In einem normal produzierenden Unternehmen sollte davon Abstand genommen werden, weil die entstehenden Risiken groß und kaum überschaubar sind. Das gilt nicht für

Devisen-Absicherungen von festgebuchten Exportaufträgen. Diese gehen natürlich in Ordnung, und der scheinbare Verlust von Vorteilen aus entsprechenden Währungsveränderungen darf kein Grund des Ärgers sein. Wichtig ist, dass eine klare Strategie vorliegt und nicht durch ständige Änderung ein nicht überschaubares Risiko eingegangen wird. Diese Strategie hängt natürlich von der Risikobereitschaft des Unternehmers ab, die bei einem Eigentums-Unternehmer anders sein wird als bei einem GmbH-Geschäftsführer.

Wichtig erscheint es, bei kurzfristigen hohen Währungsschwankungen, insbesondere Abwertungen, rechtzeitig zu handeln. Meist ist eine solche Situation aus dem Ausland besser zu erkennen als im Inland. Man sollte sich rechtzeitig, noch weit vor der eigenen Aktion, über die offen stehenden Wege, insbesondere die juristischen Fallstricke, informieren.

## 4.6 Kauf und Verkauf von Unternehmungen

Im Allgemeinen fällt ein besonders hoher Finanzierungsbedarf beim Kauf von Unternehmen an, wo dann auch in aller Regel Banken eingeschaltet sind. Wird die Fremdfinanzierung sehr hoch, sollte man sich immer die Frage stellen, ob man dieses Geschäft unbedingt machen muss. Es gibt ohne Zweifel Situationen, wo aus Marktgründen, oder auch allgemeinen unternehmerischen Überlegungen der Zukauf trotzdem sinnvoll erscheint und man kurzfristig eine niedrige Eigenkapitalquote akzeptieren darf. Man kennt jedoch viele Beispiele, wo solche zunächst unternehmerischen Gründe nach einiger Zeit recht dürftig aussahen und die Unternehmen vor allen Dingen daran scheiterten, das neu erworbene Unternehmen zu integrieren.

Bei dem Erwerb eines Unternehmens ist ein schwieriger Punkt der zu zahlende Preis. Man kann diesen statisch berechnen nach den vorhandenen Kapital-Substanzen oder dynamisch nach der Ertragslage. Beide Methoden ergeben keine eindeutigen Werte. Das Entscheidende für die Preisfindung ist die Ertragslage des Unternehmens in der nahen Zukunft, also in den nächsten drei bis fünf Jahren. Laut den vorhergehenden Kapiteln sind jedoch Prognosen meist zweifelhaft und damit auch der künftige Wert des zu kaufenden Unternehmens.

Sofern das Unternehmen gekauft wird, erhält der Käufer Kapital, das so genannte Eigenkapital, und Ertrag, den jährlichen Gewinn des Unternehmens. Der Vertreter der Substanzwerte redet von stillen Reserven, die der Verkäufer bezahlt haben möchte und natürlich sehr hoch einschätzen wird. Der Dynamiker kapitalisiert den Gewinn und vergleicht ihn mit Zinseinkünften aus festverzinslichen Wertpapieren. Im Grunde läuft alles auf das Gleiche hinaus, so dass

## Einzelfragen der Unternehmensführung

man sich am einfachsten dem Dynamiker anschließt. Basis dessen Überlegungen ist der EBIT-Wert (*e*arnings *b*efore *i*nterest and *t*ax = Gewinn vor Zinsen und Steuern). In einer Kauf- und Verkaufsverhandlung werden auf diesen Wert Faktoren gerechnet, die in etwa zwischen 6 und 10 liegen dürften. Von unten gerechnet existiert also eine Preisspanne von mehr als 50 Prozent.

Stille Reserven und künftige Erträge sind ausgesprochen unsicher und hängen von Faktoren ab, die der künftige Erwerber stark mitbestimmt, und auch von dem, was der Verkäufer an immateriellem Gut hinterlassen hat. Außerdem sind die Grundhaltungen von Verkäufern und Käufern von Beginn an festgelegt. Der Verkäufer möchte so teuer wie möglich und der Käufer so preiswert wie möglich das Geschäft tätigen.

Im Allgemeinen kennt der Verkäufer sein Unternehmen sehr gut und weiß, warum er gerade jetzt verkauft. Er hat vielleicht erkannt, dass sein Unternehmen den Zenit der Entwicklung überschritten hat und es daher heute noch einen Preis erzielt, der in Zukunft utopisch sein wird. Aus diesem Grund muss der Käufer immer dann besonders vorsichtig sein, wenn das zu erwerbende Unternehmen nicht im Bereich seiner Kernkompetenz liegt oder sogar außerhalb der Branche. Viele schlimme Beispiele sind Zeugen davon, wie leicht Menschen sich irren können.

Beim Kauf eines Unternehmens könnte man wie folgt vorgehen:

Auf Grund der Gewinnsituation der letzten drei Jahren und der geschätzten Ergebnisse der nächsten drei Jahre wird ein Kaufpreis von 7 EBIT als Basiswert gerechnet. Dieser Wert ist durch folgende Werte zu korrigieren:

- überinvestierte und später besser auszulastende Anlagen und Maschinen
- unbrauchbare Anlagen, Maschinen und Vorräte
- gemietete oder geleaste Maschinen und Anlagen
- in den letzten fünf Jahren unterlassene Investitionen
- uneinbringbare Forderungen
- sonstige Risiken und Zahlungsverpflichtungen, die nicht zurückgestellt wurden
- Kosten für den eventuellen Abbau überzähliger Arbeitskräfte
- Über- oder Unterausstattung mit Eigenkapital.

Mit diesen Korrekturwerten wird der Unternehmensbasispreis auf den akzeptierbaren Preis gebracht, der jedoch einer zweiten Korrektur unterzogen wer-

## Einzelfragen der Unternehmensführung

den muss. Es handelt sich hier um „weiche" Faktoren, die für eine Gewichtung des Verkaufspreises ganz entscheidend sein können:

- Sind die Produkte marktgerecht und auf aktuellem Entwicklungsstand?
- Handelt es sich um einen Wachstumsmarkt?
- Welche Position besetzt der Wettbewerb, und hält er einen durch Patente geschützten Wettbewerbsvorsprung?
- Zeigen sich auch nach kritischer Betrachtung noch Synergieeffekte?
- Sind Integrationsprobleme zu erwarten?
- Kann man ein erstklassiges Management übernehmen oder stehen ausgewiesene eigene Führungskräfte zur Verfügung?
- Ist das Unternehmen rational organisiert und technisch auf hohem Niveau?
- Wurde in den letzten Jahren ausreichend und richtig investiert?
- Wie ist das wirtschaftspolitische Umfeld des Unternehmens einzuschätzen?
- Wie ist der Altersaufbau des Personals?

Um einen raschen Überblick zu erhalten, kann man wie folgt vorgehen und den einzelnen Punkten aus der Liste quantitative Werte zuweisen. Man belegt die einzelnen Fragen mit Faktoren:

1,000  schlecht

1,015  befriedigend

1,030  gut

1,040  ausgezeichnet

Die vergebenen Faktoren zu allen Fragen werden dann miteinander multipliziert und der Gesamtfaktor mit dem Unternehmenskorrekturwert.

Ergäben alle Fragen im Durchschnitt den Wert befriedigend = 1,015, wäre der Gesamtfaktor $1,015^{10} = 1,16$.

Sofern der erste Korrekturwert zu 7,2 EBIT festgestellt wurde, würde der zweite Korrekturwert in diesem Falle $1,16 \cdot 7,2$ EBIT = 8,35 EBIT betragen.

Diese Beurteilungsmethode ergibt wahrscheinlich einen angemessenen, aber wahrscheinlich nicht den am Schluss gültigen Verkaufspreis. Der entsteht aus der Marktlage und dem Geschick des Käufers oder Verkäufers.

## Einzelfragen der Unternehmensführung

Zunächst wird ein kluger Verkäufer immer bemüht bleiben, gleichzeitig zwei ernsthafte Interessenten zu finden, möglichst Unternehmen, die im heftigen Wettbewerb stehen. Ein Verkäufer, der nur einen Interessenten findet, wird niemals den besten Preis erzielen.

Die Lage ist ein wenig anders, wenn der Verkäufer nicht unbedingt verkaufen will, sondern nur auf Ansprache reagiert. In einem solchen Fall kann der Verkäufer sogar den besten Preis erzielen, sofern der potenzielle Käufer sich hohe Synergieeffekte ausrechnet oder eine attraktive Produkterweiterung anstrebt.

Bei der obigen Bewertung erhält man zwar einen Preis, aber er kann immer noch falsch sein. So kann eine der weichen Beurteilungsfragen eine K.o.-Antwort enthalten, und auch in der Bilanz können Gefahren drohen. Hier gehen die Gefahren zum einen von der Bewertung des Anlagevermögens aus, zum anderen vom so genannten „good will". Beim Anlagevermögen drohen Gefahren, wenn durch Bilanzierungstaktik oder weil das Unternehmen vor kurzem schon einmal verkauft wurde, der Buchwert überhöht ist, also die tatsächlich stillen Reserven negativ sind. Sie sehen das am deutlichsten, wenn man das Verhältnis Anlagevermögen/Umsatz mit üblichen Branchenwerten vergleicht. Etablierte Bearbeitungsfirmen liegen im Durchschnitt unter 30 Prozent vom Jahresumsatz.

Beim Auftreten von „good will" ziehen Sie am besten gleich den good-will-Betrag vom Eigenkapital ab und rechnen dann weiter.

Ganz wichtig ist es, den ermittelten Kaufpreis wie auch die Bilanzrelationen mit börsennotierten Unternehmen der gleichen oder ähnlicher Branche zu vergleichen, indem man die Werte normiert. Da ein börsennotiertes Unternehmen immer höher bewertet sein dürfte als ein nicht notiertes, schon wegen des sehr viel leichteren Ein- und Ausstieges, hat man in Verbindung mit den vorherigen Methoden einen guten Maßstab, wo der Marktwert des Unternehmens liegen dürfte.

**Due diligence**

Beim Kauf eines Unternehmens kann man sich nie ganz sicher sein, ob die Bücher korrekt und in kontinuierlicher Bewertung aller Wertgegenstände geführt wurden. Aus diesem Grunde glauben viele Firmenhändler mit einer „due diligence" – also eine ausführliche Beurteilung aller zum Unternehmen bestehenden Unterlagen – alle Zweifel ausräumen zu können. Ich bin inzwischen außerordentlich skeptisch, da ich selber und viele andere auch bei diesen Fragen schon hereingefallen bin. Es geht letzten Endes immer um Bewertungsfragen, langfristige Verträge und nicht entdeckte Risiken, also zum Teil um Fragen, die zum Zeitpunkt des Übertrages nicht immer zu erkennen sind.

Einzelfragen der Unternehmensführung

Vor Jahren kauften wir ein kleineres Unternehmen, das mehrere Jahre nicht besonders ertragreich gewesen war. In der Bewertung waren wir uns schnell einig. Eine gewisse Rolle spielten dabei die Vorräte, die bei der Inventur überraschend hoch erschienen. Ich schickte unseren Wirtschaftsprüfer zu dem Unternehmen, der mir signalisierte, alles sei in Ordnung, und wir zahlten den Kaufpreis. Das war falsch, weil dem Wirtschaftsprüfer entgangen war, dass die Eigentümer den letzten Hosenknopf bewertet hatten, der in einer früheren Bewertung nicht erfasst war; lauter Kleinstpositionen, die er nicht überprüft hatte.

Man sollte eine due diligence nur auf das Wesentliche beschränken und sich ansonsten Zusicherungen geben lassen der folgenden Art:

- Neben den vorgelegten langfristigen Verträgen existieren keine weiteren.
- Alle steuerlich möglichen Abschreibungen wurden genutzt.
- Alle zugesagten Pensionszusagen wurden zurückgestellt.
- Es sind keine Ingangsetzungs- oder Aufwertungsaufwendungen aktiviert worden.
- Alle erkannten Geschäftsrisiken wurden angemessen zurückgestellt.

Besonders wichtig erscheinen nach der Bewertung des Unternehmens zwei Problemkreise: langfristige Verträge, insbesondere Verkaufsabschlüsse mit Kunden, und schwebende Gewährleistungs-Risiken.

Darauf sollte man sich bei der „due diligence" konzentrieren. Es ist allgemein bekannt, dass ein potenzieller Verkäufer gerne, um einen erfolgreichen Auftragseingang vorstellen zu können, Risikoaufträge hereinnimmt, die der Käufer dann später mit entsprechenden Verlusten erfüllen muss.

Inzwischen sind die Preise für Unternehmen wieder realistisch geworden, nachdem in den letzten Jahren für Unternehmen Preise gezahlt wurden, die manchmal um ein Vielfaches die Summe überschritten, die mit den erläuterten Bewertungsmethoden ermittelt worden wären. Auch ein noch so starker zukünftiger Marktzuwachs kann solche extremen Bewertungen nicht erklären, die meistens die betreffenden Käufer später in große Schwierigkeiten brachten.

Wie schwierig und komplex eine Unternehmensbewertung ist, zeigen schon die DAX-Werte, deren Kurs-Gewinn-Verhältnis heute zwischen 9 und 75 schwankt und sich auf den Gewinn vor Steuern bezieht. Es gehen also ganz offensichtlich eine Menge Faktoren in jede Bewertung ein, die mit dem gegenwärtigen Gewinn oder der vorhandenen Substanz nur wenig zu tun haben.

## 4.7 Spin-off/MBO

Wohl jedes Unternehmen entwickelt gelegentlich technische oder organisatorische Lösungen für ein anstehendes Problem, die für eine Vielzahl von Unternehmen interessant sein dürften. Hinzu kommt, dass mit der Zeit die Pflege, die Weiterentwicklung oder Neukonzeption dieser Lösungen auf Grund neuer Erkenntnisse schwierig wird, weil das Unternehmen auf diesem Nebenkriegsschauplatz nicht genügend Potenzial hat oder bereitstellen will.

In solchen Fällen bietet es sich an, dieses Spezialgebiet aus dem Unternehmen herauszulösen und zu verselbstständigen und damit den Markt außerhalb des Unternehmens zusätzlich zu erschließen.

Ähnliche Situationen finden sich, wenn durch Eigenentwicklung oder Zukauf ein begrenzter Produktbereich zur Verfügung steht, der nur einen beschränkten Markt hat, der mit dem Hauptmarkt nicht zu verbinden ist. Auch in diesem Fall ist eine Überlegung angezeigt, diesen Produktbereich abzuspalten.

Solche „spin-offs" zu organisieren ist nicht ganz einfach, auch bei einer interessanten Problemlösung. Zunächst ist nicht unbedingt sicher, ob und in welcher Form diese Problemlösung in ein anderes Unternehmen passt. Außerdem muss die Problemlösung verkaufsfähig gemacht werden. Software und Hardware müssen stabilisiert und reparierbar vorliegen. Die Problemlösung sollte neben allen technischen Vorzügen attraktiv und wartungsfreundlich erscheinen.

Um das zu erreichen, muss in aller Regel in die schon existierende Problemlösung Geld gesteckt werden, das im Allgemeinen in ein Projektmanagement fließt. Man muss einen fähigen Projektleiter und eine Mannschaft finden, die bereit und hoch motiviert sind, das Thema anzugehen. Wie üblich, sollte auch dieses Projekt in drei bis vier Stufen eingeteilt werden (siehe Projektarbeit im Anhang 5.4), damit es mit überschaubaren Kosten abgebrochen werden kann, sofern die gesetzten Ziele nicht erreichbar erscheinen. Im Erfolgsfalle wird die Projektmannschaft in die Freiheit des Marktes entlassen, mit dem ausdrücklichen Auftrag, das Hausprojekt weiter zu betreuen. Wie die Finanzierung und die gesellschaftsrechtlichen Fragen gelöst werden, wird sehr stark an dem Einzelfall hängen (Personen, Markt, Projekt).

Vor fast 25 Jahren hatte ich eine Idee, wie im Rahmen der Fertigungssteuerung und der stark schwankenden Kundenabrufe die Vorratsbestände zu minimieren wären. Auf dieser Basis erarbeiteten wir das erste bei uns funktionierende PPS-System (Produktionsplanungssystem). Die Vorräte sanken sehr schnell

Einzelfragen der Unternehmensführung

um 50 Prozent, und wir hatten nur noch ganz wenige Disponenten und keine Terminjäger mehr.

Es lag nahe, mit diesem erfolgreichen System an den Markt zu gehen, wo damals so etwas fehlte. Ich fand jedoch keinen überzeugenden Projektleiter und traute mich nicht, eine solche Aufgabe an Leute zu übertragen, die von auswärts eingestellt wurden. Eigentlich schade, da wir dem damaligen Markt gut zehn Jahre voraus waren.

Ein weiteres, ähnliches Thema war vor vielen Jahren ein System, mit dem wir unsere Toleranzen in der Fertigung um zwei Drittel reduzieren konnten und außerdem die Abmaße mittenzentriert anordneten. Wir hatten auf der Grundlage umfangreicher Simulationen entsprechende Erfassungsgeräte und die dazugehörige Software entwickelt. Wir hatten wieder erstklassige Fachleute, aber keine Unternehmer und Verkäufer. Also stellte ich erst gar kein Projekt auf, sondern rief einen alten Schulfreund an, der eine Messgeräte-Fabrik betrieb. Der jedoch schaute sich unser System noch nicht einmal an.

Es ist anzunehmen, dass es in jedem Unternehmen ähnliche Projekte gibt, die man für einen bestimmten Markt aufarbeiten kann. Meistens fehlen die Personen, die den Willen und das Vermögen haben, so etwas zu gestalten, aber auch ein Unternehmen, das bereit ist, die erste Hilfe und die Anschubfinanzierung zu riskieren.

Über MBO gibt es eine Menge Literatur, so dass man dazu nur noch einiges Grundsätzliches sagen sollte. In den meisten Fällen bestimmt sich das MBO vom Markt her, der für das Stammunternehmen wenig interessant erscheint.

Wenn ein oder mehrere Manager dieses abzuspaltende Unternehmen in Besitz bekommen, nachdem sie es korrekt bezahlt haben, ist die Übernahme meist nur finanziell zu verkraften, wenn innerhalb überschaubarer Zeit der Wert des Unternehmens entscheidend verbessert werden kann. Da die Übernehmer in aller Regel kein eigenes Geld haben, erscheint das als ein unbedingtes Muss. Ausnahmen beruhen durchweg auf Glücksfällen, auf die man rationell nicht bauen kann.

Das abtretende Unternehmen sollte über mehrere Jahre mit dem MBO über eine Minderheitsbeteiligung verbunden bleiben, um sowohl ideellen als auch finanziellen Halt zu bieten. Es sollte sich jedoch keinesfalls in die Geschäftspolitik einmischen.

Ein wachsendes Problem in der deutschen Wirtschaft sind kleinere Unternehmen, die für den derzeitigen, alt werdenden Inhaber keinen Nachfolger finden. Hier erscheint das Instrument MBO hervorragend geeignet, solche Probleme zu lösen, da auch anzunehmen ist, dass derartige Betriebe deutliches Verbesserungspotenzial aufweisen werden.

Man kann sich bei der Übernahme solcher Betriebe unterschiedliche finanzielle Lösungen vorstellen, zwischen Ursprungsbesitzer, Neubesitzer, Bank und weiteren Finanziers. Entscheidend sind die steuerlichen Bedingungen, die beteiligten Persönlichkeiten und die Qualität des zu übertragenden Geschäftes. Die Übernahme müsste immer in eine Art Mietkauf auslaufen, die es am Schluss dem Neubesitzer erlaubt, den Betrieb vollständig zu übernehmen.

Die ganze Übernahmeproblematik wird durch den Staat besonders erschwert, weil durch Verordnungen, Gesetze, Richtlinien, Sozialabgaben und Steuern das Leben eines jeden Selbstständigen erheblich schwieriger gemacht wurde. Manche sind erstaunt, dass sich noch Menschen finden, die bereit sind, dieses Risiko auf sich zu nehmen und der Staatsbürokratie zu trotzen.

## 4.8 Personalberater

Eigentlich sollte es einfach sein, gute Mitarbeiter zu finden. Man kontaktiert einen Personalberater, der hochprofessionell den betreffenden Mitarbeiter herbeizaubert. Leider ist das nur schöne Theorie, wie die vielen Nachfolgeprobleme in Mittelstandsfirmen deutlich machen.

Zunächst ist die Auswahl an fähigen Mitarbeitern begrenzt, außerdem passen sie nicht zu jeder Firma. Zudem findet man in der Berufsgruppe Personalberater eine Menge schwarzer Schafe. (Man hat manchmal den Eindruck: mehr als in anderen Berufsgruppen.) Aber auch bei renommierten Beratern liegt die Trefferquote nicht über 50 Prozent.

Als ich im Beirat eines mittelgroßen Unternehmens war, ging es um den Nachfolger des Gesellschafter-Geschäftsführers, der das Unternehmen aus kleinen Anfängen und als Minderheitsbeteiligter hervorragend aufgebaut hatte.

Für die Aufgabe wurde eine der bekanntesten europäischen Beratungsgesellschaften gefunden. Nach einigem Hin und Her präsentierte man einen Dr.-Ing., den ich sehr gut kannte, weil er in einer großen, über Kapital mit unserem Unternehmen verbundenen Firma der Technische Leiter gewesen war. Er war ein exzellenter Techniker, aber auch ein äußerst schwieriger Charakter, der nach meiner Meinung für diese Aufgabe nicht in Frage kam. Die Berater kämpften

## Einzelfragen der Unternehmensführung

um diesen Kandidaten, und als der Geschäftsführer dann noch eine positive Stimme eines Technikers vernahm, war der Herr eingestellt. Seine Tätigkeit war dann eine Katastrophe, und nach einem Jahr war er wieder draußen.

Die Erfahrung lehrt, dass man keinem Berater bedingungslos trauen darf. Man sollte immer kritisch an die Frage herangehen, ob Kandidat und Position zueinander passen. Um das zu entscheiden, benötigt man eine Menge Erfahrung und viele Information rund um die bisherige Position des Kandidaten (von oben, aus der gleichen Ebene und von unten) sowie auch über seinen beruflichen Werdegang. Neben dem fachlichen Können muss man etwas wissen über Führungsfähigkeit, Kommunikationsfähigkeit, Belastbarkeit, Einsatzfreude und Vorbild. Vor allem ist wichtig, ob er darauf verzichtet, sich gegenüber anderen und dem Unternehmen unstatthafte Vorteile zu verschaffen (z. B. Privataufwendungen über Geschäftskosten abrechnen und Ähnliches).

Man erkennt, es handelt sich bei der Kandidatensuche um ein schwieriges Geschäft, was sicher eines ausgemachten Profis bedarf. Ich bin voller Hoffnung, dass es tatsächlich eine kleine Anzahl dieser Profis gibt. Ich bedaure gleichzeitig meine Unfähigkeit, einen solchen Experten gefunden zu haben.

Ein Bewerber für eine Position in einem mittelgroßen Betrieb darf niemals länger als zehn Jahre in einem Großkonzern gearbeitet haben. Er wird sich in der ungewohnten Umgebung kaum zurechtfinden. Das haben wir mehrmals leidvoll erfahren müssen.

Gefährlich sind auch Job-Hopper, die immer kürzer als zwei Jahre in einer Position waren, die vielleicht sogar eine Menge auf den Weg gebracht, aber niemals kontinuierliche Aufbauarbeit geleistet haben. Man muss also überall kritisch hinschauen und nicht der Darstellungskunst von Bewerbern und Beratern erliegen.

Immer noch am besten ist es, Mitarbeiter aufsteigen zu lassen und z. B. die ersten Stufen der neuen jungen Mitarbeiter so auszuwählen, dass sich ein breites Begabungspotenzial entfalten kann. Leider wird in einem einzelnen Unternehmen das Begabungspotenzial immer begrenzt bleiben gegenüber dem weiten nationalen oder internationalen Markt, so dass der Personalberater auch in Zukunft unentbehrlich sein wird.

# 5 Anhang

## 5.1 Ergebnisbeteiligung

Bei allen wirtschaftlichen Tätigkeiten stehen im Zentrum des Handelns die Bemühungen, der kurz-, mittel oder langfristig einen Ertrag zu erzielen. Im Allgemeinen bekommt ausschließlich der Eigentümer, der in vielen Fällen auch der Geschäftsführer des Unternehmens sein mag, diesen Ertrag und nicht zu einem gewissen Teil auch die Mitarbeiter, die in vielfältiger Form Wesentliches zu diesem Ertrag beisteuern. Verständlich wäre es daher, die Mitarbeiter an dem Ertrag teilnehmen zu lassen, möglichst in dem Maße, wie sie darauf Einfluss hatten.

Nach allen Erfahrungen scheint es weniger gut, die Mitarbeiter an dem Eigentum zu beteiligen, da dadurch Haftungsfragen, die Verfügbarkeit und die Kreditfähigkeit für das Unternehmen schwierig werden.

Theoretisch gibt es viele Möglichkeiten solche Ergebnisbeteiligungssysteme zu gestalten. Es sollten fünf Forderungen durch die Ergebnisbeteiligung erfüllt werden:

1. Widerspiegelung des persönlichen Einflusses auf den Ertrag

2. Strenge Abhängigkeit vom Ertrag

3. Alle bisherigen Sonderzahlungen werden damit ersetzt

4. Eine angemessene Kapitalverzinsung wird nicht gefährdet

5. Möglichst zeitnahe Auszahlung zum Ergebniszeitraum

Im Folgenden wird eine Lösung vorgeschlagen, die die Personalkosten und den Rohertrag misst und die Kapitalkosten sowie die sonstigen betrieblichen Kosten nach den Erfahrungssätzen der Praxis pauschaliert. Die Kapitalkosten entstehen im Allgemeinen nach Zustimmung durch die Eigentümer, so dass die Mitarbeiter hier nur einen sehr begrenzten Einfluss haben, was bei den sonstigen betrieblichen Kosten nicht zutrifft. Diese Pauschale wird mit 0,15 Prozent von der Betriebsleistung vorgeschlagen und hat sich über mehr als zehn Jahre sehr bewährt.

Im Übrigen ist es vielleicht nicht entscheidend, wie im letzten Detail vorgegangen wird, wenn nur die obigen fünf Forderungen weitgehend erfüllt werden und die wichtigsten Kostenblöcke, Personalkosten und die Zukaufkosten,

Anhang

berücksichtigt werden. Außerdem braucht das genaue Unternehmensergebnis so nicht offen gelegt zu werden.

Der ermittelte Ertrag entspricht in etwa dem Begriff EBIT (*e*arnings *b*efore *in*terest and *t*ax, also Gewinn vor Zinsen und Steuern). Darin sind weder Steuern noch Kapitalzinsen enthalten.

Mit den obigen Festlegungen gilt, sofern folgende Größen festgelegt werden, pro Jahr:

$$\text{EBIT} \approx \text{Bl} - M - P - 0,15\text{Bl}$$

Bl        Betriebsleistung
M        zugekaufte Leistungen
P        Personalkosten
0,15 Bl    sonstige Kosten (pauschaliert)

Damit wird die persönliche Ergebnisbeteiligung festgelegt als:

$$F \approx a \cdot \frac{\text{EBIT}}{\text{Bl}} \cdot G_0$$

$G_0$     Grundgehalt
F      Ergebnisbeteiligung
a      persönlicher Bewertungsfaktor

Die Ergebnisbeteiligung bestimmt sich allein aus drei Größen:

1. dem spezifischen Gewinn, der über die realen Werte von Zukauf, Personalkosten und Betriebsleistung bestimmt wird
2. dem Bewertungsfaktor a, der die persönliche Einstufung festlegt
3. dem Grundgehalt, das nach Leistung und Marktwert zugeteilt wird

Da keine Sonderzahlungen irgendeiner Art mehr bezahlt werden, ist es eigentlich gleich, ob statt des Jahresgrundgehaltes das Monatseinkommen gewählt wird, weil sich dadurch nur der persönliche Bewertungsfaktor entsprechend ändert.

In fast allen Unternehmungen wird für jedes Quartal ein Abschluss erstellt, bei dem die oben genannten Zahlen aus der Gewinn- und Verlustrechnung vorliegen. Damit sind auch die notwendigen Grundlagen für die Berechnung der Ergebnisbeteiligung verfügbar.

Die Ergebnisbeteiligung kann man daher quartalsweise, halbjährlich oder jährlich auszahlen. Den Lohnempfängern kann sogar die Ergebnisbeteiligung auf den Stunden-Grundlohn zugerechnet werden, indem im laufenden Quartal das Ergebnis realisiert wird, das für das abgelaufene Quartal errechnet wurde. Die Abrechnung läuft dann immer ein bis drei Monate hinter der Gegenwart her.

Neben einigen abrechnungstechnischen Fragen besteht noch folgendes Problem:

Wie wählt man den Bewertungsfaktor a?

Man kann ihn linear, degressiv oder progressiv vom EBIT/Bl abhängig machen. Hier wird angenommen, dass man sich für linear entschieden hat.

Als Beispiel ist in einer Hierarchie eines Unternehmens der Faktor a gewählt.

- Geschäftsleitung 8,0
- Führungskräfte 6,0
- Experten 4,5
- Schlüsselkräfte 3,5
- Spezialkräfte 2,5

Um zu sehen, in welcher Höhe die Ergebnisbeteiligung liegen wird, sollte man das Ergebnis EBIT/Bl in vier Klassen (0,03/0,075/0,12/0,175) variieren.

In Abhängigkeit von dem Grundgehalt würden dann jährlich folgende Ergebnisbeteiligungen fällig:

| Geschäftsleitung | 8,0 | 0,240 | 0,600 | 0,96 | 1,40 |
|---|---|---|---|---|---|
| Führungskräfte | 6,0 | 0,180 | 0,450 | 0,72 | 1,05 |
| Experten | 4,5 | 0,135 | 0,338 | 0,54 | 0,79 |
| Schlüsselkräfte | 3,5 | 0,105 | 0,263 | 0,42 | 0,61 |
| Spezialkräfte | 2,5 | 0,075 | 0,188 | 0,30 | 0,44 |
| **EBIT/Bl in %** | | **3,000** | **7,500** | **12,00** | **17,50** |

Aus der oben stehenden Tabelle ist zunächst einmal die angenommene Gewinnsituation erkennbar (letzte Reihe).

Anhang

Ein Vergleich mit den vorliegenden Erhebungen der Deutschen Bundesbank für das Jahr 1998 weist aus, dass 50 Prozent der Betriebe im westdeutschen verarbeitenden Gewerbe weniger als 2,7 Prozent Umsatzrendite auswiesen. Dies würde in etwa der Gewinnlage der ersten Spalte entsprechen. Bei dieser Gewinnlage würde die Geschäftsleitung etwa 25 Prozent ihres Grundgehaltes bekommen und die Schlüsselkräfte 10 Prozent. Bei einem Gewinn von 7,5 Prozent, mehr Gewinn haben nur 25 Prozent der untersuchten Betriebe, steigen die Ergebnisbeteiligungen für alle um das 1,5-fache und erreichen damit eine für alle interessante Größenordnung. Bei einer Gewinnlage von 17,5 Prozent liegt man in einem extremen Bereich, wo auch eine außerordentliche Ergebnisbeteiligung verständlich würde. Dies umso mehr, da die Ergebnisbeteiligung wieder rückwärts in die Personalkosten einfließt, die mit als Basis der Berechnung dienen und damit niemals außer Kontrolle geraten kann.

Das System ist so angelegt, dass die höheren Ebenen bei gleicher Gewinnlage einen größeren Ergebnisbeitrag erhalten. Das begründet sich durch den in diesen Bereichen sehr viel stärkeren Einfluss auf das Unternehmensergebnis. Daher sollten diese höheren Ebenen möglichst erst ihren Beitrag zu der Kapitalverzinsung leisten, bevor die Ergebnisbeteiligung einsetzt. In der Formel lässt sich das einfach dadurch erreichen, dass man die Konstante für Kapital- und sonstige Betriebskosten auf 0,17 statt 0,15 verändert. Die Formel würde dann lauten:

$$EBIT = Bl - M - P - 0,17\, Bl$$

Nach meiner Auffassung sollte eine solche Formel nur bei den oberen zwei Gruppen angewandt werden.

Bei der Festlegung der Grundgehälter sollte folgender Grundsatz gelten:

Je nach Auslegung der Ergebnisbeteiligung, insbesondere, wenn hohe Beträge zu erwarten sind, sollte man die Grundgehälter etwa 12 bis 15 % niedriger als Marktwert ansetzen, um das eigene Unternehmen noch ergebnisbezogener zu führen. In der jeweiligen Ausgestaltung kommt manches auf die derzeitige und auch künftige Unternehmenssituation an, die viele Möglichkeiten offen lässt.

Vorstehend wurde ausgeführt, dass die Leistungsfähigkeit der Mitarbeiter durch das Grundgehalt beschrieben wird. Dies trifft in den höheren Gehaltsstufen meist zu, aber sicher weniger bei den Lohnempfängern. Hier wurde daher in einer konkreten Realisierung auf Wunsch des Betriebsrates eine Mitarbeiterbeurteilung als Grundlage des Bewertungsfaktors gewählt.

Eine weitere Möglichkeit besteht darin, den standardisierten EBIT auf das betriebsnotwendige Kapital zu beziehen und davon die Ergebnisbeteiligung abhängig zu machen. Nachdem das zunächst sehr einleuchtend war, entstanden neuerdings Zweifel, weil gerade mit dem Anlagevermögen und den Vorräten zu viele „Bilanzspielchen" getrieben werden können.

Ein ganz wichtige Überlegung ist die, wie man bei der Einführung der Ergebnisbeteiligung vorgeht. Man sollte sich erst dazu entschließen, wenn die Entwicklung des Unternehmens über einen Zeitraum von etwa zwei, besser drei Jahren einigermaßen sicher vorausgesehen werden kann, um die Empfänger der Wohltaten nicht gleich am Anfang zu demotivieren. Man sollte die Ergebnisbeteiligung auf ein Niveau legen, das den Verlust der wegfallenden betrieblichen Zulagen mehr als kompensiert. Gleichzeitig darf das Einkommen bei Einführung der Ergebnisbeteiligung nicht stark steigen, sondern es sollte erst steigen durch die mit der Ergebnisbeteiligung sich hoffentlich verbessernden Unternehmensleistung.

Der größte Vorteil der Ergebnisbeteiligung ist die damit bestehende Chance, bei sinkender Ertragslage die Personalkosten flexibel zu halten und die gesamten Mitarbeiter besser für das Ziel Leistungssteigerung im Unternehmen zu gewinnen. Sofern EBIT gegen Null geht, entfällt die Ergebnisbeteiligung; da außerdem keine Sonderzahlungen anfallen, ist ein solches Unternehmen sehr konkursresistent.

Man sollte sich jedoch darüber im Klaren sein, dass durch die Ergebnisbeteiligung eine Besserung des Betriebsklimas nicht zu erwarten ist, sondern dass sie dieses eher belastet. Um das System lebendig zu erhalten, muss mit den Mitarbeitern regelmäßig die Entwicklung der Zahlenblöcke Betriebsleistung, Personalkosten und Zukaufkosten besprochen und diskutiert werden – wie man sie verbessern kann und auch, was die Mitarbeiter selbst tun können, um ihre Ergebnisbeteiligung zu beeinflussen. Insbesondere größere Rationalisierungsvorhaben und neue Produkte sind in ihrer Wirkung auf das Ergebnis darzustellen.

Bei zweckmäßigem Aufbau einer Ergebnisbeteiligung lässt sich Folgendes erreichen:

- Vereinfachung des Lohn- und Gehaltssystems
- Absicherung gegen Verlustsituationen des Unternehmens
- Konzentration auf die wirklich wichtigen Kostenblöcke

- Verständnis bei vielen Mitarbeitern für die Ziele des Unternehmens
- Bereitschaft, im Unternehmen Änderungen anzugehen
- Aufgeschlossenheit für Leistungssteigerungen und Kostensenkungen
- Bessere Bezahlung der Mitarbeiter

## 5.2 Investitions- und Planungsrechnung

Der wirtschaftliche Sinn jeder Investition ist es, den damit verbundenen finanziellen Aufwand so schnell wie möglich zurückzuerhalten und darüber hinaus möglichst noch einiges hinzuzuverdienen.

Es gibt im Prinzip drei Investitionsarten für

- Neuerstellung  Es geht um die Produktion eines neuen Produktes oder eine Ausweitung des Produktionsvolumens.

- Ersatzbeschaffung  Maschinen oder Anlagen müssen, aus welchem Grund auch immer, ersetzt werden.

- Rationalisierung  Hier geht es um die Verbesserung der Wirtschaftlichkeit einer Produktion oder eines technisch-wirtschaftlichen Ablaufs.

Alle drei Investitionsarten können ineinander fließen, wenn z. B. eine Produktion ausgeweitet wird und sich damit neue, rationellere Produktionsmethoden ergeben. Das erschwert die Berechnung nicht, da im Prinzip die Methode für die Investitionsrechnung gleich bleibt.

Die Wirtschaftlichkeit einer Investition wird im Wesentlichen durch vier Faktoren bestimmt:

1. laufende Kosten pro Jahr
2. mögliche Nutzung
3. Kapitalzins
4. Absatz

Häufig wird der Absatz des herzustellenden Produktes falsch eingeschätzt. Er begrenzt zum einen über die zu erzielenden Preise die Kosten und zum anderen über die Mengen die benötigte Kapazität. Beide Parameter, Preise wie Kapazität, sind nicht endgültig zu fixieren. Während die Preise von der Wettbewerbslage, aber auch von den Verkaufsmethoden abhängen, wird die benötigte Kapazität von der Anlaufkurve der Produkte, dem auftretenden Maximalbedarf und der Auslaufkurve bestimmt.

Wenn man genau und kritisch hinschaut, sind eigentlich alle vier Faktoren nicht als Konstante zu werten, sondern mehr oder weniger variabel, und auch nicht mit noch so raffinierten mathematischen Methoden genau zu berechnen.

Am deutlichsten würde dies, wenn man die Fehlerrechnung auf die Investitionsrechnung ansetzt. Man erhielte Aussagesicherheiten, die nur schwer zu akzeptieren wären. Aus diesem Grunde sollte man die numerische Genauigkeit der Berechnungsparameter niemals hoch treiben, sondern sich mit Schätzgenauigkeiten von ± 10 % begnügen, weil die Endgenauigkeit auch durch einen kleineren Spielraum nicht verbessert wird.

Entscheidend für die Qualität der Investition ist die Rückflussgeschwindigkeit des eingesetzten Kapitals. In den meisten Fällen setzt der Rückfluss des Kapitals bei einer neu installierten Maschine erst ein Jahr nach der Installation ein, da im Investitionsjahr meist noch eine Reihe von Unzulänglichkeiten beseitigt werden müssen. Daher ist in der folgenden Rechnung angenommen, dass der Rückfluss des Kapitals erst in dem Jahr nach Installation der Maschine einsetzt.

Parameter:

| | |
|---|---|
| investiertes Kapital | A |
| jährlicher Kapitalrückfluss | C |
| Zinsfuß | p |
| echte Amortisationsdauer | n |
| jährliche scheinbare Amortisationsrate | $\frac{1}{f} = \frac{A}{C}$ |

$$n = \frac{1}{\ln p} \cdot \ln \frac{f}{1 + \frac{f}{p} - p}$$

Sofern das investierte Kapital vorliegt und man den jährlichen Kapitalfluss kennt, errechnet sich über die oben stehende Formel aus der scheinbaren Amortisationsdauer A/C die echte Amortisationsdauer n unter der Annahme, dass der tatsächliche Kapitalrückfluss erst nach einem Jahr einsetzt.

Anhang

Im folgenden Diagramm wird dieser Verlauf in Abhängigkeit vom Zinsfuß und der scheinbaren Amortisationsdauer vorgestellt:

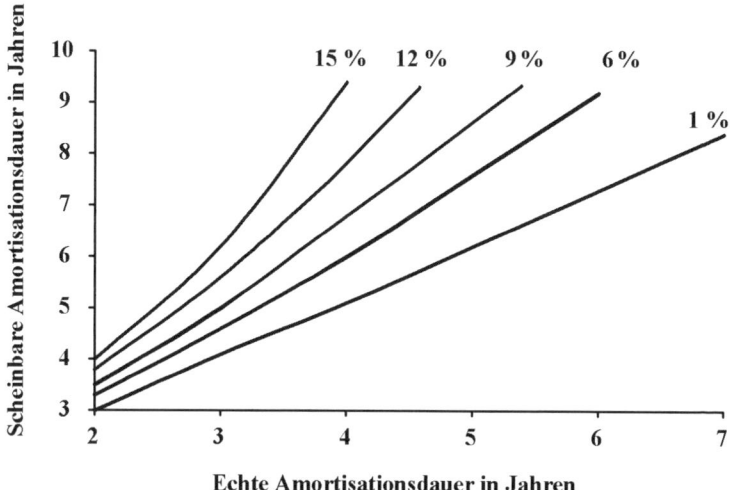

**Echte Amortisationsdauer in Jahren**

Bei 9 Prozent Verzinsung liegt die Kapitalrückflussdauer bei 8,8 Jahren anstatt bei der scheinbaren Amortisationsdauer von fünf Jahren. Es ist daraus sofort zu erkennen, welche scheinbare Amortisationsdauer man möglichst nicht überschreiten sollte: etwa vier bis fünf Jahre.

Die genaue Grenze wird bestimmt durch den Preis des Kapitals. Wenn man sich außerdem vor Augen führt, wie unsicher solche Investitionsrechnungen sind, wird man eher zu vier als zu fünf Jahren tendieren.

Es gibt allerdings auch Investitionen, die nicht den unsicheren Einflüssen des Marktes unterliegen, wie z. B. Einsparungsmöglichkeiten im Energieverbrauch, Ausnutzung von Subventionsmöglichkeiten oder Grundkosten bei Standortfragen. Hier kann man die echte Amortisationszeit an die Lebensdauer der Anlage heranführen, obgleich man auch immer an den technischen Fortschritt denken sollte. Damit wird die scheinbare, maximale Amortisationszeit auch nur auf maximal sechs bis sieben Jahre erweitert, selbst wenn Kapital sehr preiswert zur Verfügung stünde.

Entscheidend für die Berechnung ist die Investitionssumme und die dadurch erzielte Kosteneinsparung.

Diese Kosteneinsparung kann auftreten bei:

1. Einer vorhandenen Maschine
2. Einem Umbau einer vorhandenen Maschine
3. Der möglichen Alternative zu einer geplanten Maschine
4. Einem Zukauf des zu fertigenden Produktes
5. Einer Verlagerung einer oder mehrere Maschinen an einen anderen Ort

Es handelt sich immer darum, die mit den Punkten 1 bis 5 einhergehenden Kostenveränderungen zu erfassen und die jährlichen Kosteneinsparungen in Relation zu den Mehrinvestitionen als scheinbare Amortisationsdauer zu bestimmen.

Anhand eines Beispiels sei dies erläutert:

Es stehen drei Maschinenvarianten zur Entscheidung:

Variante A: derzeitige Fertigung von 540.000 Teilen im Haus pro Jahr und 36.000 Teile Bezug von Fremdfirma

Variante B: zwei neue Drehmaschinen (ein Arbeitsgang entfällt)

Variante C: Generalüberholung der Maschinen, Kauf einer gebrauchten Maschine

|  | Variante A | Variante B | Variante C |
|---|---|---|---|
| Investitionen | 0 EUR | 500.000 EUR | 200.000 EUR |
| Personalkosten | 140.000 EUR | 120.000 EUR | 140.000 EUR |
| Fremdbearbeitung | 130.000 EUR | - | 105.000 EUR |
| Werkzeuge | 24.000 EUR | 20.000 EUR | 24.000 EUR |
| Instandhaltung | 60.000 EUR | 13.000 EUR | 10.000 EUR |
| Frachten | 2.000 EUR | - | 2.000 EUR |
| Summe | 356.000 EUR | 153.000 EUR | 281.000 EUR |
| Differenz zu A | 0 | 203.000 EUR | 75.000 EUR |
| Scheinbare Amortisationszeit | 0 | 2,46 Jahre | 2,67 Jahre |

Anhang

Der Bedarf an diesen Teilen liegt für die nächsten fünf Jahre bei mindestens 900.000 pro Jahr.

Die Variante B hat mit 2,46 Jahren eine nur unwesentlich geringere Rückflussdauer als Variante C mit 2,67 Jahren, die sich bei 9 Prozent Zinsen auf eine echte Amortisationszeit von etwas über 4,2 Jahre erhöht. Solange müsste die Maschine auszulasten sein, um sich zu amortisieren. Die Lösung B hat noch weitere Vorteile:

- höhere Verfügbarkeit
- höhere Kapazitätsreserven
- höhere Flexibilität (zwei Maschinen)
- schnelleres Rüsten
- bessere Wiederverwendbarkeit der Maschinen

Bei der kurzen Rücklaufzeit im Beispiel ist im Allgemeinen die Investitionsentscheidung einfach. Schwieriger wird die Situation, wenn die Amortisationszeit steigt. Die Entscheidung muss sich dann nach der Wahrscheinlichkeit richten, mit der die geplante Anlage in dem errechneten Zeitraum auch wirklich ausgelastet ist, und danach, ob die Anlage nach diesem Einsatz noch einmal verwertet werden kann.

Manchmal wird vergessen, bei dem vorgesehenen Investitionsbetrag den erzielbaren Wert der alten Anlage in Abzug zu bringen. Das kann einmal ein echter Erlös durch Verkauf sein, aber auch geldliche Vorteile einer anderweitigen Verwendung, durch die Kapital gespart werden kann.

Der Vorteil der gezeigten Vorgehensweise ist die Möglichkeit, den investierenden Bereich vollständig auf die scheinbare Amortisationsdauer, d. h. auf die Kosteneinsparung relativ zur Kapitalinvestition, zu begrenzen und damit die Investitionspolitik des Unternehmens durchschaubar festzulegen, die sich ausdrückt durch die Festlegung des Zinssatzes und der zugelassenen echten Grenzamortisationszeit.

Gelegentlich werden Rationalisierungsinvestitionen nicht erkannt, weil deren Notwendigkeit nicht offen zu Tage tritt. Einen ersten Hinweis bekommt man zumindest bei älteren Anlagen, wenn der Instandhaltungsaufwand in Relation zum Anschaffungspreis zwei- bis dreimal höher liegt als normal. Unter Berücksichtigung des allgemeinen technischen Fortschrittes kann man meist interessante, neue wirtschaftliche Lösungen finden.

Bei der Erstellung der Jahresplanung, insbesondere wenn es sich um Mehrjahresplanungen handeln sollte, werden die Investitionssummen noch nicht endgültig festliegen. Nach sorgfältigem Studium der Zahlen vieler Unternehmen wurde folgende, meist überraschend genaue Faustformel gefunden:

*Als Investitionssumme des laufenden Jahres wird der geplante Rohertragsanstieg im nächsten Jahr + 4 % des Rohertrages des laufenden Jahres angesetzt.*

Bei jeder konkreten Einzelinvestition muss jedoch eine Investitionsrechnung nach dem vorher dargelegten Schema durchgeführt werden und eine detaillierte Bewertung der Kosten und Erträge erfolgen.

## 5.3 Verbesserungsvorschläge

Über die Berechtigung von Prämien als Belohnung für Vorschläge und Aktionen, die die Wirtschaftlichkeit und die Leistungsfähigkeit eines Unternehmens verbessern, bestehen grundsätzliche Meinungsverschiedenheiten. Der Ansicht, für solche Anstrengungen keinerlei Sonderzahlungen zu leisten, die über die normalen Lohn und Gehaltszahlungen hinausgehen, steht die wachsende Gemeinde der Befürworter einer Prämie entgegen.

Eine Anstrengung, etwas im Unternehmen positiv zu verändern, betrachte ich als eine Leistung, die man von dem normalen Mitarbeiter nicht erwarten darf. Immerhin liebt der normale Mensch die Gewohnheit und lässt sich nur ungern auf etwas Neues ein. Außerdem besteht eine alte Erfahrung, dass jede Veränderung zunächst eine Verschlechterung bedeutet, die erst nach einer gewissen Zeit zur Verbesserung mutiert. Eine Verbesserung bedeutet also in jedem Fall eine zusätzliche Belastung der Mitarbeiter, die man honorieren sollte.

In meinem bisherigen Umfeld wurde stets eine Prämie für Verbesserungen bezahlt, wenn sie auch im Ergebnis niemals ganz zufrieden stellte. Das lag zum einen an der schleppenden Abwicklung, zum anderen an den Rechenverfahren und dem bürokratisierten System.

Eine zufrieden stellende, eindeutige Lösung wird es für alle auftretenden Fälle niemals geben. Hier muss der Chef des Hauses im Einzelfall eine sachgerechte Lösung in einem Gespräch mit den Betroffenen finden. Trotzdem sollte man im Allgemeinen den Grundsätzen des Systems folgen und auch bei den Teilnehmern des Verbesserungsvorschlagswesens Zustimmung suchen.

Anhang

Folgende Forderungen erscheinen notwendig:

1. Die Prämie muss nachvollziehbar von der Kosteneinsparung oder der Leistungsverbesserung abhängen.
2. Die Prämienhöhe sollte so bemessen sein, dass nach Steuern ein wirklicher Anreiz bleibt.
3. Das System sollte einen starken Anreiz bieten und auch Teamvorschläge fördern (Projekte); Führungskräfte sollten nur innerhalb von Projekten mitmachen dürfen.
4. Die Prämienhöhe muss auch davon abhängen, wie vollständig der Vorschlag umzusetzen ist und wer ihn realisieren muss
5. Die Entscheidung für die Prämienhöhe muss schnell fallen. Bei begründeten Unsicherheiten wird ein Vorschuss in Höhe von zwei Dritteln des wahrscheinlichen Endbetrages sofort fällig
6. Bei auftretenden Zweifeln wird für den Vorschlagenden entschieden.
7. Ein Vorschlag darf bei leitenden Leuten nicht im eigenen Aufgabengebiet prämiert werden, es sei denn in einer Projektgruppe, die außerhalb der normalen Arbeitszeit handelt.
8. Der durch die Verbesserung erzielte Geldbetrag wird gekürzt um den notwendigen finanziellen Aufwand zur Erzielung des angestrebten Vorteils; wenn dieser Vorteil sich jährlich über drei Jahre wiederholt, wird nur 1/3 des Aufwandes gekürzt.

Die oben dargestellten Grundsätze sind sehr wichtig, aber es lässt sich darüber hinaus eine Menge tun, um das Prämiensystem zu befördern.

So sollten kleinere Beträge nicht eine umständliche Administration durchlaufen, sondern von dem direkten Vorgesetzten (z. B. Betriebsleiter) vor Ort entschieden und möglichst sofort rein netto (ohne Steuer und Sozialbelastung) ausgezahlt werden.

Eine Möglichkeit, den Mitarbeitern die Scheu vor Verbesserungsvorschlägen zu nehmen, ist das Berufen von Paten, die zeigen sollen, wie man es macht, und die Laien an einen ersten Vorschlag heranbringen. Vor allem wäre ein solcher Pate sicher auch geeignet, kleine Projektgruppen zu bilden, um für den Einzelnen schwierig zu realisierende Vorschläge anzugehen.

Nach allen Erfahrungen erzielen gut zusammengesetzte Projektgruppen die besten Resultate im Verbesserungsvorschlagswesen, das heißt den höchsten

Nutzen für das Unternehmen. In einem Führungsbereich ist die Zahl der agierenden Projektgruppen geradezu ein Maßstab für die Qualität der betreffenden Führungskraft, die hier als Anreger und Motivator gefordert ist. Bevor eine solche Projektgruppe beginnt, empfiehlt es sich, eine kurze Einführung in Projektarbeit zu geben, die keinesfalls in Bürokratie ausarten sollte.

Nach meiner Vorstellung sollten durch das Verbesserungsvorschlagswesen jährlich Kosten eingespart und Leistungen verbessert werden, die im Wert etwa 3 bis 5 % der Lohn- und Gehaltssumme ausmachen und damit die jährlichen Steigerungen der Personalkosten kompensieren. Damit müsste jeder Mitarbeiter im Durchschnitt durch seine Verbesserungsvorschläge jährlich 1000-2000 EUR einsparen.

Heute liegen die erreichten Zahlen meist wesentlich niedriger. So wird im Durchschnitt aller Unternehmen weniger als ein realisierbarer Verbesserungsvorschlag pro Jahr eingereicht. In dem von mir geleiteten Unternehmen haben wir es mit großer Anstrengung auf zwei Vorschläge gebracht. Um diese Zahl zu erreichen, waren eine Menge Sonderaktionen notwendig, auf die ich später noch zurückkommen werde.

Das Beurteilungs- und Abrechnungssystem wird wie folgt vorgeschlagen:

1. Es werden vier Vergütungsklassen gebildet:

   1) $a = 0,3$   Idee wird ohne Umsetzungsweg vorgeschlagen

   2) $a = 0,7$   Idee mit genauem Umsetzungsweg wird vorgeschlagen

   3) $a = 1$     Idee wurde selbst umgesetzt

   4) $a = 1,5$   Idee wurde in Gruppe realisiert und umgesetzt

2. Die erzielte Verbesserung wird gerechnet als Einsparung E:

   1) Personalkosten pro Jahr

   2) Stoff- und Energiekosten pro Jahr

   3) Anlagen, Maschinen, Gebäude, Betriebsmittel und Werkzeuge

   4) Transportkosten pro Jahr

   5) Fremdleistungen jeder Art pro Jahr

Anhang

3. Die Berechnung der zu zahlende Vergütung lautet:

$$V = a \cdot E^n$$

a   Vergütungsklasse

E   Einsparung (nach Aufwand für die Einführung)

n   Exponent (< 1)

V   Vergütung

Damit ist die Formel so aufgebaut, dass bei kleineren Einsparungen prozentual wesentlich höhere Vergütungen bezahlt werden. Das bringt zum Ausdruck, dass jedes Unternehmen besonders auf die große Zahl vieler kleiner und mittlerer Vorschläge angewiesen ist.

In der folgenden Tabelle ist gegenübergestellt, wie sich verschiedene Exponenten auf die Grundvergütung auswirken (ohne den Faktor für die Vergütungsklasse und in EUR):

| Einsparung | $E^{0,75}$ | $E^{0,8}$ | $E^{0,83}$ | $E^{0,86}$ |
|---:|---:|---:|---:|---:|
| 100 | 31,60 | 39,80 | 45,70 | 52,50 |
| 1.000 | 177,80 | 251,20 | 309,00 | 380,20 |
| 10.000 | 1.000,00 | 1.585,00 | 2.089,00 | 2.754,00 |
| 100.000 | 5.623,00 | 10.000,00 | 14.125,00 | 19.953,00 |
| 1.000.000 | 31.623,00 | 63.096,00 | 95.499,00 | 144.544,00 |
| 10.000.000 | 177.828,00 | 398.107,00 | 645.654,00 | 1.047.129,00 |

Mit Steigerung des Exponenten nimmt bei konstanter Einsparung die Grundvergütung zu.

Bei einer Einsparung von 10.000 EUR steigt die relative Vergütung von 10 Prozent auf 27,5 Prozent. Die Entscheidung, welcher Exponent zu wählen ist, richtet sich nach der Bereitschaft, einen bestimmten Anteil der Einsparung weiterzugeben.

Anhang

Sofern man einen Exponenten von 0,83 als geeignet ansieht, würden bei einer Einsparung von 100.000 EUR folgende Vergütungen wirksam:

1. Für die Idee  4.238 EUR
2. Für die Idee und den Weg  9.888 EUR
3. Für die Idee mit Realisierung  14.125 EUR
4. Durch Gruppe gefundene und realisierte Idee  21.188 EUR

Diese Vergütung gilt, falls das Unternehmen zur Realisierung des Vorschlages keine weiteren Aufwendungen hat.

In den vielen Jahren meiner industriellen Tätigkeit konnte ich immer wieder feststellen, dass das Verbesserungsvorschlagswesen einer besonderen Pflege bedarf, damit die Idee der ständigen Verbesserung ausreichend lebendig bleibt.

Es gibt eine Menge Möglichkeiten, in diese Richtung zu wirken, und es folgen einige Beispiele, die leicht noch durch weitere zu ergänzen wären.

Zunächst sollten die Mitarbeiter, die sich durch viele und ertragreiche Vorschläge auszeichnen, im Unternehmen allgemein bekannt gemacht werden. Das kann geschehen durch Aushang, in der Werkszeitung, bei Betriebsfesten und vor allem bei der Betriebsversammlung. Sie sollten also bei besonderen Anlässen immer wieder in den Vordergrund gestellt werden, nicht so sehr persönlich, als vielmehr über den Vorschlag und dessen Geschichte.

Jährlich sollte eine Verlosung im richtigen Rahmen stattfinden, an dem jeder realisierbare Vorschlag mit einem Los teilnimmt und wo die Vorschlagenden gebührend gefeiert werden.

Auf der Grundlage erfolgter Verbesserungsvorschläge könnte man für Interessenten Seminare durchführen, die aufzeigen, nach welchen Prinzipien man nach Verbesserungen suchen kann und dass eigentlich jeder solche Vorschläge bringen kann. Im günstigsten Falle gelingt es, eine Art Euphorie, eine Art Sucht nach Verbesserungen zu erzeugen. Wenn einzelne Mitarbeiter mehr als das 20-fache gegenüber dem Durchschnitt an Vorschlägen über mehrere Jahre bringen, erkennt man, welche Kosten- und Leistungsreserven mit einem solchen System möglich sind.

Für mich ist nicht verständlich, wie wenig in der Industrie die Chancen des Verbesserungsvorschlagwesens genutzt werden. Mit großer Sicherheit verzichtet man damit auf viele Milliarden EUR Einsparung.

## 5.4 Projektarbeit

Das Umfeld heutiger Unternehmen wird komplexer, und bei den immer differenzierteren Ansprüchen erhält die Projektarbeit einen besonderen Stellenwert. Man kann so weit gehen zu behaupten, dass nur ein Unternehmen, das die Projektarbeit erstklassig beherrscht, den Anforderungen moderner Technik genügt.

Im Prinzip ist das Vorgehen bei fast allen Projekten ähnlich, gleich, ob es um technische Neuentwicklung, Organisationsänderung, Prozessverbesserung oder Qualitätserhöhung geht.

Entscheidend sind folgende Schritte:

- eine möglichst eindeutige und realisierbare Zielvorstellung
- eine sorgfältige Klärung der Grundlagen
- Bereitstellung des Personals, der benötigten Sachmittel und der notwendigen Kompetenzen
- sinnvoll gestufte Termin- und Kostenpläne
- Erfolgskontrolle durch Vergleich mit der ursprünglichen Zielvorstellung

Als sehr sinnvoll hat sich herausgestellt, die Projekte in Abschnitte zu unterteilen und nach Beendigung eines Abschnittes zum einen eine Erfolgskontrolle durchzuführen und danach den nächsten Abschnitt im Detail zu planen unter Nutzung der im vorausgehenden Abschnitt gewonnenen Erfahrungen.

Gleichzeitig sollte immer auch nach jedem Abschnitt das Gesamtprojekt in zwei Richtungen überprüft werden:

1. Erscheint das Gesamtziel technisch und wirtschaftlich noch realisierbar?
2. Gelten die festgelegten Voraussetzungen weiter, die zur Projektentscheidung geführt haben (z. B Markt, Wettbewerb, Finanzierungsfähigkeit)?

Nach jedem Abschnitt muss die Freiheit bestehen, das Projekt abzubrechen, wenn die Ziele unmöglich geworden sind. Man kann nicht mehr Geld sparen, als ein Projekt in einer frühen Phase abzubrechen, da das große Geld erst gegen

Ende des Projektes fließt, nämlich dann wenn die für die Realisierung notwendigen Investitionen freigegeben werden müssen.

Im Folgenden werden zwei Leitfäden für Zukunfts- und Prozessentwicklungsprojekte vorgestellt, nach denen in einem ertragsstabilen Unternehmen seit fünf Jahren erfolgreich gearbeitet wird.

### 5.4.1 Leitfaden für Zukunftsprojekte (Z-Projekt)

1. Was ist ein Z-Projekt?
2. Wer kann ein Z-Projekt auslösen?
3. Initialisierung eines Z-Projektes
4. Grundsätzliches zum Ablauf
5. Die einzelnen Phasen eines Z-Projektes
6. Einige nützliche Hinweise
7. Dokumentation

zu 1. Was ist ein Zukunftsprojekt?

Zukunftsprojekte (Z-Projekte) sind Entwicklungen, die das Produktspektrum des Unternehmens erweitern, um dessen Position im internationalen Wettbewerb zu sichern und zu verbessern.

Hinter dieser Idee steht die Erkenntnis, dass Wettbewerbsfähigkeit nicht allein durch Produkt- und Produktionsoptimierung, durch Wirtschaftlichkeit und Sparsamkeit erreicht wird, sondern auch und insbesondere durch die Entwicklung attraktiver und innovativer neuer Produkte.

Zukunftsprojekte umfassen daher Neuentwicklungen auf den Gebieten:

- Serienprodukt in neuartigem Aufbau
- Neue Produktbereiche in bekannter Technik
- Neue Produktbereiche in neuer Technik
- Aufbau eines neuen Know-how-Bereichs

Zu 2. Wer kann ein Z-Projekt auslösen?

Jeder, der eine Idee für eine Produktentwicklung nach den oben genannten Kriterien hat, kann bei einem Mitglied der Geschäftsleitung ein Z-Projekt anregen.

Anhang

Z-Projekte laufen nicht nur in einzelnen Unternehmen, sondern auch als Gemeinschaftsprojekte zwischen verschiedenen Unternehmen. Sie sind im Normalfall nicht an einen Kundenauftrag gebunden.

Zu 3. Initialisierung des Z-Projektes

Zur Genehmigung eines Z-Projektes leitet das jeweilige Mitglied der Geschäftsleitung diese Phase ein. Damit kann ein einzelner oder eine Gruppe beauftragt werden.

Die I-Phase soll die Konzeptphase samt der dafür notwendigen Rahmenbedingungen vorbereiten, d. h.

1. das Projektziel ist möglichst genau zu beschreiben,

2. der Kundennutzen ist zu schätzen,

3. die Wettbewerbs- und Patentsituation ist kritisch zu bewerten,

4. der voraussichtliche Unternehmensnutzen ist realistisch zu schätzen,

5. das Projektteam ist vorzuschlagen (der Initiator sollte dabei sein),

6. der Aufwand und der Zeitbedarf sollte realistisch geschätzt werden.

Als Ergebnis dieser Bemühungen ergibt sich der Projektantrag, der sicher auch eine erste Schätzung des voraussichtlichen „Return of Investment" enthalten sollte.

Am wichtigsten für das künftige Projekt sind der Projektleiter und die Kompetenz der Projektmitglieder. Falls erforderlich, können auch externe Mitglieder, z. B. von Kunden, Lieferanten, Beratern, Hochschulinstituten etc., das Projekt verstärken.

Für alle Detailfragen, die im Zusammenhang mit den Z-Projekten auftreten, sollte in größeren Unternehmen ein hauptberuflicher Projektkoordinator als Ansprechpartner zur Verfügung stehen.

zu 4. Grundsätzliches zum Ablauf

Aufgrund des Projektantrages wird die Geschäftsleitung in Zusammenarbeit mit dem Lenkungsausschuss das Projekt genehmigen.

Für den Ablauf des Z-Projektes gelten folgende Richtlinien:

- Das Projekt läuft in mehreren Phasen ab (meist drei bis vier)
- Nach Abschluss einer Phase muss die Planung für die nächste vorliegen

- Jede Phase wird von der Geschäftsleitung und dem Lenkungsausschuss freigegeben
- Nach Abschluss einer jeden Phase kann das Projekt beendet werden
- Die Kosten des Z-Projektes werden auf einer gesonderten Kostenstelle gesammelt
- Über den Projektstand ist quartalsweise zu berichten

Diese Richtlinien enden mit einem Kunden-Entwicklungsauftrag, sofern sie den Vorschriften des betreffenden Kunden widersprechen.

Die Erfassung der Kosten auf der festgelegten Kostenstelle erfolgt bis zur Aufhebung des Z- Status durch die Geschäftsleitung. Bis zu diesem Zeitpunkt läuft die normale Projektorganisation weiter.

Die Geschäftsleitung kann für jedes Projekt einen Paten bestimmen.

Der Lenkungsausschuss wird entsprechend seiner Einschätzung vom Projektkoordinator einberufen.

zu 5. Phasen des Z-Projektes

Ein Entwicklungsprojekt durchläuft verschiedene Entwicklungsstufen. Nach der Initialisierungsphase unterscheidet man bis zur Serienreife des Produktes die folgenden Entwicklungsphasen:

a) Konzeptphase

b) 1. Prototypenphase

c) 2. Prototypenphase

d) Serienentwicklung

Die Realisierung des Produktes beginnt mit der ersten Prototypenphase, bei der der erste größere, wenn auch noch beschränkte, finanzielle Aufwand auftritt.

Vor der zweiten Prototypenphase sollte in aller Regel ein finanzieller Kundenbeitrag zur Entwicklung vorliegen (bei Zulieferern).

In der Serienentwicklung sind konkrete Kundenaufträge bindend abgeschlossen.

Bei der Entwicklung eines künftigen Know-how-Bereichs ist die Realisierung an der Zielvorstellung zu messen.

Anhang

zu a) Konzeptphase

Die Schwerpunkte dieser Entwicklungsphase sind:

- Definition und Beschreibung der gewünschten Produkteigenschaften (Lastenheft)
- Ermittlung des voraussichtlichen Kostenrahmens für das Produkt
- Chancen und Risiken am Markt im Vergleich zu Wettbewerbsprodukten
- Technische Alternativen und Risiken im Detail
- Patent- und Literaturrecherche
- Berechnung und Simulation zur Absicherung grundlegender Funktionseigenschaften
- Überprüfung der Realisierbarkeit durch entsprechende Tests
- Grobentwurf des Produktes
- Realistische Festlegung der Ziele mit Lastenheft, Terminvorgabe und Kostenschätzung: Gesamtplanung des Projektes
- Detailplanung der ersten Prototypenphase: Personelle Ausstattung, sachliche Mittel, Testmethodik, Terminvorgaben und Kostenaufwand

Die Bearbeitungszeit der Konzeptphase sollte möglichst nicht länger als ein halbes Jahr dauern.

zu b) Erste Prototypenphase

In dieser Phase wird das vorliegende Konzept zum ersten Mal realisiert. Mit Hilfe von Funktionstest ist danach zu klären, ob die Vorstellungen und Überlegungen realistisch waren, und es sind auch erste Dauertests durchzuführen. Besonders wichtig ist die Abschätzung, ob der Gesamtaufwand des Projektes und die Gestehungskosten des künftigen Produktes sich im vorgesehenen Rahmen bewegen.

Die wesentlichen Schritte dieser Phase sind:

- Konstruktion (Entwurf, Berechnung, Simulation, Detaillierung)
- Analyse der Herstellbarkeit
- Fertigung der Prototypen

- Vermessung, Funktionstests, erste Dauerprüfung und eventuell Korrektur des Lastenheftes
- Überprüfung des vorgegebenen Kostenrahmens
- Kundengespräche und weitere Marktuntersuchungen

Auf der Grundlage der gewonnenen Ergebnisse wird die zweite Prototypenphase geplant, um die notwendigen Änderungen an den Prototypen durchzuführen. Sie sollen eine noch bessere Funktionsfähigkeit, eine sichere Dauerhaltbarkeit und günstige Kosten erreichen. Ansonsten ist das zu planende Vorgehen ähnlich wie in der Phase 1.

Der Zeitraum zur Abwicklung der Phase 1 sollte möglichst nicht länger als ein Jahr dauern.

zu c) Zweite Prototypenphase

Vor dieser Phase ist ein potenzieller Kunde für einen Kostenbeitrag zu finden (gilt für einen Zulieferer). Hier soll schon sehr weitgehend die vorgesehene Serienausführung erreicht werden. Vor allem ist dabei die Dauerhaltbarkeit zu optimieren, und die Fertigungstechnologie der Serienfertigung ist anzuwenden. Am Ende dieser Phase sollten alle Kenntnisse über das Produkt vorliegen, die für die Markteinführung und den Markterfolg wesentlich sind. Es sollten ein oder mehrere Kunden für den Start einer Serienentwicklung verfügbar sein. Diese Serienentwicklung verläuft dann gemeinsam mit dem Kunden und ist daher nicht unabhängig von diesem zu planen.

zu d) Serienentwicklung

Die Serienentwicklung wird mit dem Kunden gemeinsam geplant, da eine Vielzahl von kundenspezifischen Anforderungen zu berücksichtigen ist, die sich sowohl von spezifischen Einbaubedingungen als auch von speziellen Kundenwünschen ableiten.

Meist werden noch Sonderwünsche vom Kunden vorgetragen, die sich auf Kosten, Werkstoffe und Toleranzen beziehen, so dass diese Einflüsse auf Herstellbarkeit, Preis und Qualität neu zu prüfen sind. Selbst das Lastenheft wird gelegentlich in Frage gestellt.

Es werden neue Versuche, Berechnungen und Simulationen notwendig, die manche der schon beantworteten Fragen neu aufwerfen können.

Parallel zu diesen Optimierungsarbeiten in der Produktentwicklung werden jetzt Fertigungsplanung und -vorbereitung voll laufen, bei denen in aller Regel das große Geld anfallen wird.

zu 5) Nützliche Hinweise

- Der Projektleiter ist für die Information aller vom Projekt betroffenen Bereiche verantwortlich.
- Der Projektleiter organisiert alle internen und externen für das Projekt erforderlichen Ressourcen.
- Informationen und Dokumentationen sollen sich auf das Wesentliche beschränken.
- Der Projektleiter sollte im Projektmanagement geschult sein. Der direkte Ansprechpartner ist der Projektkoordinator.
- In jeder Projektphase sollte der Projektablauf in drei bis fünf Abschnitten geplant und verfolgt werden.
- Gelegentlich bringen auch Außenstehende wertvolle Anregungen mit ein.
- Hilfestellung gibt gern der zuständige Pate wie auch der Projektkoordinator.
- Der geforderte Quartalsbericht sollte maximal zwei Seiten umfassen und formlos informieren über Abweichung vom Sollablauf und aufgetretene Schwierigkeiten.

### 5.4.2 Leitfaden für Prozessentwicklungsprojekte (P-Projekt)

1. Was ist ein Prozessentwicklungsprojekt?

2. Wer kann ein P-Projekt auslösen?

3. Initialisierung eines P-Projektes

4. Grundsätzliches zum Ablauf

5. Die einzelnen Phasen des P-Projektes

6. Nützliche Hinweise

zu 1. Was ist ein Prozessentwicklungsprojekt?

Durch die P-Projekte will das Unternehmen im internationalen Maßstab eine Spitzenstellung in Fertigung und Organisation erreichen, festigen und ausbauen.

P-Projekte befassen sich mit Entwicklungen, die

- einen vorhandenen Prozess durch einen besseren ersetzen,
- einen existierenden Prozess verbessern,
- die Kompetenz zur Beherrschung neuartiger Prozesse aufbauen.

zu 2. Wer kann ein P-Projekt auslösen?

- Jeder Mitarbeiter, der eine Idee für ein P-Projekt hat, kann dieses bei der zuständigen Geschäftsleitung beantragen.
- P-Projekte laufen nicht nur bei den einzelnen internen Unternehmen, sondern auch als Gemeinschaftsprojekte zwischen den Unternehmen und Fremdfirmen.
- Schon während der Projektfestlegung und vor allem nach Projektschluss ist die Übertragbarkeit des Projektergebnisses auf Schwesterfirmen zu prüfen.

zu 3. Initialisierung eines P-Projektes

Die Genehmigung eines P-Projektes erteilt die zuständige Geschäftsleitung. Sie kann damit einen Mitarbeiter oder eine Gruppe beauftragen.

Diese Phase dient dazu, die technisch-wirtschaftlichen Grundlagen zu klären und ob das geplante Vorhaben möglich, sinnvoll und wirtschaftlich sein wird, die Konzeptphase vorzuplanen und den Projektantrag zu formulieren.

In dem Projektantrag sollte enthalten sein

- Der Nutzen für das Unternehmen
- Die Beschreibung des genauen Projektzieles
- Der voraussichtliche personelle Aufwand (Beschreibung der benötigten Kompetenzen) und der geeignete Projektleiter
- Der sachliche Aufwand
- Der terminliche Ablauf in sinnvollen Abschnitten

Falls erforderlich, können auch externe Projektmitglieder, z. B. von Kunden, Partnerunternehmen, Lieferanten und Hochschulinstituten, in das Projekt integriert werden.

Fragen, die in dem Projekt nicht lösbar sind, werden zunächst an den Projektkoordinator herangetragen.

Anhang

zu 4. Grundsätzliches zum Ablauf

Der Projektantrag wird von der Geschäftsleitung genehmigt.

Für den Projektablauf gelten die folgenden Richtlinien:

- Das Projekt wird in drei bis vier Phasen unterteilt, wobei nach Abschluss einer jeden Phase der Geschäftsleitung, mindestens jedoch dem Koordinator, Bericht erstattet wird. Danach wird die nächste Phase fortgesetzt oder das Projekt beendet.
- Mindestens der Leiter des künftigen Projektes sollte hauptamtlich damit befasst sein.
- Die Kosten des Projektes werden auf einer gesonderten Kostenstelle erfasst.
- Die Geschäftsleitung kann für jedes Projekt einen Paten bestimmen.
- Der Projektstand ist außerdem quartalsweise an die Geschäftsleitung und den Koordinator zu berichten.

zu 5. Die Phasen eines P-Projektes

Ein Projekt durchläuft drei bis vier Entwicklungsphasen, die sich an die Initialisierungsphase und die Genehmigung des Projektes anschließen, und beginnt mit der

a) Konzeptphase

Die Kernpunkte sind:

- Festlegung der quantitativen und qualitativen Ziele
- Terminablauf des Gesamtprojektes
- personeller und sachlicher Aufwand für das Gesamtprojekt
- Nutzen des Unternehmens nach Abschluss des Gesamtprojektes
- Klärung der technisch-physikalischen Grundlagen des Vorhabens
- Literaturrecherche über das Vorhaben
- Ermittlung der wahrscheinlichen Einflussparameter
- Planung der ersten Projektphase (Ziele, Kosten, Termin)

Diese Phase sollte möglichst in einem halben Jahr abgeschlossen sein.

Erste Projektphase

Ziel dieser Phase ist der erste, wenn auch nicht serienreife Ablauf des vollständigen Prozesses, bei dem die Einflussparameter überprüft und angepasst werden können und Verbesserungen am Prozess geplant oder vorgenommen werden. Sie umfasst:

- Durchführung der in der Konzeptphase geplanten Versuche
- Auswertung und Analyse der Ergebnisse
- einige Ergänzungsversuche zur Klärung von Sachverhalten
- Planung einer zweiten Versuchsreihe (zweite Projektphase), um die notwendigen Veränderungen am Prozess zu überprüfen.

b) Zweite Projektphase

Ziel dieser Phase ist die Erstellung von Grundlagen, um den Prozess in die Serie überführen zu können. Folgende Schritte sind notwendig:

- Durchführung der in der ersten Projektphase geplanten Versuche
- Auswertung und Analyse der Ergebnisse
- Ergänzungsversuche zur Klärung des Sachverhaltes
- Festlegung des endgültigen Prozesses
- Planung des Serienprozesses mit dem zuständigen Betrieb unter Beachtung der gültigen Beschaffungsvorschriften, Abnahmevorschriften und sonstigen Randbedingungen

c) Serienentwicklung

Hier übernimmt der Produktionsbetrieb die Federführung. Es ist gemeinsam zu entscheiden, ob vorgesehene Maschinen, Werkzeug oder Vorrichtungen selbst gebaut oder vom Markt bezogen werden. Wenn der untersuchte Prozess mit Serienmaschinen darstellbar ist, sollte aus Wirtschaftlichkeitsgründen dieser Weg gewählt werden. Entscheidend für den zu wählenden Weg ist die ermittelte Wirtschaftlichkeit, die voraussichtliche Prozess-Sicherheit und die zu erwartende Qualität. Darüber hinaus hat jedes Unternehmen noch weitere interne Präferenzen, wie Geheimhaltung, Bewahrung des Wettbewerbsvorsprungs, so dass hier genaue Vorgaben nicht angebracht erscheinen.

zu 6. Nützliche Hinweise

Der Projektleiter ist verantwortlich für das Projekt, insbesondere jedoch für

- die Information aller durch das Projekt tangierter Bereiche,
- die Erschließung aller internen und externen für das Projekt erforderlichen Ressourcen,
- Information und Dokumentation.

Ferner sind die folgenden Punkte wichtig:

- Der Projektleiter sollte im Projektmanagement geschult sein.
- Der Projektablauf wird über EDV verfolgt.
- Man sollte Anregungen auch von Außenstehenden aufnehmen.
- Hilfestellungen können ferner Geschäftsleiter, Paten oder der Projektkoordinator leisten.
- Der Quartalsbericht sollte maximal zwei Seiten umfassen und folgende Informationen enthalten:
  - Aufgetretene Planabweichung
  - Aufgelaufene Kosten
  - Wichtige Probleme
  - Stand gegenüber dem Terminplan

Der Quartalsbericht ist der zuständigen Geschäftsleitung und dem Projektkoordinator zuzustellen.

### 5.4.3 Erfahrungen mit Projekten

In den beiden oben behandelten Projektgruppen wurden mehr als 60 Projekte abgewickelt und etwa 60 Entwickler beschäftigt. Damit waren etwa 1 Prozent aller Mitarbeiter mit Zukunftsprojekten beschäftigt, die nicht von Kunden an das Unternehmen herangetragen worden waren, sondern vom Unternehmen bezahlt wurden und als zukunftswichtig für das Unternehmen eingeschätzt wurden.

Besonders für Projekte, die nicht von Kunden an das Unternehmen herangetragen wurden, ist das Projektsystem wichtig, ersetzt es doch den so wichtigen Kundendruck durch den Projektdruck.

Für den Erfolg des Projektes ist der Projektleiter sehr wichtig, der die Projektgruppe zusammenhält, koordiniert, Hilfen organisiert und neu motiviert. Eine Projektleitung ist eine Aufgabe, in der sich sehr schnell herausstellt, ob sie mit einem echten Führer besetzt ist, dessen Bedeutung dann offensichtlich wird, wenn ernstere Probleme auftreten und die Organisation von Hilfen gefragt ist.

Für einen guten Projektleiter gibt es im Prinzip kaum unlösbare Probleme, weil sich sicher irgendwo ein Spezialist findet, der das Problem lösen kann. Weitere wichtige Eigenschaften eines Projektleiters sind die Beständigkeit, Belastbarkeit und die Begeisterung für das Projekt.

In unserem Unternehmen war zur Überwachung der Termine, Kosten und des technischen Erfolges ein qualifizierter Ingenieur (Projektkoordinator) abgestellt, der also nicht die Aufgabe hatte, selbst zu entwickeln, aber erkennen sollte, wenn etwas nicht nach Plan lief, und gemeinsam mit dem Projektleiter Maßnahmen dagegen einleiten sollte. Wichtig war auch der Quartalsbericht, der auf zwei Seiten erkennen ließ, wie der Projektstand einzuschätzen und ob etwas „von oben" zu veranlassen war. Zum Abschluss der Projektphase wurde in einem Expertengremium sorgfältig diskutiert, ob das bisherige Vorgehen überzeugte, die vorgegebenen Ziele erreichbar waren und ob sogar das Projekt abzubrechen war, was übrigens mehrmals vorkam.

Als Erfolg dieser entwicklungsfreudigen Unternehmenspolitik ergab sich bei hoher Wettbewerbsintensität eine starke, technisch begründete Position des Unternehmens auf dem Markt, hohes Wachstum und eine erfreuliche Ertragslage.

## 5.5 Prozess-Steuerung

Für jeden Prozess gibt es Toleranzen, die eingehalten werden müssen, um die Qualität des Prozesses abzusichern. Da die Prozesse durch mehrere Parameter bestimmt sind, die unter Umständen noch voneinander abhängen, muss jeder Parameter überwacht werden.

Es wird im Folgenden gezeigt, welche Überlegungen und Vorgehensweisen notwendig sind, um eine Prozessüberwachung sowohl wirtschaftlich als auch qualitätsmäßig optimal durchzuführen, indem die Prozesseigenschaften parametrisiert und als Parameter in einer ganz bestimmten Weise überwacht werden.

Grundsätzlich beeinflusst eine Reihe von Einflussfaktoren oder Parametern jeden Prozess. Die eine Gruppe von Parametern ist in ihrer Ursache und Wirkung nicht eindeutig festzustellen und verursacht eine zufällige Streuung der Messwerte. Die andere Gruppe erzeugt eine ständige, leichte Veränderung des

Anhang

Prozesses in einer konstanten Richtung, den Trend. Der Trend überlagert also diese zufällige Streuung, die hier Grundstreuung genannt wird.

Ziel jeder Prozessüberwachung ist, die Messwerte so in das vorgeschriebene Toleranzfeld zu zentrieren, dass die Messwerte in ihrer Gesamtheit den größtmöglichen Abstand von den Toleranzgrenzen aufweisen. Für die Praxis entspricht das in etwa der Forderung nur zwei Drittel der Toleranz, um die Toleranzmitte auszunutzen. Statistisch würde das etwa bedeuten, dass die mittlere quadratische Streuung aller Messwerte etwa ein Sechstel der Toleranz ausmacht.

In Bild 2 sind die Messwerte eines Prozesses schematisch mit den entsprechenden Kennwerten dargestellt.

| | | | |
|---|---|---|---|
| $T = T_o - T_u$ | Zulässige Toleranz | $T_o$ | Obere Toleranzgrenze |
| $T_m$ | Toleranzmitte | $T_u$ | Untere Toleranzgrenze |
| P | Prozess-Streuung | $N_T$ | Trendzahl |

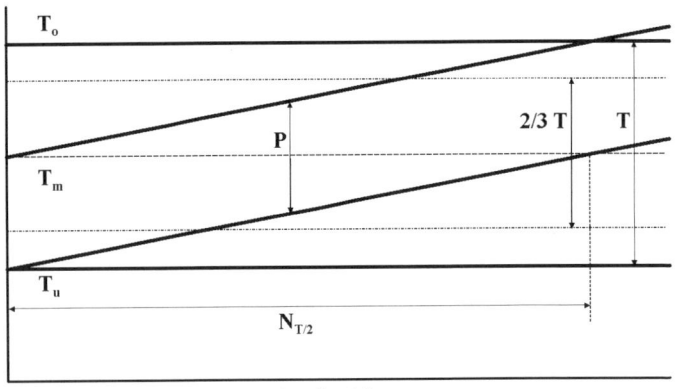

**Stückzahl n**

Die Trendzahl gibt die Prozessdauer (oder ein Äquivalent) an, in der die Messwerte infolge des jeweiligen Trends die gesamte Toleranz ohne Berücksichtigung der Prozess-Streuung durchlaufen (im Folgenden werden als Zeitäquivalent Stückzahlen gewählt).

Mit fortlaufendem Prozess durchlaufen also die Messwerte den Toleranzbereich und streuen dabei zufällig um eine mittlere Gerade (oder auch Kurve), deren Steigung den Trend darstellt. Die Trendzahl gibt also die Stückzahl eines Fertigungsprozesses an, die die mittlere Trendgrade benötigt, um die zulässige Toleranz zu durchlaufen.

Als Ziel jeder Prozess-Steuerung wird vorgegeben, dass 95 Prozent aller Messwerte im mittleren Zwei-Drittel-Bereich der zulässigen Toleranz liegen müssen. Ferner sollte bei Unterbrechung der Prozess das nächste gefertigte Werkstück auch im Zwei-Drittel-Bereich des Toleranzfeldes zentriert werden.

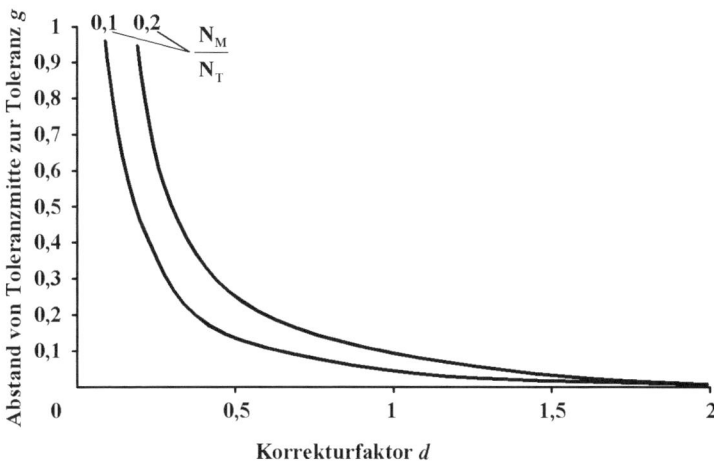

**Korrekturfaktor *d***

Im obigen Bild ist der Prozess nur mit konstantem Trend ohne Prozess-Streuung dargestellt. Als Korrekturformel des Prozesses nach jeder Messung ist angenommen:

$$K = d(x_i - T_M) = -d \cdot g$$

Nach jeder Messung wird der Prozess um einen festen proportionalen Wert (-d) vom Abstand zur Mitteltoleranz g gegen die Trendrichtung korrigiert. Der Abstand zwischen zwei Messungen wird hier $N_{MZ}$ = Messzykluszahl genannt.

Es entsteht ein Gleichgewichtszustand, wenn die Größe der Korrektur genau der Trendverlagerung in einem Messzyklus entspricht. Dieses Gleichgewicht liegt außerhalb der Toleranzmitte und beträgt

$$g = \frac{N_{MZ}}{N_T} \cdot \left(\frac{1}{d} - \frac{1}{2}\right)$$

g  Gleichgewichtsabstand von der Toleranzmitte

Anhang

Man erkennt aus der Formel folgende Situationen:

1. $d \Rightarrow 0$                Abstand von der Mitteltoleranz wird sehr groß
2. $d = 2$                 Abstand von der Mittentoleranz wird 0
3. $N_{MZ}/N_T \Rightarrow$ klein      Abstand von der Mittentoleranz wird klein

Beim Fehlen einer Grundstreuung ist die Regelung des Prozesses mathematisch eindeutig und einfach. Schwieriger wird der Sachverhalt bei der Anwesenheit einer Grundstreuung, wie im Normalfall.

Bei der Erfassung der Messprobe kann niemals gesagt werden, wo innerhalb der Grundstreuung der Messwert liegt, am unteren Rand, in der Mitte oder am oberen Rand. Wenn auf Grund des Messwertes korrigiert wird, so verschiebt man daher den Prozess nicht nur um den Trend, sondern wegen der überlagerten zufälligen Prozess-Streuung auch um einen gewissen Wert zufällig, und vergrößert dadurch die reale Prozess-Streuung.

Ein solches Problem lässt sich am besten durch Simulation lösen.

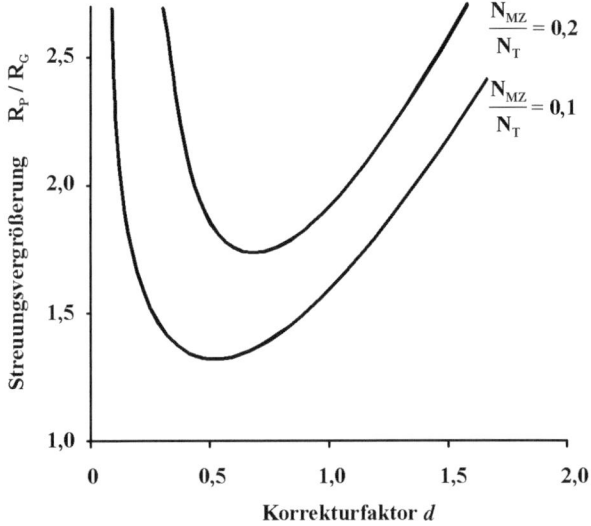

Im obigen Bild sind für die Parameter Grundstreuung RG = 0,3T und NMZ/NT die Mittenverlagerung und die Streuungsvergrößerung in Abhängigkeit vom Korrekturfaktor d als Ergebnis einer Simulation dargestellt. Außerdem ist der allgemein gebräuchliche Cpk-Wert, der die statistische Mittenzentrierung relativ zur Toleranz misst, ebenfalls untersucht worden.

Als günstigstes Ergebnis wurde aus diesem Diagramm abgeleitet

1. bei Mess-Steuerung:    Korrekturfaktor d = 0,5
2. bei manuellem Eingriff:    Korrekturfaktor d = 1

Diese Entscheidung wurde durch weitere Simulationen als richtig bestätigt.

### 5.5.1 Messzykluszahl ($N_{MZ}$)

Für die praktische Regelung des Prozesses auf der Grundlage eines Messwertes muss unter Berücksichtigung der Grundstreuung und des Trends ermittelt werden, welche Messzykluszahl ($N_{MZ\ max}$) nicht überschritten werden darf, damit der Prozess regelbar bleibt. (Die Messzykluszahl ist die Anzahl der gefertigten Werkstücke zwischen zwei Messungen.)

Dieser wurde wieder über Simulation ermittelt mit der zusätzlichen Randbedingung Cpk = 1,33.

Ergebnisse:

Für eine automatische Korrektur (d = 0,5) gilt:

$N_{MZ\ max} = (0{,}24 - 0{,}34\ R_G/T)\ N_T$

Für eine manuelle Korrektur (d = 1) gilt:

$N_{MZ\ max} = (0{,}26 - 0{,}57\ R_G/T)\ N_T$

Bei einer praktischen Prozesssituation wird wie folgt vorgegangen:

1. Ermittlung der Prozessgrundstreuung RG. Bei schwankender Grundstreuung wird der größte ermittelte Wert benutzt.
2. Ermittlung des Prozesstrends über die Trendstückzahl NT. Bei schwankendem Trend wird der größte auftretende Wert gewählt.
3. Festlegung des maximal zulässigen Messzyklusabstandes (Messzykluszahl $N_{MZ\ max}$).
4. Nach der Messung: Korrektur des Prozesses bei automatischer Regelung um den halben Abstand (d= 0,5) von der Toleranzmitte in Richtung auf Toleranzmitte. Korrektur des Prozesses bei manueller Regelung auf Toleranzmitte (d= 1).
5. Nach Ablauf der Messzykluszahl erneute Messung und Korrektur.

Anhang

## 5.5.2 Allgemeines

Die oben vorgestellte Regelmethode wurde in dem von mir geführten Unternehmen in der spanabhebenden Fertigung fast zehn Jahre mit großem Erfolg eingesetzt und ergab in 90 Prozent aller Fälle hervorragende Ergebnisse. Z. B. wurden die Fertigungstoleranzen mehr als halbiert, und es wurde mittenzentriert im Toleranzfeld produziert.

Trotzdem ergaben sich einige Sonderfälle, die zu beachten sind:

1. Einstellstücke:

   Nach Werkzeugwechsel liegt im Allgemeinen das erste Werkstück wegen der mangelhaften Positioniergenauigkeit des Werkzeuges weit außerhalb der Toleranz. Hier ist eine Möglichkeit zu schaffen, beim ersten Stück das Werkzeug um dessen Positionierungsgenauigkeit zurückzustellen, um sich eventuell mit zwei Schnitten in den Toleranzbereich zu bewegen und so den Verlust eines teuren Werkstücks zu vermeiden.

2. Starker Trend:

   Hier empfiehlt es sich, nicht auf die Toleranzmitte zu korrigieren, sondern auf eine Korrekturlinie, die entgegen dem Trend aus der Toleranzmitte verschoben ist.

**Automatische Regelung**

Korrekturlinie: $K = T_m - N_{MZ}/N_T \, (1/d - 1/2)$

Messzykluszahl: $N_{MZmax} = (0{,}69 - 1{,}1 \, R_G/T) \, N_T$

**Manuelle Regelung**

Korrekturlinie $K = \pm (1/2 \, N_{MZ}/N_T + 0{,}5)$ (neg. Trend +/pos. Trend –)

Messzykluszahl $N_{MZmax} = (0{,}67 - 1{,}5 \, R_G/T) \, N_T$

3. Die vorstehenden Lösungen beziehen sich ausschließlich auf Einzelmessungen (Stichprobe 1) und anschließende Korrektur des Prozesses. Das ist insbesondere bei der automatischen Regelung sinnvoll, da hier durch den Messvorgang im Allgemeinen der Prozess nicht unterbrochen wird und daher die Messfolge ohne Kostenerhöhung eng gewählt werden kann.

4. Bei der manuellen Messung und Regelung sollte der Prozess so wenig wie möglich unterbrochen werden. Daher hat man die Stichprobengröße 1 erweitert nach folgendem Schema.

| Stichprobengröße n | Grundstreuung $R_G$ |
|---|---|
| n = 1 | $R_G \leq 1/3$ Toleranz |
| n = 2 | 1/3 Tol. $< R_G \leq 1/2$ Tol. |
| n = 3 | 1/2 Tol. $< R_G \leq 2/3$ Tol. |

Damit vergrößert sich die maximale Messzykluszahl auf:

$N_{MZmax} = 0{,}5 \, (1 - R_G/T) \, N_T$

Diese Formel und die Grenzwerte der darüber stehenden Tabelle wurden gleichfalls mittels Simulation gewonnen.

## 5.6 Disposition und Fertigungssteuerung

Eine der schwierigen Aufgaben in einem Unternehmen ist die pünktliche Versorgung der Kunden mit gefertigten Produkten unter den realen Bedingungen, die berücksichtigen muss:

1. schwankenden Bedarf des Kunden
2. unpünktliche Anlieferung des Rohmaterials
3. schwankende Durchlaufzeit durch die Fertigung infolge von Kapazitätsproblemen, Maschinenstillstand, Personalmangel etc.

Diese Unsicherheiten können weitgehend behoben werden durch einen Sicherheitsbestand von Roh- und Fertigteilen, der immer dann zum Einsatz kommt, wenn Schwierigkeiten der oben beschriebenen Art auftreten. Es ist daher geradezu ein Charakteristikum des Sicherheitsbestandes, dass dieser in der Größe schwankt, je nach dem Ausmaße, indem er genutzt wird. Der Sicherheitsbestand ist dann richtig ausgelegt, wenn er zwischen Null und einem kleinsten vorstellbaren Maximalwert schwankt, aber niemals negativ wird.

Im Normalfall wird bestellt und gefertigt in Losgrößen, die meist aus wirtschaftlichen Gründen gebildet werden. Diese Losgröße ist als natürlicher Sicherheitsbestand zu betrachten, der sich ständig mit dem Verbrauch verkleinert und sich dann wieder neu aufbaut.

Anhang

Die Verhältnisse sind komplex und können daher am besten mittels einer Simulation untersucht werden, die vereinfachte, jedoch prinzipiell richtige Ergebnisse erzielt.

Zunächst ist jedoch das System eindeutig zu definieren, und die wirkenden Parameter sind zu beschreiben:

1. Grundeinheit der Zeit ist die Woche
2. wöchentlicher durchschnittlicher Kundenbedarf      p
3. ein einzelner Wochenbedarf      pi
4. Lieferzeit des Rohmaterials      T
5. durch Lieferzeit gebundene Menge      $F = p \cdot T$
6. Fertigungsdurchlaufzeit      t
7. Bestelllosgröße des Rohmaterials und Fertigungslosgröße L sind gleich
8. durchschnittliche Sicherheitsmenge      S
9. durchschnittliche Lagermenge      M
10. Dispozahl      D

Mit diesen Parametern ist das System vollständig beschrieben. Es müssen jedoch einige Parameter näher erläutert werden.

Die durchschnittliche Lagermenge wird gebildet aus der halben Losgröße, der durchschnittlichen Menge, die im Fertigungsdurchlauf ist, und der durchschnittlichen Sicherheitsmenge.

$$M = L/2 + p \cdot t + S$$

Mit der Dispozahl wird die Menge kontrolliert, die disponiert, in der Fertigung und auf Lager sein muss, um die Lieferfähigkeit aufrechtzuerhalten. Es handelt sich damit um die durchschnittlich durch die Lieferzeit des Rohmaterials gebundene Menge $F = p \cdot T$, die durchschnittlich in der Fertigung befindliche Menge und den durchschnittlichen Sicherheitsbestand, die dann immer zu einer neuen Losgrößenbestellung führen müssen, wenn die Dispozahl im Lager- und Bestellbestand unterschritten wird.

$$D = (T + t)\, p + S$$

Die einfachste und verlässlichste Methode, um den notwendigen Sicherheitsbestand zu bestimmen, ist die Simulation. Der gefundene Wert in Verbindung mit den oben stehenden Formeln führt über die das System bestimmenden Parameter D und M auf die Sicherheitsmenge S.

Die Simulation wurde wie folgt angelegt:

1. Die Losgröße wird variiert mit den Werten 2-/4-/8-/12-Wochendurchschnittsbedarf

2. Die Lieferzeit des Rohmaterials ist konstant: T = 4 Wochen

3. Der durchschnittliche Kundenbedarf pro Woche p = 1

4. Schwankung des Kundenbedarfs: Gleichverteilung in sechs verschiedenen Streuweiten und folgender Stufung:

$$V = \frac{p_{imax} - p_{imin}}{p} = 2/= 1,5/= 1,0/= 0,6/= 0,4/= 0,2$$

(Die Stufe 2 streut zwischen 0 und 2p. Die Stufe 0,2 streut zwischen 0,9p und 1,1p)

5. Bearbeitungs- und Liegezeit =1 Woche

6. In der Simulation wird D variiert und die Größe bestimmt, bei der in mehr als 99 Prozent aller Fälle eine Bearbeitungs- und Liegezeit von mindestens einer Woche verbleibt.

7. Es wird immer eine Losgröße bestellt, wenn der Bestellbestand, die Menge in der Fertigung und auf Lager durch Lieferung an den Kunden die Dispozahl unterschreitet.

8. Die Resultate für jede Dispozahl wurden über 2.000 Wochen untersucht mit der Voraussetzung, dass in 99 Prozent aller Fälle eine Fertigungszeit von mehr als einer Woche zur Verfügung stand.

Als Ergebnis interessieren in erster Linie (in Wochendurchschnittsbedarf des Kunden)

- Der Sicherheitsbestand S
- Der durchschnittliche Lagerbestand $M = L/2 + p \cdot t + S$
- Die kleinstmögliche Dispozahl $D = T + p \cdot t + S$

Anhang

Da T, p und t vorgegebene Größen sind, bestimmt der Sicherheitsbestand S die Werte D und M.

| V \ L | 2,0 | 1,5 | 1,0 | 0,6 | 0,4 | 0,2 |
|---|---|---|---|---|---|---|
| 2  | 3,8 | 2,0 | 1,3 | 0,7 | 0,5 | 0,2 |
| 4  | 3,0 | 1,7 | 1,0 | 0,5 | 0,4 | 0,1 |
| 8  | 2,5 | 1,7 | 1,0 | 0,5 | 0,3 | 0,1 |
| 12 | 2,0 | 1,5 | 0,8 | 0,5 | 0,2 | 0   |

In der oben stehenden Tabelle ist der durch Simulation ermittelte Sicherheitsbestand in Abhängigkeit von der Losgröße L und der Variabilität V (siehe Punkt 4 oben) dargestellt (Maßeinheit: Durchschnittswochenbedarf). Man erkennt, dass die größte Abhängigkeit durch die Variabilität hervorgerufen wird und die Losgröße eine geringere Rolle spielt.

Da die Annahme $V = 2$ in mehrfacher Hinsicht durch die

- angenommene, eher seltene Gleichverteilung,
- den unteren Extrempunkt 0 und
- die angenommene hohe Aussagesicherheit (fast 50 Jahre Simulationsdauer)

extrem erscheint, wird man in den meisten praktischen Fällen mit den Werten für $V = 1,5$ auf der sicheren Seite liegen.

Der notwendige Sicherheitsbestand beim Übergang der Losgröße von Zwei- auf Vier-Wochenbedarf sinkt bereits deutlich, daher empfiehlt es sich, im Normalfall eine Losgröße, die einen Vier-Wochen-Kundendurchschnittsbedarf abdeckt, zu wählen. Hier werden die höheren Lagerkosten in aller Regel durch geringere Handlings- und Rüstkosten aufgefangen.

Der Unterschied im durchschnittlichen Lagerbestand für $V = 2$ gegenüber $V = 1,5$ beträgt etwa 0,8 Wochen bei einer Fertigungsdurchlaufzeit von einer Woche, einer Losgröße von vier Wochen sowie der hier angenommenen Lieferzeit des Rohmaterials von vier Wochen und erklärt sich allein aus der Differenz des Sicherheitsbestandes.

$M = L/2 + p \cdot t + S$ und bei $p \cdot t = 1$ ist aus der nachstehende Tabelle zu entnehmen, die den durchschnittlichen Lagerbestand M in Abhängigkeit von der Losgröße L und der Bedarfsschwankung V in der Größe Durchschnittswochenbedarf angibt:

| V \ L | 2,0 | 1,5 | 1,0 | 0,6 | 0,4 | 0,2 |
|---|---|---|---|---|---|---|
| 2 | 5,8 | 4,0 | 3,3 | 2,7 | 2,5 | 2,2 |
| 4 | 6,0 | 4,7 | 4,0 | 3,5 | 3,4 | 3,1 |
| 8 | 7,5 | 6,7 | 6,0 | 5,5 | 5,3 | 5,1 |
| 12 | 9,0 | 8,5 | 8,8 | 8,5 | 8,2 | 8,0 |

Man kann Folgendes daraus ableiten:

- Bei großen Schwankungen V sollte man möglichst eine Vier-Wochen-Losgröße und keine Zwei-Wochen-Losgröße wählen
- Bei großen Losgrößen L beeinflusst die Bedarfsschwankungen nur wenig den Lagerbestand

**Nutzen der vorstehenden Ergebnisse**

Mit den vorgestellten Formeln und dem notwendigen Sicherheitsbestand ist auf relativ einfache Weise der mit den gegebenen Parametern erreichbare Vorratsbestand abzuschätzen. Man wird im Allgemeinen feststellen, dass die Zahlen im praktischen Einsatz nicht erreicht werden, weil die Organisation bei der Zulieferung, in der Fertigung und in der Abwicklung verbesserungsfähig sein wird. Die meisten bekannten PPS-Systeme zeigen außerdem deutliche Mängel und gehören verbessert.

Wenn der Durchschnittslagerbestand mit den festliegenden Parametern und dem dazugehörigen Sicherheitsbestand nicht erreicht wird, überprüft man die Qualität der internen Materialbewegung an den Vorräten der Einzelkomponenten, die mit hoher Wahrscheinlichkeit dann zu groß sind, wenn die Bestandsmenge mehr als doppelt so groß ist wie der theoretisch notwendige, durchschnittliche Lagerbestand.

Mit den vorstehenden Methoden hat man ein Grundgerüst und einen Ansatz, wie Vorräte minimiert werden können. Daneben wartet jedoch auf den, der den Weg zur Optimierung von Vorräten beschreiten will, eine Menge Detailarbeit in der Organisation aller Abläufe, in der Fertigung und der Materialwirtschaft, die sich schon deswegen lohnt, weil gerade in den letzten Jahren zunehmend mit Mangel an Kapital gekämpft wird. Es müsste Ziel eines jeden Unternehmens sein, die Vorräte deutlich unter 10 Prozent vom Jahresumsatz zu drücken, ohne an Liefersicherheit einzubüßen.

Anhang

## 5.7 Produktionsverlagerungen ins Ausland

Die weltweite Vernetzung der Wirtschaft nach dem Zweiten Weltkrieg und wechselnde lokale Produktions- und Marktbedingungen hat eine zunehmende Verlagerung von Produktionen in wachsende Märkte und ins kostengünstigere Ausland bewirkt, die sich trotz der immer niedrigeren Transportkosten häufig als vorteilhaft erwies.

Die wichtigsten Gründe für eine Betriebs- oder Teilbetriebsverlagerung sind folgende:

1. Entwicklung eines wachsenden spezifischen Marktes im Ausland.

2. Kostengünstige Produktionsmöglichkeit bei einem entstehenden Markt.

3. Günstige Export- und Produktionsbedingungen von in der eigenen Produktion weltweit benötigten Komponenten.

4. Exportmöglichkeiten durch günstige Transportbedingungen oder Exportsubventionen.

5. Steuerliche Vorteile oder Subventionen vielfältiger Art.

6. Durch Importbarrieren erzwungene lokale Produktion zur Bedienung des lokalen Marktes.

7. Günstige Zulieferprodukte für den lokalen Markt und deren Export für die eigene weltweite Produktion.

8. Verlagerung von nicht mehr im Stammwerk benötigten Produktionsanlagen und deren wirtschaftlicher Einsatz durch günstige lokale Produktionskosten.

9. Unterstützung eines wichtigen Kunden durch lokale Belieferung beim Aufbau einer bestimmten Programmreihe.

Eine Verlagerung wird in aller Regel nur dann geplant, wenn mehrere dieser Vorteile in einem Produkt oder einer Produktreihe zusammentreffen.

Ganz kritisch sollten staatliche Hilfen jeder Art betrachtet werden, da sie im Allgemeinen nur kurzfristig gelten werden und sie daher als Basis einer langfristigen Entscheidung meist zweifelhaft sind.

Immer sollte der Marktgedanke im Vordergrund stehen. Nur wenn der betreffende Markt wächst, ausreichend groß ist und überschaubare Wettbewerbsbedingungen zeigt sollte man einer Verlagerungen näher treten.

Entscheiden ist der "Return of Investment", der nach Steuern mindestens in fünf bis sieben Jahren, besser noch schneller erwartet werden sollte.

## Anhang

Man wird in jedem Fall die in der Anlage 5.2 erläuterte Planungs- und Investitionsrechnung auf das vorgesehene Projekt ansetzen, wobei besonders sorgfältig die getroffenen Annahmen zu untersuchen sind. Immer gehört zu der Rechnung und Überlegung der "worst case", weil der ein Bild der voraussehbaren Risiken zeigt.

Neben dieser reinen Rechnung sollten vor allen Dingen Überlegungen angestellt werden, welche Traditionen und Lebensverhältnisse an dem vorgesehenen Standort gelten und vor allem, ob das Ausbildungsniveau der lokalen verfügbaren Mitarbeitern den Ansprüchen der neu aufzubauenden Prozesse genügt.

Für die Verlagerung ins Ausland kommen nur Produktionen in Frage, die robust sind, ohne jede Einschränkung beherrscht werden und längere Zeit im Stammwerk erprobt sind.

Die Prozessparameter müssen genau bekannt sein und sich eindeutig definieren lassen. Es wird sich daher fast immer um eine existierende Produktionslinie handeln, die ohne wesentliche Änderung zu dem neuen Standort verlagert wird.

Trotzdem werden im Allgemeinen einzelne Führungs- und Fachkräfte besonders in der Anfangszeit vom Stammwerk abgestellt werden müssen. Diese Personen sollten mit der Sprache und den örtlichen Lebensverhältnissen zu Recht kommen, das fällt jüngeren Mitarbeitern unter 35 Jahren oftmals leichter.

Allerdings wird es dadurch schwieriger, ausreichend flexible Mitarbeiter zu finden, die in diesem Alter schon entsprechende Fachkenntnisse mitbringen.

Wir haben gelegentlich bei solchen Vorhaben Mitarbeiter von außen eingestellt, sind aber leider in den meisten Fällen gescheitert.

Es ergab sich ein sehr verständliches Problem. Diese neuen Mitarbeiter waren dreifach belastet. Sie mussten bis ins Detail eine neue Technologie lernen, sich mit einer unbekannten Betriebsorganisation auseinandersetzen und hatten gleichzeitig die fremdartigen Bedingungen des neuen Standort zu bewältigen. Das ging im Allgemeinen über ihre Kräfte, zumal ihnen auch die notwendigen Beziehungen ins Stammunternehmen fehlten, um den Wissensspeicher im Unternehmen auf dem direkten Wege intensiv anzuzapfen.

Aus diesem Grunde war es immer sicherer, junge Leute aus dem Unternehmen für eine solche Aufgabe zu gewinnen, selbst wenn ihr Ausbildungsniveau nicht ganz den gewünschten Standard aufwies.

Anhang

Leute aus dem eigenen Hause, die vorher Probleme gemacht hatten oder Schwierigkeiten in der Zusammenarbeit mit anderen gezeigt hatten, waren ebenfalls ungeeignet, da diese persönlichen Schwierigkeiten in der fremden neuen Umgebung eher verstärkt wieder in Erscheinung treten.

Wegen allen diesen potentiellen Schwierigkeiten empfiehlt es sich, eine Kernmannschaft aus Fach- und Führungskräften aus dem vorgesehenen Betriebsstandort im Ausland rechtzeitig zu rekrutieren und sie fachlich sorgfältig im Stammwerk zu schulen und sie mit den organisatorischen Bedingungen, den Lebens- und Denkgewohnheiten und der Sprache des Stammwerkes eingehend vertraut zu machen.

Eine solche Vorbereitung dauert bis zu zwei Jahren und kann auf keinem Fall in einigen Wochen geleistet werden.

Man sollte sich sehr genau überlegen, welche Aufgabe jeder einzelne im ausländischen Betrieb zu übernehmen hat, damit die notwendige Schulung gezielt "on the job" erfolgen kann. Hier kann er außerdem die so notwendigen Kontakte zu Fachkollegen knüpfen, die ihm in der späteren Zeit gute Dienste bei Rückfragen leisten werden. Diese Fachkollegen sind dann auch gerne bereit, bei auftretenden ernsten Problemen Feuerwehr zu spielen und in kritischen Fällen dem neuen entstehenden Werk hilfreich zur Seite zu stehen.

Leider habe ich häufiger erleben müssen, dass die gezielt ausgebildeten Fachkräfte im Ausland dann vollkommen falsch, nämlich auf einem Fachgebiet eingesetzt wurden, für das sie nicht ausgebildet waren und dadurch später im Einsatz eine entsprechende Minderleistung ablieferten. Gleichzeitig fehlten ihnen die so wichtigen Beziehungen zu den Fachkollegen im Stammwerk, was die Problematik noch verstärkte.

Bei der Ausbildung im Stammwerk sollte man die ausländischen Mitarbeiter und die einheimischen Fach- und Führungskräfte, die ins Ausland übersiedeln in einer Art Projektgruppe zusammenfassen und sie laufend miteinander in Kontakt bringen.

Wichtig erscheint mir auch, dass diese Kontakte sich auf der privaten Ebene entwickeln, damit diese Truppe, mag sie klein oder größer sein, zusammen wächst und sich ein Korpsgeist entwickelt, der nach aller Erfahrung die Erfüllung der Aufgaben erleichtert.

Ausländische Mitarbeiter in Ausbildung waren immer dann absolut sichere Treffer, wenn die auszubildende Abteilung vorstellig wurde, diesen neuen Mitarbeiter gerne im Stammwerk weiter beschäftigt zu sehen.

Die eigentliche Produktionsverlagerung muss in Form eines Projektes (siehe auch Anhang 5.4) bearbeitet werden, wobei der Projektleiter der wichtigste Mann ist. Als Projektleiter sollte immer der nachher für die Produktion oder das betreffende Unternehmensteil zuständige Führungskraft bestimmt werden. Sein Vertreter sollte aber eine im Stammwerk verbleibender Person sein, die nach der erfolgten Verlagerung die Interessen des verlagerten Bereichs im Stammwerk für die erste Zeit vertritt.

Im Allgemeinen werden aus Deutschland ältere, meist abgeschriebene Maschinen verlagert, die wenig automatisiert sind und am neuen Standort mit den dort niedrigen Löhnen auch wirtschaftlich betrieben werden können.

Man sollte die wichtigsten Maschinen jedoch vorher überholen lassen und dafür sorgen, dass ausreichend Ersatzteile vorhanden sind. Die überholte Maschine sollte auf jeden Fall noch im Stammwerk wieder in Produktion gehen, damit unliebsame Überraschungen vermieden werden.

Ein wichtiger Punkt ist die Sicherung der Lieferung an den Kunden des Stammwerkes während der Verlagerung.

Entweder muss im Stammwerk eine modernere Zusatzkapazität aufgebaut werden oder - bei anschließendem Import aus dem Auslandswerk - müssen entsprechende Vorräte aufgebaut werden, zur Überbrückung des bei der Verlagerung auftretenden Produktionsausfalls und der längeren künftigen Transportzeiten.

Sehr wichtig ist auch Zulieferkomponenten nicht langfristig aus dem Stammwerk zu beziehen, sondern im Ausland lokale Lieferquellen zu erschließen, damit der Transportaufwand geringer wird.

Man muss bei der Entwicklung von solchen Lieferquellen genügend Geduld und Ausdauer für eine Lernphase aufbringen, da Liefertreue und Qualitätsbewusstsein in den Ländern sehr unterschiedlich sind.

Gelegentlich hatten wir auch Erfolg mit der Motivation eines Zulieferers des Stammwerkes, ebenfalls eine Produktionsstätte in die Nähe unseres Auslandstandortes zu verlagern.

Anhang

Meistens scheuten die Lieferanten des Stammwerkes jedoch das Risiko und wir mussten zum Beispiel in Brasilien, Mexiko und Südafrika teilweise mit überzeugendem Erfolg selbst Komponenten herstellen, die wir vorher aus Europa bezogen hatten.

In diesen Fällen benötigt man immer einen Know-how-Träger, der sich auf dem neuesten technischen Stand befindet und bereit ist eine Produktionslizenz zu vergeben. Das gelingt im Allgemeinen dann gut, wenn dieser Lizenznehmer ein Vorkaufsrecht für die Fertigung im Ausland eingeräumt bekommt.

Eine meist dunklere Seite ist die Betreuung und die zukünftigen Berufsaussichten, von den Mitarbeitern, die häufig mit vielen guten Worten für diese anspruchsvolle Auslandsaufgabe gewonnen wurden.

Meist werden diese Mitarbeiter im Ausland eine Position höher eingesetzt, gegenüber der Position, die sie vorher im Stammwerk besetzt hatten. Bei der Rückkehr in drei oder vier Jahren fehlt für sie eine Position im Stammwerk, wie sie im Ausland von ihnen eingenommen wurde Sie müssen daher häufig auf einen weiteren Berufsaufstieg verzichten, weil sie als Rückkehrer ins Stammwerk auf ein berufliches Nebengeleise abgeschoben wurden.

Der Hauptgrund liegt nicht so sehr darin, dass sie keine entsprechenden Fähigkeiten besitzen, sondern ganz einfach daran, dass ihnen die persönlichen Förderer fehlen und man sie einfach im Stammwerk aus dem Auge verloren hatte. Ihnen ging das persönliche Netzwerk verloren.

Vor Jahren waren sie gefragte Leute, als sie dem Unternehmen aus einem Engpass helfen mussten und sind nach der Rückkehr Störenfriede und damit lästig. Nur wenige Firmen bemühen sich vorbildlich um die im Ausland Tätigen und entwickeln für diese Leute eine Art Karriereplanung, die eine Rückkehr einschließt.

Diese Situation verschärft sich noch, wenn die Auslandstätigkeit über drei bis fünf Jahre hinausgeht. Dann ist es für alle Beteiligten am vorteilhaftesten, dass die betreffende Person im Ausland verbleibt, zumal der Gesamtrahmen für die Familie in vielen exotischen Ländern deutlich luxuriöser einzuordnen ist als im Heimatland.

Auch die Arbeitsmethoden sind oftmals deutlich unterschiedlich gegenüber europäischen Normen. So ist zum Beispiel die vergleichbare Produktivität in Südafrika für ein sehr erfolgreiches Unternehmen im Durchschnitt weniger als ein Drittel von der in Deutschland.

Keine einfache Bedingung für einen Rückkehrer.

# Index

## A

Abmahnung . . . . . . . . . . . . . . . . . . . . 48
Abnahme der Maschine . . . . . . . . . . 32, 42
Abrufverhalten . . . . . . . . . . . . . . . . . 128
Abschreibungspraxis . . . . . . . . . . . . . . 67
Aktiva . . . . . . . . . . . . . . . . . . . . . . 66, 70
Alternativrechnungen . . . . . . . . . . . . . 53
Altlasten . . . . . . . . . . . . . . . . . . . . . . . 68
Amortisationsdauer . . . . . . . . . . . . . . 243
Analyse
   ABC- . . . . . . . . . . . . . . . . . . . . . . . . 82
   der Unternehmenssituation . . . . . . . 77
   des Betriebes . . . . . . . . . . . . . . . . . . 28
   des Reparaturaufwands . . . . . . . . . . 29
   Prozess~ . . . . . . . . . . 32, **158**, 162, 170
   Wert~ . . . . . . . . . . . . . . . . . . . . . . . 213
Angsttoleranzen . . . . . . . . . . . . . 153, 156
Anlagevermögen . . . . . . . . . . . . . . **67**, 81
Arbeitgeberverband . . . . . . . . . . 104, 208
Arbeitsplatzbeschreibung . . . . . . . . . 169
Arbeitsteilung . . . . . . . . . . . . . . . . . . 131
Arbeitszeitkonto . . . . . . . . . . . . . . . . . 41
ärztliche Werksdienst . . . . . . . . . . . . 202
Audits . . . . . . . . . . . . . . . . . . . . . . . . 178
Ausbildung
   *Lehrlings~* . . . . . . . . . . . . . . . 206, 207
   *on the Job* . . . . . . . . . . . . . . 20, 49, 205
Ausland
   *~stätigkeit* . . . . . . . . . . . . . . . . 25, 278
   *Produktionsstätten* . . . . . . . . 108, *196*
Außenstände . . . . . . . . . . . . . . . . . **69**, 94
Auswärtsvergabe . . . . . . . . . . . . . . . . . 29
Automatisierung . . . . . . . . . . . . . . **23**, 54

## B

Bank . . . . . . . . . . . . . . . . . . . . . 216, 226
   *~kredite* . . . . . . . . . . . . . . . . . . . . . 227
   *~sicherung* . . . . . . . . . . . . . . . . . . . 43
Baueinheiten . . . . . . . . . . . . . . . . . . . 132
Bedarfsschwankung . . . . . . . . . . . . . . 38
Begabung . . . . . . . . . . 113, 114, 203, 236

Beirat . . . . . . . . . . . . . . . . . . . . . . . . **221**
Belieferung . . . . . . . . . . . . . . . . . . . . 195
Benchmarking . . . . . . . . . . . . . . . **24**, 77
Berater . . . . . . . . 126, **213**, 214, 215, 217
Beratung
   *Berufs~* . . . . . . . . . . . . . . . . . . . . . . . 1
   *Multi~* . . . . . . . . . . . . . . . . . . . . . . 227
Bestandsaufnahme . . . . . . . . . . . . . 16, 27
Betriebsdisziplin . . . . . . . . . . . . . . . . 115
Betriebsgemeinschaft . . . . . . . . . . . . 202
Betriebsingenieur . . . . . . . . . . . . . . . . . 5
Betriebsklima . . . . . . . . . . . . . . . **218**, 241
Betriebsleiter . . . . . . . . . . . . . . . . . . . . 25
Betriebsrat . . . . . . . . . 27, 62, 81, 103, 207
Betriebsrichtlinien . . . . . . . . . . . . . . . . 55
Betriebswirtschaft . . . . . . . . . . . . . . . 209
Beurteilungsmethode . . . . . . . . . . . . 230
Bewerbungen . . . . . . . . . . . . . . . . . 26, 50
Bilanzierungstaktik . . . . . . . . . . . . . . 231
Bilanzsumme . . . . . . . . . . . . . . . . . . . 66
Bürokratie . . . . . . . . . . 116, 120, 157, 220

## C

Chef . . . . . . . . . . . . . 12, 56, 57, 101, 218
Cpk-Wert . . . . . . . . . . . . . . . . . . . . . . 266

## D

Dauerhaltbarkeit . . . . . . . . . . . . . . . . 257
Dauerversuche . . . . . . . . . . . . . . . . . 145
Deckungsbeitragsrechnungen . . . . . . 190
Disposition . . . . . . . . . . . . . . 38, 187, **269**
Disziplin . . . . . . . . . . . . . . . . . . . 18, 220
Dokumentation . . . . . . . . . . . . . . . . . 258
Due diligence . . . . . . . . . . . . . . . . . . 231

## E

EBIT . . . . . . . . . . . . . . . . . . . . . . 229, 238
EDV . . . . . . . . . . . . . . . . . . . . . . . . . 128
Eigenfertigung . . . . . . . . . . . 73, 163, 195
Eigenkapital . . . . . . . . . . . . . 70, 226, 228
Eigentümer . . . . . . . . . . . . . . . . . . . . 222
Einkauf . . . . . . . . . . . . . . . . . . . . . . . 194
Einsatzmöglichkeit des Ingenieurs . . . . . 2
Einsparung . . . . . . . . . . . . . . . . . . 18, 250

# Index

Einstellungspolitik . . . . . . . . . . . . . 4, 113
Entwicklungsbereich. . . . . . . . . . . . . . 148
Entwicklungskosten . . . . . . . . . . . . . . . 211
Entwicklungsphasen . . . . . . . . . . . . . . 255
Entwicklungsschleifen . . . . . . . . . . . 134
Entwicklungsvertrag. . . . . . . . . . . . . . 141
Entwicklungszeit. . . . . . . . . . . . 152, 198
Erfindervergütung. . . . . . . . . . . . . . . . 151
Erfolg . . . . . . . . . . . . . . 72, 74, 87, 220
Ersatzteile . . . . . . . . . . . . . . 43, 174, 196
Erstabnahme . . . . . . . . . . . . . . . . . . . . 178
Ertragslage . . . . . . . . . . . . . . . . . . . . . 228
Ertragssteigerung . . . . . . . . . . . . . . . . . 80
Exportaufträge . . . . . . . . . . . . . . . . . . 228

## F

Familien-Gesellschaft. . . . . . . . . . . . . . 59
Fehldispositionen . . . . . . . . . . . . . . . 188
Fehlerrechnung. . . . . . . . . . . . . . . . . . 243
Fertigung
~sdurchlaufzeit. . . . . . . . . . . . . 40, 270
Fertigungsprozess . . . . . . . . . . . . . . . 131
Fertigungssteuerung . . . . . . . . . . . . . 269
Fertigungstiefe . . . . . . . . . . . . . . . . . . . 72
Fixkostendeckungsrechnung. . . . 191, 212
Flexibilität. . . . . . . . . . . . . . . . . . . . . . . 72
Fremdfinanzierung . . . . . . . . . . . . . . 228
Fremdkapital. . . . . . . . . . . . . . . . . . . . . 70
Fremdsprachenkenntnisse. . . . . . . . . 3, 25
Führung. . . . . . . . . . . . . . . . . . . . . . . . 100
Führungsaufgabe. . . . . . . . . . . . . . . 16–18
Führungseigenschaften . . . . . . . . . . . . 16
Führungsfähigkeiten . . . . . . . . . . . . . 118
Führungsfehler . . . . . . . . . . . . . . . . . . 203
Funktionsabnahme . . . . . . . . . . . . . . 167
Funktionsfähigkeit . . . . . . . . . . . . . . . 257
Fürsorgepflicht . . . . . . . . . . . . . . . . . . 221

## G

geistiges Eigentum . . . . . . . . . . . . . . . . 6
Generationswechsel . . . . . . . . . . . . . . 222
Gesamtverantwortung. . . . . . . . . . . . . 85
Geschäftsführung . 57, 101, 111, 222, 223, 226

Geschäftsverteilungsplan. . . . . . . . . . 102
Gespräche
*Betriebsbesprechungen*. . . . . . . . . 165
*Einzel~* . . . . . . . . . . . . . . . . . . . . . . 84
*Kunden~* . . . . . . . . . . . . . . . . . 62, 186
*Mitarbeiter~* . . . . . . . . . . . . . . . . . . 16
*Vier-Augen~* . . . . 7, 25, 27, 56, 62, 190
*zu lange~* . . . . . . . . . . . . . . . . . . . 208
Gewährleistungsfälle. . . . . . . . . . . . . . 87
Gewerkschaft. . . . . . . . . . . . . . . . 87, 208
Gewinn- und Verlustrechnung . . . . . . . 71
Gewinnsituation. . . . . . . . . . . . . . . . . 239
Glaubwürdigkeit . . . . . . . . . . . . . . . . 200
Gleitzeitkonto . . . . . . . . . . . . . . . . . . 165
good will . . . . . . . . . . . . . . . . . . . 67, 231
Grundgehälter . . . . . . . . . . . . . . . . . . 240
Grundstreuung. . . . . . . . . . . . . . . . . . 264
Gruppenarbeit . . . . . . . . . . . . 20, 44, 55
Gruppenleiter. . . . . . . . . . . . . . **16**, 19, 44
Gruppenvorschläge . . . . . . . . . 8, 10, 248

## H

Handelsgeschäft. . . . . . . . . . . . . . . . . . 45
Headhunter . . . . . . . . . . . . . . . . . . . . 204
Herstellungskosten . . . . . . . . . . . . . . 163
Hierarchie . . . . . . . . . . . . . . . . . . . . . 239
Hilfs- und Betriebsstoffe . . . . . . . . 45, 174
Hochschulausbildung . . . . . . . . . . . . 113

## I

Informationsmöglichkeiten . . . . . . . . . . 5
Informationspolitik . . . . . . . . . . . . . . 221
Initialisierungsphase . . . . . . . . . . 11, 138
Innovationsfähigkeit . . . . . . . . . . . . . . 72
Instandhaltung. . . . . . . . **30**, 171, 173, 246
~skosten . . . . . . . . . . . . . . . . . . . . 172
*vorbeugende~*. . . . . . . . . . 31, 43, 172
Intrigen . . . . . . . . . . . . . . . . . 7, 60, 221
Investition . . . . . . . . 22, 52, 95, 125, 187
~saufwand. . . . . . . . . . . . . . . . . . . . 40
~spolitik . . . . . . . . . . . . . . . . . . . . . 41
~srechnung . . . . . . . . . . . . . 23, 91, *242*
Investmentbanker . . . . . . . . . . . . . . . 216

## J

Jahresgrundgehalt ............... 238
Job-Hopper .................... 236
Jung- und Kleinunternehmen ....... 200
Jungingenieure ................. 147

## K

Kanban-Prinzip ................. 155
Kapazität ...................... 242
Kapitalaufwand ........ 73, 91, 92, 124
Kapitalverzinsung ............. 17, 240
Karrierestufe ..................... 9
Kennwerte ............ **78**, 79, 89, 223
Kernkompetenz ................. 229
Kettentoleranzen .............. 35, 145
Key-accounter .................. 183
Kleinserie ..................... 193
Kolloquien..................... 194
Kommunikation................ 7, 15
Konkurrent .................... 188
Konkurs...................... 27, 71
Konzeptphase .... **11**, 138, 140, 225, 260
Kosteneinsparung ........... 245, 248
Kostenerstattungspreis ........... 142
Kostenkontrolle................. 212
Kostenrechnung................. 210
Krankheitsrate ................. 202
Kreativität ............... 115, 194
Kreativitätsseminare .............. 214
Kundennutzen ...... 182, 185, 190, 254

## L

Ladenhüter..................... 175
Lagerbestand ................. 38, 270
Lagerzyklus.................... 187
Langzeit-Abnahme .............. 167
Lastenheft ..................... 133
Lehrprogramm.................. 207
Leistungsblockierung ............ 170
Leistungssteigerung..... 18, 52, 170, 248
Leitfaden ..................... 253
Lieferanten .................... 125
   -schulden .................... 71
Lieferengpässe .............. 87, 188

Lieferquellen ................... 197
Liefersicherheit ................. 184
Liquidität .................... 71, 81
Lizenzen...................... 149
Lohnerhöhung .................. 168
Losgröße............. 23, 38, **269**–272
Loyalität...................... 6, 7

## M

Markt .............. 110, 185, 225, 257
Maschinenlieferanten.............. 126
Maschinenumstellungen............. 21
Matrix-Organisation............... 122
MBO......................... 233
Messprotokoll................... 177
Mess-Steuerung ................. 34
Minderheitsbeteiligung ............ 234
Mindermengenaufschläge .......... 212
Mitarbeiter
   ~beurteilung ............. 107, 240
   ~zielvorgabe ................. 169
Mobbing........................ 7
Modelle ...................... 134
Motivation ................. 47, 108

## N

Nachfolger ..................... 235
neu konstruierte Maschinen ........ 166
Neuentwicklungen................ 253
Nutzen ........................ 12

## O

Organisation . 14, 20, 24, 35, **54**, 121–123,
   148, 158

## P

Paradigmenwechsel .............. 135
Parameter ................. 157, 263
Passiva ...................... 66, 70
Paten............. 49, 147, 255, 260
Patente ..... 5, 13, 147, 150, 192, 254
Personalarbeit........... 199–201, 203
Personalauswahl........... 19, **47**, 236
Personalberater.................. 235

# Index

Personalkosten ........ 80, 91, 240, 249
Personalplanung ................. 94
Personalqualität. .................. 24
Peter-Prinzip ............ 48, **101**, 204
Planung ..... 6, 29, 62, 84, **87**, 88, 89, 95
   *Fertigungs~* .................. 44
   *Projekt~* ..................... 137
   *Termin- und Kosten~* .......... 252
   *zentrale~* .................... 162
Positionskämpfe ................. 221
Prämien ............. 29, 105, 106, 249
Präsentation. .................... 182
Preisfindung ................ 24, 212
Preisgespräch .............. 190, 193
Preisnachlass. ............... 168, 191
Preispolitik ........... 192, 196, 212
Problembewusstsein .......... 64, 157
Problemlösungen ............. 62, 64
Produkte ...... 27, 87, 90, 131, 136, 180
Produktentwicklung .. **129**, 140, 151, 171
Produktion. ..................... 153
   *~sbesprechung* ................ 164
   *~splanungssystem* ...... 23, 233, 273
Produktionskosten. ............... 274
Produktivität ............ 152, 169, 214
Prognose ............... 181, 187, **223**
Projekt. ......... 19, 185, 201, 225, **252**
   *~antrag*. ................. 254, **259**
   *~koordinator* ......... 254, 262, 263
   *~leiter* ...... **10**, 12, 15, 258, 263
   *~management*. ................ 233
   *~mitglieder*. ......... 13, 15, 19, 259
   *~phase* ................. 12, **261**
   *~team* ................ 29, 141, 248
   *Unter~* ...................... 141
Promotion ....................... 3
Prototypenerstellung .............. 153
Prototypenphase ............. 138, 256
Prozessentwicklungsprojekte ....... 258
Prozesskette .................... 131
Prozessparameter ................ 132
Prozess-Sicherheit. ........... 160, 261
Prozess-Steuerung. ............... 263
Prozess-Streuung ........ 33, 158, 266

Prüfmethoden ................... 178
Prüfschärfe. .................... 177
Prüfstandsversuch ............... 135

## Q

Qualitätsaudit. ................... 160
Qualitätsgeschichte ............... 159
Qualitätshandbuch ............ 32, 156
Qualitätssicherung ........ 156, 162, **176**
Quartalsberichte. ................. 262

## R

Randprodukte ................... 181
Rationalisierung. ......... 198, 213, 241
Reaktionszeit .................... 155
Regelung
   *automatisch*. .................. 268
   *manuell* ...................... 268
Reklamationsfälle ............ **160**, 179
Reparaturaufwand ................ 29
Reparaturkategorien .............. 32
Reserven
   *Sicherheits~* 38, 41, 134, 153, 156, 175, 198, **269**–271
   *stille~* ....................... 228
Risiken. ........................ 131
Risikoaufträge ................... 232
Rückstellungen ................... 70
Rückversetzung .................. 49
Rüsten ...................... 29, 155

## S

Schichtbetrieb ................ **36**, 166
Schulung .............. 117, 177, 251
Sektorleiter .................. 55, 154
Sektororganisation. ................ 43
Serienentwicklung .... 136, 142, 257, 261
Serienlieferungen. ................ 177
Service ......................... 184
Servicebetriebe .................. 123
Simulationen . 13, 39, 134, 146, 155, 159, 266, 270
Simultaneous Engineering ....... 24, 133
Software. .................. 127–129

# Index

Sollverkaufspreis .................. 191
Sondermaschinen .............. 41, 72
Sondermaschinenbau ...... 123, 173, 174
sonstigen Kosten .................. 80
soziale Betreuung ............ 201, 202
Spekulation ..................... 227
Spezifikationen ...... 133, 156, 176, 178
Spin off ........................ 233
Sprachregelung ................... 179
Stichproben-Steuerung ............. 34
Stillstandszeiten .................. 172
Störbuch ........................ 30
Strukturwandel .................. 225
Studium ....................... 2, **3**
Subsidiarität ................... **23**, 44

## T

Terminsteuerung .................. 37
Terminzusage .................... 186
Toleranz ..................... 33, 158
*~mitte* ................... 177, ***264***
Transportkosten ................... 274
Trend ...................... 33, ***264***
turn-around ...................... 61

## U

Umformtechnik ................... 34
Umlageschlüssel ................. 191
Unternehmen
  *~sgröße* ..................... 118
  *~sstrategie* ................... 213
  *börsennotiert* ................ 231
  *Grenz~* .................. 74, 110
  *Groß~* ............... 4, 85, 126
  *Kauf(Verkauf) von* ............ 228
  *Spitzen~* ..................... 75

## V

Verantwortung ................ 13, 100
Verarbeitungstiefe ................ 164
Verbesserung
  *~spotenzial* ................... 40
  *~svorschläge* ........ 8, 114, ***247***, 248
  *~svorschlagswesen* . 7, 10, 52, 170, 251

Verbrauchsstatistik ................ 197
Vergütungen
  *Einstiegsgehalt* ................. 4
  *Ergebnisbeteiligung* 26, 107–109, 221, ***237***, 241
  *Gehaltsverbesserung* ......... 26, 106
  *Weihnachts~, Urlaubs~, Überstunden~* 107
Verhandlung ..................... 190
Verlässlichkeit ................... 219
vertraulichen Informationen ......... 7
Vertrieb ............... 110, **180**, 190
Verwaltung ................. 171, 199
Vorentwicklung .................. 136
Vorgabezeiten ................... 169
Vorräte ........... 68, 81, 94, 155, **273**
Vorstand einer Aktiengesellschaft ..... 56

## W

Wachstumspolitik ................. 227
Wartezeiten .................. 20, 28
Wartung .................... 30, 171
Weiterbildung ............... 117, 205
Werbung ........................ 193
Werksküche ..................... 201
Werksleiter .................... 56, 57
Werkzeuge ........... 45, 72, 196, 268
Wertschöpfung ................ 90, 198
Wettbewerber ................ 19, 189
Wettbewerbsangebote ............. 180
Wettbewerbsfähigkeit ............. 171
Wirtschaftlichkeitsrechnung . 42, 54, 125, 166, 195, **242**, 246

## Z

Zeitvorgaben ................. 36, 168
Zentralisierung ................... 120
Ziele ............... 95, 103, **109**, 252
Zukauf .................... 73, 80, 91
Zukunftsprojekte .............. 253, 262
Zulieferer ............. 63, 73, 164, 198

Erlesene Weiterbildung®

Prof. Dr. Jacques Neirynck

# Der göttliche Ingenieur

Die Evolution der Technik. (Le huitième jour de la création.)
Mit einem Vorwort von Franz J. Radermacher

7., durchges. Auflage 2008, 335 S., € 39,80, CHF 66,00
Reihe Technik
**ISBN 978-3-8169-2774-7**

**Zum Buch:**
Wie vollzieht sich technischer Fortschritt? Woher kommt er? Wohin führt er? Warum taucht er an gewissen Orten und zu gewissen Zeiten geradezu zwangsläufig auf? Können wir den technischen Fortschritt beeinflussen?
Um diese Fragen zu beantworten, untersucht der Autor die Geschichte der Technik – mit ihren Erfolgen und Misserfolgen – im Zusammenhang mit der Evolution des Menschen. Wir entdecken, dass der technische Fortschritt aus einer immer wiederkehrenden Herausforderung resultiert, die auf einem fundamentalen physikalischen Prinzip beruht. Bei der Lektüre wird uns der Charakter der Technik klar. Wir erkennen, dass wir einer technischen Illusion erliegen, und erfahren, welche Chancen es noch gibt, den technischen Fortschritt zu beeinflussen.

**Inhalt:**
Die technische Illusion – Die technische Evolution – Die technische Schöpfung

»Das Buch ist eine packende Lektüre, für den bedingungslosen Verfechter technischen Fortschritts wie für den Technikpessimisten. Wer immer die analytische Auseinandersetzung mit der Technik, ihrem Woher und vor allem ihrem Wohin sucht, muss dieses Buch gelesen haben. Und jeder einzelne Euro des Kaufpreises ist gut angelegt.«
*elektrowärme international*

»Dieses Buch stellt ein außergewöhnliches Werk dar; es ist allen denkenden und suchenden Menschen sehr zu empfehlen, besonders aber Jugendlichen, welche keinen Sinn und Inhalt ihres Lebens finden.«
*e & i Elektrotechnik und Informationstechnik*

»In bildreicher und eindringlicher Sprache gelingt es Neirynck, die gesamte Tragweite des steigenden Verbrauchs und des unwiederbringlichen Verlustes von hochwertigen Energiequellen in geschlossenen Systemen zu schildern. Er geht sogar soweit, dieses physikalische Gesetz (zweiter Hauptsatz der Wärmelehre) auf die globalen Umweltprobleme und auf die gesamte Menschheitsentwicklung zu übertragen.«
*Metall*

**Fordern Sie unser Verlagsverzeichnis auf CD-ROM an!**
**Telefon: (0 71 59) 92 65-0, Telefax: (0 71 59) 92 65-20**
**E-Mail: expert@expertverlag.de**
**Internet: www.expertverlag.de**

**expert verlag GmbH · Postfach 2020 · D-71268 Renningen**